网店短视频制作实战宝典

Premiere Pro+After Effects

方国平/编著

電子工業出版社
Publishing House of Electronics Industry
北京•BEIJING

内容简介

本书由经验丰富的设计师编写，采用循序渐进的讲解方式，带领读者快速掌握网店短视频制作的方法和技巧。全书共10章，详细介绍了网店短视频的概念、拍摄前的准备工作，视频剪辑软件Premiere Pro和后期合成软件After Effects的使用方法，以及淘宝主图视频剪辑、B站LOGO片头视频合成、京东主图视频制作、拼多多商品视频制作、自媒体商品视频制作、抖音短视频制作等实例。

本书结构清晰，实例丰富，适合淘宝、京东、拼多多等网店店主，以及快手、抖音、小红书、视频号、B站等自媒体短视频制作者学习和参考，也可以作为相关院校的电子商务、影视后期、新媒体等专业的教材。

本书具有配套教学视频，以及实例源文件及相关素材，针对教师或培训师还提供了教学PPT，读者可以借助配套资源，更好、更快地掌握网店短视频的制作方法。

图书在版编目（CIP）数据

网店短视频制作实战宝典：Premiere Pro+ After Effects / 方国平编著. —北京：电子工业出版社，2022.1
ISBN 978-7-121-42353-6

Ⅰ. ①网… Ⅱ. ①方… Ⅲ. ①视频编辑软件②图像处理软件 Ⅳ. ①TN94②TP391.413

中国版本图书馆CIP数据核字（2021）第231408号

责任编辑：孔祥飞
印　　刷：天津千鹤文化传播有限公司
装　　订：天津千鹤文化传播有限公司
出版发行：电子工业出版社
　　　　　北京市海淀区万寿路173信箱　　邮编：100036
开　　本：720×1000　1/16　　印张：20.25　　字数：421千字
版　　次：2022年1月第1版
印　　次：2022年1月第1次印刷
定　　价：109.00元

凡所购买电子工业出版社图书有缺损问题，请向购买书店调换。若书店售缺，请与本社发行部联系，联系及邮购电话：（010）88254888，88258888。

质量投诉请发邮件至zlts@phei.com.cn，盗版侵权举报请发邮件至dbqq@phei.com.cn。

本书咨询联系方式：010-51260888-819，faq@phei.com.cn。

前 言

本书适用于初学者快速自学网店短视频制作，书中汇集了作者多年在教学和实战中的宝贵经验。全书从实战角度出发，全面、系统地讲解了淘宝、京东、拼多多等平台的网店短视频，以及快手、抖音、小红书、视频号、B站等自媒体商品短视频制作的实战运用。本书以After Effects 2020和Premiere Pro 2020中文版为操作软件，在介绍软件功能的同时，还安排了具有针对性的实例，帮助读者轻松掌握软件的使用技巧和具体应用，做到学用结合。愿本书能为读者开启一扇通往成功的大门。

适用人群

本书适用于淘宝、京东、拼多多等平台的网店设计师，以及快手、抖音、小红书、视频号、B站等平台的短视频制作者学习和参考。

读者按照本书的章节顺序进行学习，并加以练习，很快就能学会网店短视频的概念、拍摄前的准备工作，视频剪辑软件Premiere Pro和后期合成软件After Effects的使用方法，并且能够独立完成多种实战项目。

本书特点

讲解细致，易学易用：本书从实用角度出发，通过对基础知识和软件操作方法的介绍，辅以步骤和配图，同时给出技巧提示，确保读者可以轻松入门。

编排科学，结构合理：本书涵盖了网店短视频制作、视频剪辑与后期合成软件的操作方法，把重点放在核心技术的讲解上，合理利用篇幅，让读者在有限的时间内学到实用的技术。

内容实用，实例丰富：本书对 Premiere Pro和After Effects 软件常用的命令和工具都给出了详细的介绍和具体的应用实例，帮助读者在实战中掌握短视频的制作方法。

视频教学，学习高效：本书附带一套教学视频，包括实例的全程制作细节与注意事项，将重点知识与商业实例完美结合，并提供全书实例的配套素材与源文件，针对教师还提供了教学PPT。

本书服务

1．微信公众号交流

为了方便读者提问和交流，请关注微信公众号“鼎锐教育服务号”，点击菜单中的“用户服务”，可以进入“学习问题”板块，参与交流视频制作问题。

2．腾讯课程直播教学

还可以关注我们的腾讯课堂“鼎锐教育”直播教学。

3．留言和关注最新动态

为了方便与读者沟通，我们会及时发布与本书有关的信息，包括读者答疑、勘误信息等。

致谢

在编写本书时笔者得到了很多人的帮助，在此表示感谢。感谢海兰对笔者在图书编写时的细心指导，感谢天猫平台对鼎锐教育课程的支持，感谢鼎锐教育全体成员的支持，感谢张成阳、方浩、小锐、方广丽的帮助，感谢电子工业出版社孔祥飞编辑的大力支持，感谢笔者的爱人和儿子的理解与支持。衷心感谢所有支持和帮助过笔者的人。

由于水平有限，书中难免存在错误和不妥之处，希望广大读者批评与指正。如果在学习过程中发现问题或有更好的建议，欢迎通过微信公众号“鼎锐教育服务号”与我们联系。

目录

第1章

认识网店短视频

传统的图文导购模式是网店商品主要的信息展现方式，但图文所展示的视觉信息是较平面的。而视频所带来的感受会更加直观、立体，是人们在阅读图文时无法体验的。

“短视频+直播”已经成为网店消费、资讯获取、生活分享的重要渠道之一。随着短视频用户规模的不断扩大，人均观看短视频的时长实现了较大增长，而且短视频的影响力还在不断增强。视频在商业化上有很大的优势，因此在商业化上，视频比图文更能使用户产生购买需求。

1.1 淘宝短视频介绍

淘宝正在从一个传统电商平台转型为新型购物内容媒体平台，未来的淘宝将是一个有趣、好玩的购物内容媒体平台，由达人和商家制作的优质短视频可以提高顾客的购物体验。淘宝鼓励达人和商家做出内容优质并且符合平台调性的短视频，短视频的创作要围绕商家与商品进行，不做脱离商家与商品的短视频。达人与商家要共同合作，将传统的商品营销努力转型为内容营销。

1.1.1 淘宝短视频

淘宝内容营销的主要途径包括“订阅”、“逛逛”和“猜你喜欢”等渠道，鼓励达人和商家创作内容优质的短视频。内容优质的短视频会统一“打标”并分发到各个视频渠道，淘宝短视频的应用方向包括主图视频、2~3分钟的内容详情页视频，以及未来代替图文形式的多屏详情页，用户在的评价中也可以添加自己录制的商品体验短视频。

淘宝平台正在积极地转型，让更多优质的内容呈现在其中，使用户可以在淘宝平台花更多的时间浏览，不把自己定位为一个只能让用户购买商品的电商平台，而是一个可以让用户发现新奇、好玩事物的购物内容媒体平台，在用户浏览感兴趣内容的同时衍生出购物的需求。转化购物是主要目的，但是要以优质的内容为主体。

大多数淘宝短视频都是由团队操作的，因为涉及创作脚本、商品拍摄、模特、室内外景、商品转盘、剪辑、特效、字幕、背景音乐、音效等一系列程序，但是随着各种工具和硬件设备的齐全，对于商家来讲，个人也可以制作有主题、有调性、有情怀的能突出与淘宝消费场景相关的短视频（非简单的直播录制视频，也可以展示商品的外观和功能）。

淘宝短视频的表现形式如下：

1. 商品展示视频

强化商品的外观，可以让模特展示商品，增加特效、配音，以及生动展示商品的材质、功效和服务等，可以将其作为主图视频，也可以作为详情页视频。

2. 品牌故事视频

强化商品的外观与品牌，以故事情景展示商品，让商品引起顾客的情感共鸣！其传播性强，可以将其投放在“订阅”、“逛逛”和“猜你喜欢”等位置。

1.1.2 “逛逛”视频

电商平台做内容，存在不少天然劣势：平台本身具有交易属性，用户难免会认为电商平台的内容有营销之嫌，购物的主观意愿就不会太强，从而导致内容运营虽久但无起色。这就是淘宝推出“逛逛”，设置独立的内容入口，将内容场与营销场隔开的重要原因。

其实从流量红利这点来看，视频已经比图文占了优势，而且淘宝对视频创作者账号的加权也让视频能获得更多的展示机会，如果内容和商品结合得好，其流量会更大一些。在“逛逛”渠道可以发布视频和图文，内容优质的视频还可以投稿到“猜你喜欢”频道。“逛逛”后台如图1-1所示。

“逛逛”具有鲜明的导购属性，在视频中出现某个商品时，会在观看页面适时出现同款或相似商品的购物链接，用户可以直接将其加入购物车，实现边看边买。“逛逛”界面如图1-2所示。

图1-1

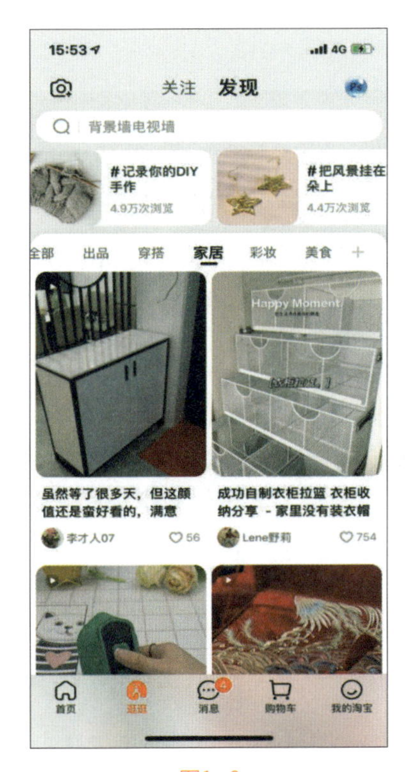

图1-2

“逛逛”的内容分为“穿搭”、“家居”、“彩妆”和“美食”等，这是走类似小红书平台的生活分享路线。个人用户在“逛逛”界面右上角点击头像，进入“逛逛”个人主页，即可发布“逛逛”视频。

1.1.3 商品详情页视频

为什么商品详情要通过视频来呈现呢？在商品详情页中，文字再多也不如一张图片显得整洁清晰，而商品详情页视频则可以抵得过几十张图片所表达的商品信息，并且用户体验更好。

在信息体量上，视频能更好地承载商品详情页中的商品介绍、使用教程和品牌故事等信息。比起需要顾客通过滑动屏幕才能浏览商品的图文信息，视频则拥有更直观、高效的传递信息的能力。商品详情页视频如图1-3所示。

图1-3

1.1.4 主图视频

主图视频可以在手机端和PC端同时展现，无须分开发布。主图视频时长≤60秒，建议将主图视频设为9~30秒，可以优先在“猜你喜欢”频道展现；视频宽高比建议设为1：1，有利于顾客在主图位置对视频进行观看。视频内容突出商品的1~2个核心卖点，不建议制作电子相册式的图片翻页视频。主图视频如图1-4所示。

图1-4

短视频场景化营销，不但可以引起用户在不同场景下的情绪共鸣，而且可以促进用户与品牌的关系，提升品牌的销售额。淘宝短视频为淘宝导购场景提供了短视频内容平台，淘宝短视频如同直播一样需要很强的互动性，比如可以将女装的短视频设计为在不同场景下的穿衣搭配的解决方案，针对顾客会遇到的穿衣搭配问题，通过短视频向顾客展现完美的解决方案。淘宝短视频也能提供派送优惠券等形式的与用户互动的方式。

1.2　拼多多短视频

拼多多短视频主要包括商品轮播视频、商品详情页视频和多多视频。商品轮播视频的制作方法和淘宝短视频的制作方法一样，需要提炼出商品的卖点。在商品页面点击主图左下角的播放按钮即可播放视频，商品轮播视频可以多维度地展示商品的优势，提升商品的转化率。拼多多的商品轮播视频如图1-5所示。

图1-5

商品轮播视频的要求：

（1）时长在60秒以内；

（2）宽高比为1：1、16：9或3：4；

（3）建议分辨率≥720P；

（4）支持mp4、mov、m4v、flv、x-flv、mkv、wmv、avi、rmvb、3gp等格式。

在拼多多的商品底部栏的第2个位置是“多多视频”入口。多多视频主打现金激励，在用户浏览视频达到一定时长后会获得相应的金币奖励，金币可兑换现金。多多视频像是快手或抖音的极速版，“多多视频”页面分为“关注”和“推荐”两栏，“推荐”内容主要有两类：一类是纯内容类的视频；另一类是带货类的视频，视频底部会有购物链接。

从多多视频的规划来看，它要做的是一个离营销足够远、离用户足够近的内容型视频，以获得更多的用户时长和更高的用户黏性。

1.3 京东短视频

京东短视频主要是主图视频，是指呈现在商品主图位置，以展示商品外观、功能为目的的视频，如图1-6所示。

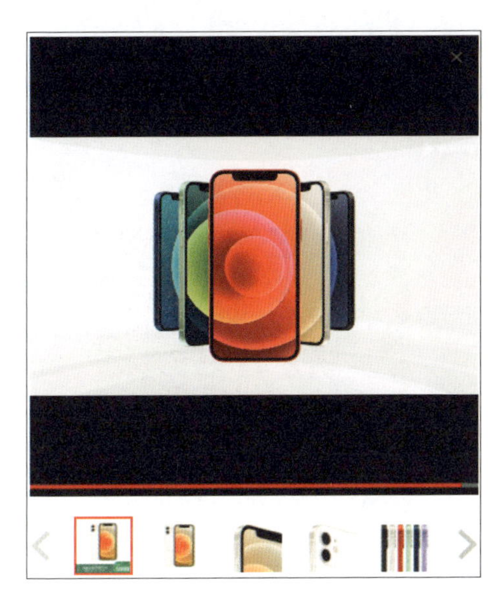

图1-6

京东短视频的内容可分为商品外观展示、商品基本信息、功能效果展示、保障性展示四大类型，各个类型包含了以下不同的内容模块。

（1）商品外观展示内容：商品整体外观展示、商品细节展示等。

（2）商品基本信息内容：商品基础属性，如尺寸规格、重量、长度、功率、颜色、容量等。

（3）功能效果展示内容：商品功能特性和使用效果展示，如使用演示、穿搭建议、质量测评、适用人群、适用场地等。

（4）保障性展示内容：打消顾客购买疑虑，如正品说明、包装配件、安装配送、售后服务、品牌说明和产地工艺等。

1.4 抖音短视频

抖音是一个集短视频的发布、汇集与分发于一体的平台，专注于满足年轻人的娱乐、社交、潮流、话题、分享、表达、购物等方面的需求，为年轻人提供了碎片化时间的娱乐方式。

抖音的大多数用户为年轻群体，他们拥有较多的碎片化时间并且愿意参与视频制作和观看视频，对于新鲜刺激的事物和有趣的玩法都非常感兴趣，也乐意去传播和分享视频。而且他们的消费欲比其他年龄段的群体要强，并且其变现能力也较强。

由于抖音短视频具有内容属性，现阶段抖音正在为内容场添加交易属性，比如电商、本地生活，许多短视频会添加商品购买链接、餐厅推荐链接等。抖音小店可以借助抖音公域流量的优势进行精准导流，其变现能力相对更高。抖音短视频如图1-7所示。

图1-7

1.5 快手短视频

快手从早期的GIF工具转型为短视频社区，是工具类软件转型为内容社区的成功范例。进入短视频赛道的快手，也走上了一条以流量为王的道路。经过短短几年时间，快手在短视频赛道上就培养了无数的大咖博主。快手短视频如图1-8所示。

快手短视频带货和快手直播带货都是销售模式，而快手短视频带货更专注于内容输出，快手直播带货更偏向于商业变现，二者是相辅相成的关系。快手博主通过分享短视频进行引流和带货，等到拥有一定的粉丝量和流量之后，就可以开通快手直播带货，加快商业变现的进程。在这个生态下，快手博主成为一个全新的电商群体。

1.6 B站短视频

哔哩哔哩（简称B站） 是一个高用户黏性、高活跃度、高内容质量的弹幕视频社区，粉丝与UP主（博主）的关系黏性强，其视频内容以动漫、游戏、生活、科普等为主，“二次元”周边商品、IP衍生品的带货潜力大。B站短视频如图1-9所示。

B站的特色是其悬浮于视频上方的实时评论功能，被称为“弹幕”，这种独特的视频体验让基于互联网的弹幕能够超越时空的限制，使B站成为极具互动分享体验和二次创造的文化社区。

图1-8

图1-9

1.7 小红书短视频

小红书既是生活方式分享平台，也是消费决策入口。其聚焦了“90后”和“00后”的年轻人，他们主动分享各类与生活息息相关的内容，如美食、健身、护肤、学习、穿搭等，使用户能体验“真实、多元、向上”的社区价值观和自由分享与表达的社区氛围。小红书短视频如图1-10所示。

图1-10

小红书上线了“视频”频道，视频时长突破了5分钟，最长可发布15分钟的视频。小红书新增的工具让线性进程的短视频、中长视频更好“读”。小红书对“视频笔记”的流量扶持也随着加大，使其成为品牌商业合作的优先选择。

1.8 视频号短视频

微信的视频号在2020年年初上线，微信希望它能成为每个机构的官网、不区分长短视频的平台、人人都能表达的渠道，而不只是网红和大V的分享渠道，如图1-11所示。

把公众号和视频号进行串联，形成一个更加完整的微信内容生态，这有利于创作者打造私域流量，这恰恰也是微信做视频号的优势。

1.9 视频制作的基础概念

在开始拍摄视频前需要了解视频制作的基础概念，包括像素、分辨率等。只有掌握了扎实的理论基础，才能够更加得心应手地制作视频。

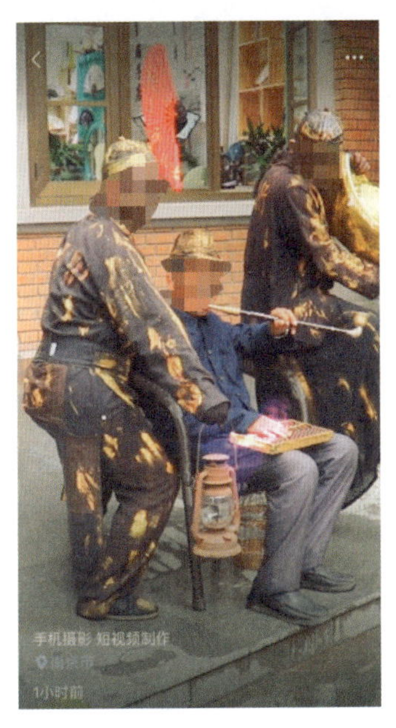

图1-11

1. 分辨率

分辨率是指单位长度内包含像素点的数量，单位通常为像素/英寸。像素（px）是构成影像的最小单位，相机的分辨率越大，像素就越多，分辨率的大小差别会产生不同的效果。分辨率越大，画面的清晰度就越高，给人的视觉感受就更好。

2. 帧速率和场

帧速率是指每秒所显示的图像有多少帧，单位为fps。国内电视使用的帧速率为25fps，电影使用的帧速率为24fps。

帧是视频技术常用的最小单位，一帧是由两次扫描获得的一幅完整图像的模拟信号，视频信号的每次扫描被称作场。

3. 剪辑

剪辑可以说是视频制作中最常被提到的专业术语，一部完整的电影通常需要经过大量的剪辑才可以完成。在剪辑过程中，利用计算机可以在视频中的任何时间点插入或者去除任何你想要或者不想要的片段，这就是非线性剪辑。

下面介绍剪辑中常规的镜头画面组接规律。

（1）静接静

固定镜头衔接固定镜头，即镜头画面与画面中被拍摄的主体都保持相对静止或者小幅度的运动，如双人对话场景。

（2）动接动

运动的镜头衔接运动的镜头，这里分为三种运动：第一种是画面本身不动，被拍摄的主体发生空间上的运动；第二种是被拍摄的主体不动，镜头运动；第三种是综合运动，即镜头与被拍摄的主体共同运动。

（3）静接动或者动接静

在组接这类镜头时，往往一个镜头会有状态上的转变，如镜头从固定到运动，然后衔接运动镜头。

4. 视频格式

下面列举一些常用的视频格式，视频格式决定了视频类型和播放平台。

（1）AVI格式

AVI（Audio Video Interleaved）即音频视频交错格式，是将声音和影像同时组合在一起的文件格式。它对视频采用了一种有损压缩方式，压缩率比较高，画面质量不是太好，但应用范围比较广泛。

（2）MOV格式

MOV是苹果公司开发的一种视频格式，默认的播放器是苹果的Quicktime Layer，它具有较高的压缩率和较高的视频清晰度等，最大的特点是具有跨平台性，其不仅支持mac OS系统，还支持Windows系统。

（3）MP4格式

MP4是一种常见的多媒体容器格式，被认为可以在其中嵌入任何形式的数据，比如在其中嵌入各种视频的编码、音频等。不过常见的大部分MP4文件存放的是AVC（H.264）编码视频和AAC编码音频。

1.10 视频制作的软硬件介绍

随着短视频的火热，越来越多的人开始制作短视频。下面介绍短视频制作的软硬件要求。

硬件：需要一台计算机来完成视频的后期制作，一般市场价在5000元左右的计算机即可，需要配置i5 CPU、4GB 以上的内存、固态硬盘、独立显卡，安装系统为

Windows 7或者Windows 10的64位操作系统，因为视频制作软件是在64位操作系统上运行的，如表1-1所示。

表1-1

硬 件	最低配置	标准配置
CPU	Inter i3	推荐i5 或者i7 多核处理器
内存	4GB或者更大内存	推荐8GB或者16GB
硬盘	8GB硬盘空间	推荐SSD固态硬盘
显卡	支持DirectX9.0C或者更高配置	推荐2GB显存
声卡	支持WDM驱动的声卡	
USB接口	需要一个空余的USB接口	
操作系统	Windows 7 （64位）、Windows 8（64位）、Windows 10 （64位）	

软件：视频制作软件有很多，主要有Premiere Pro、Vages、Final Cut Pro和After Effects等。本书以Premiere Pro和After Effects软件进行视频剪辑和后期合成。

1. Premiere Pro视频剪辑软件

Premiere Pro是一个非线性视频剪辑应用程序，也是一个功能强大的实时视频和音频剪辑工具，是视频爱好者们使用最多的视频剪辑软件之一。

Premiere Pro以其合理化的界面和通用高端的工具，兼顾了广大视频用户的不同需求。相对于爱剪辑、会声会影等剪辑软件，Premiere Pro相对是比较专业的视频剪辑软件，它能满足标清、半高清、全高清等格式，分辨率为从720像素×576像素到1920像素×1080像素。该软件对初学者来说相对也并不复杂，其视频轨、音频轨一目了然，各种视频特效转场、音频转场也应有尽有，Premiere Pro的启动界面如图1-12所示。

图1-12

2. After Effects后期合成软件

如果你觉得单纯的视频画面比较单调，想给你的视频画面添加一点有趣的东西，那就需要使用After Effects软件了。比如综艺节目里面的各种表情包、音效、字幕等，甚至影视里面的爆炸效果，都可以用After Effects软件来实现。After Effects软件还有很多模板，可以直接使用模板里面的部分素材和套用模板来制作特效。对于初学者而言，After Effects是一个比较专业的后期合成软件，其启动界面如图1-13所示。

图1-13

第2章

拍摄前的准备工作

在开始拍摄前，需要准备相应的摄影器材，还需要了解视频拍摄流程等知识。只有做好拍摄前的准备工作，才能更好地制作视频。

摄影器材是指单反相机、摄像机、镜头、固定支架及其相关附件、与摄影活动相关的各种设备的统称。下面介绍如何选择摄影器材，在摄影器材的花费上不算太高，但是需要花费时间进行拍摄，同时积累经验、总结技巧。

2.1 摄影器材的选择

1. 单反相机

单反相机或者摄像机是拍摄视频必不可少的工具，单反相机的性能与特点能满足一般用户和专业摄影师的需求。单反相机相对于传统的摄像机更好携带，在拍摄时因其体积小而更容易操作，并且能够更方便地拍摄一些摇动镜头和移动镜头，如图2-1所示。

单反相机拥有丰富的镜头，如微距镜头、鱼眼镜头、移轴镜头等，使用移轴镜头可以拍摄出丰富的特殊效果。利用镜头的特性，单反相机在拍摄时可以将背景虚化，从而突出主体。

在昏暗的环境下，单反相机可以通过提高感光度实现画面纯净、低噪点的拍摄效果。市面上的单反相机有很多，不同定位的单反相机，价位也不同。新开店铺的商家在资金不够的情况下，可以选择5000元左右的入门型单反相机，而资金充足的商家则可以选择更高价位的专业型单反相机。单反相机是否具有防抖功能也是需要考虑的因素之一。

2. 镜头

镜头是单反相机最重要的部件，它的好坏直接影响到拍摄成像的质量。镜头一般分为标准镜头、广角镜头、长焦镜头、变焦镜头、微距镜头等。

标准镜头是所有镜头中最基本的镜头，其视角一般为45度~50度。所拍摄的影像接近于人眼的视角范围，其透视关系接近于人眼所看到的透视关系，所以能逼真地再现被拍摄的影像，标准镜头摄影效果如图2-2所示。

图2-1

图2-2

广角镜头焦距短、视角大、景深长，比较适合拍摄较大的场景，广角镜头摄影效果如图2-3所示。

图2-3

长焦镜头是指比标准镜头的焦距长的镜头。长焦镜头的焦距长、视角小，在同一距离上能拍出比标准镜头更大的影像，适合远距离拍摄，长焦镜头摄影效果如图2-4所示。

图2-4

变焦镜头是指在一定范围内可以变换焦距，从而得到不同大小的视角、不同的影像和不同景物范围的镜头，可以通过变换焦距来改变拍摄的范围，方便构图。变焦镜头摄影效果如图2-5所示。

图2-5

微距镜头是一种用作微距摄影的特殊镜头，这种镜头的分辨率相当得高，主要用于拍摄小的物体，在淘宝上主要用于拍摄较小的商品。微距镜头摄影效果如图2-6所示。

图 2-6

3. 辅助设备

要想拍摄出好的视频，光靠一台相机是不够的，不然你的镜头肯定是左右摇晃的，如何才能拍摄出专业的视频呢？这就需要辅助设备——三脚架。

三脚架是视频拍摄中最重要的辅助设备，主要用于稳定相机。没有这个设备的话，拍摄时手抖的可能性会非常大，一个好的三脚架可以让拍摄的画面更加稳定。将相机稳定在三脚架的上端，三脚架可以自由升高、降低，可以360度稳定转动，可以上下稳定移动，使用三脚架能够满足拍摄常见的短视频的要求。拍摄图片用的三脚架通常没有手柄，自重较轻，承重也较轻，而且云台可以翻转。拍摄视频用的三脚架的自重都较大，承重也较大，备有手柄，使相机可以做出上下左右平滑的移动，如图2-7所示。

4. 遮光罩

遮光罩是安装在镜头前端，用于遮挡有害光的装置，也是最常用的摄影配件之一。使用遮光罩对于抑制画面光晕、避免杂光进入镜头、阻挡雨雪溅落、保护相机和镜头免遭意外碰撞等会起到很好的作用。在室外拍摄时应尽量使用遮光罩，这有助于提高拍摄质量，如图2-8所示。

图2-7　　图2-8

5. 背景架和背景布

搭建一个简单的拍摄场景需要桌子、背景架、背景布和夹子，如图2-9所示。

图2-9

6. 柔光箱

柔光箱在使用单反相机拍摄商品或者人物时，能够大范围地均匀散发柔光，柔光箱散发出的光像日光一样。

7. 万向转接头

万向转接头是摄影棚必备的配件，其用法多样，可以用来夹柔光屏，还可用来架设灯架、夹横杆等，如图2-10所示。

8. 亚克力拍摄台

亚克力拍摄台是用来支撑被拍商品的有机玻璃块，如图2-11所示。

图2-10　　图2-11

9. 电动转盘

电动转盘主要用于拍摄全景图、淘宝60秒主图视频和商品视频。可以360度顺时针转动，用来展示商品外观，提高顾客的视觉体验，如图2-12所示。

图2-12

2.2 灯光和布光方法

在拍摄图片或者视频时，为了让顾客看得更清楚，要尽量让商品的每个部分受光均匀，这样才能拍摄出颜色鲜明、细节清楚、色彩准确的效果。

先来说一下拍摄要点，尽可能使用大面积光源，或者说，使用尺寸大的柔光箱，以保证光线均匀。让柔光箱尽可能靠近商品，保证商品的每个部分受光均匀。拍摄服装的效果如图2-13所示。

图2-13

拍摄时要让服装大面积受光，并且正面受光均匀，我们常用的布光方法是：将两个柔光箱呈左右45度夹角布置。在实际操作中，较难为服装提供各处均匀的光线效果，下面介绍布光方法，不易导致服装失色，而且光线均匀。

左右主光：将两个大尺寸柔光箱左右摆放，直接面朝挂服装的背景（即柔光箱正面直视背景）。

顶光：又称为“氛围光”。虽然左右两个柔光箱已经为服装提供了大部分的光线，但在挂拍或者摆拍中再打开一个柔光箱的顶光，拍摄的画面会立即显得“明朗”起来。灯光布局如图2-14所示。

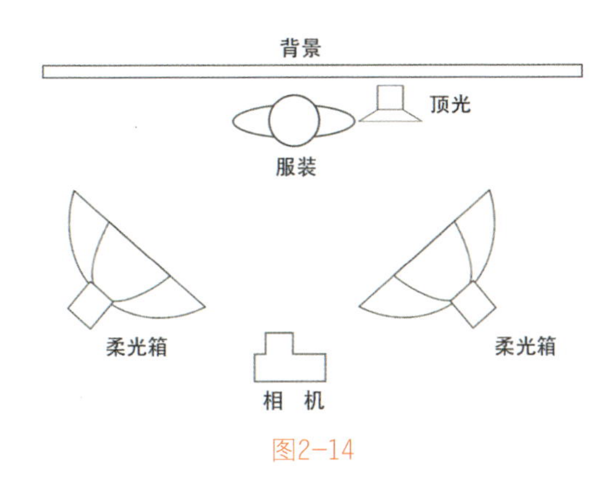

图2-14

通过这三个柔光箱可以将服装在画面中立体化，掌握这种布光方法并融会贯通，对拍摄网店短视频的基本布光就没有问题了。

2.3 视频构图

构图是视频拍摄中最重要的技巧之一，对画面中的各个元素进行组合、配置与取舍，从而可以更好地表达视频的主题与美感。同样的事物，在不同的角度下拍摄就需要不同的构图。

1. 构图的基本原则

突出画面的主体是构图的基本原则。在视频构图上，从人们的视觉习惯来讲，把主体放置在视觉中心的位置上，会更容易突出主体，如图2-15所示。

（1）辅助物体衬托

如图2-16所示，如果只有主体台灯而没有辅助物体衬托，画面就会显得呆板而无变化，但辅助物体不能喧宾夺主，主体台灯在画面上必须显著突出。

（2）环境衬托

如图2-17所示，在拍摄时将主体手表置于水杯中，不仅能突出手表，还能给画面增加浓重的现场感，体现出手表防水的特点。

图2-15

图2-16

图2-17

2. 构图方法

常用的构图方法有黄金分割构图和中心构图。

（1）黄金分割构图

黄金分割构图又被称为三分构图、九宫格构图或者井字构图，把画面从横向、纵向各三等分，产生四个接近黄金分割位置的焦点。这种构图方法被广泛应用于影视艺术创作中，也是让画面协调的一种构图方法。

黄金分割构图是初学者必须学会的构图方法，其不仅仅让视频看起来更自然，还能提高我们的美感，在符合审美的前提下能够帮助我们制作出更多的创意画面，如图2-18所示。

（2）中心构图

中心构图就是将画面中的焦点置于中心位置的构图方法。这种构图方法的意图是强调焦点，对于人像拍摄来讲就是强调人，对于商品拍摄来讲就是强调商品，如图2-19所示。

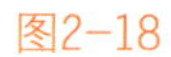

图2-18

图2-19

2.4 拍摄角度与景别

在拍摄商品时，从多个角度拍摄更能体现商品的全貌。

1. 拍摄的方位

（1）正面拍摄

商品的正面是给顾客的第一印象，我们需要对商品的正面以多造型进行拍摄，如图2-20所示。

（2）侧面拍摄

侧面拍摄包括正侧面拍摄和斜侧面拍摄。斜侧面拍摄不仅能表现商品的侧面效果，也能给画面一种延伸感、立体感，因此斜侧面拍摄更多于正侧面拍摄，如图2-21所示。

图2-20

图2-21

（3）背面拍摄

背面拍摄一般用于表现商品的全貌，如服装、鞋子、包等，如图2-22所示。

2. 拍摄的角度

在拍摄前观察被拍摄的商品，选择能表现其特征的最佳角度。

（1）平视角度

拍摄点与被拍摄商品处于同一水平线，以平视的角度拍摄，画面效果接近人们观察事物的视觉习惯，能真实地反映商品的外形等特征，如图2-23所示。

图2-22

图2-23

（2）仰视角度

拍摄点低于被拍摄的商品，以仰视的角度拍摄，能够突出主体，表现商品的内部结构，如图2-24所示。

（3）俯视角度

拍摄点高于被拍摄的商品，以俯视的角度拍摄位置较低的商品。在网店中最常见的是以俯视的角度拍摄商品，如图2-25所示。

图2-24

图2-25

3. 景别

为了更好地表现商品，可以选择不同的景别来拍摄商品。

景别主要是指相机与拍摄对象之间的远近，从而造成画面上形象的大小不同。景别的划分没有严格的界限，一般分为远景、全景、中景、近景和特写。

远景：是指使用相机远距离拍摄的镜头。镜头离拍摄对象比较远，画面开阔，效果如图2-26所示。

图2-26

全景：能够表现拍摄对象的全貌，这种镜头在网店短视频中应用得很多，用于表现商品的整体造型，效果如图2-27所示。

中景：能够将拍摄对象的大概外形展示出来，又在一定程度上显示了细节，效果如图2-28所示。

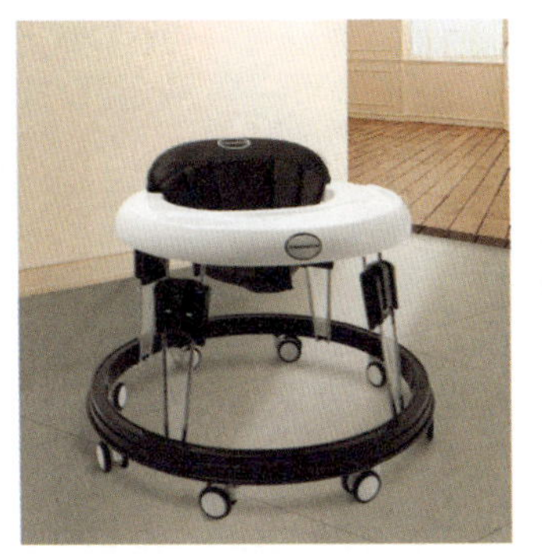

图2-27

图2-28

近景：用于表现拍摄对象的局部，能很好地表现拍摄对象的特征、细节，效果如图2-29所示。

图2-29

特写：用于表现拍摄对象的细节，这是在拍摄网店短视频中必用的镜头。细节的表现能突出商品的材质、质量等，效果如图2-30所示。

图2-30

2.5 网店短视频制作流程

不同类型的视频的拍摄流程也不同，可以先准备好视频拍摄的文案脚本。每个类型的视频都有其独特的形式，下面介绍网店短视频的拍摄流程。

1. 了解商品的特点

网店短视频的拍摄需要对商品有一定的认识与了解，包括商品的特点、商品的使用方法等，只有了解商品后，才可以选择合适的模特、环境、时间，以及根据商品的大小、材质等来确定拍摄的器材、布光方法等。在拍摄时，对商品的特点要进行重点表现，可以帮助顾客了解商品，打消顾客的顾虑并促使其购买商品。

下面介绍制作“电热水壶”视频的一些具体细节：

（1）视频的长度推荐在30秒左右，不超过1分钟。

（2）视频封面要有吸引力，干净整洁，不能有字。

（3）视频的分镜推荐使用以下两类：

a. 展示电热水壶的功能（每个分镜可以标注步骤内容），全景展示；

b. 介绍电热水壶的特点、材质、使用方法。

（4）关联的商品可以是杯子、咖啡、餐具、零食、书和手机等，就是把电热水壶进行场景化，让顾客感到在实际生活中用得到，如图2-31所示。

图2-31

2. 室内道具、模特与场景的准备

室内道具、模特与场景的准备是非常重要的步骤。

商品拍摄的道具有很多，但还要根据商品的特点来选择使用的道具。拍摄的场景选择室内场景，室内场景需要考虑灯光、背景与布局等。需要对商品拍摄多组视频，便于多方位展示商品，以及方便后期进行挑选与剪辑，如图2-32所示。

图2-32

3. 视频拍摄

在一切准备就绪后，就可以拍摄视频了，效果如图2-33所示。

图2-33

4. 视频剪辑

拍摄视频后，需要将多余的部分删减，将多个场景组合，以及进行添加字幕、音频、转场、特效等操作。这些操作需要借助视频剪辑软件，本书使用的剪辑软件是Premiere Pro。由于Premiere Pro软件容易上手、专业、功能强大，在第3章我们会讲解使用Premiere Pro软件进行视频剪辑的方法。

第3章

视频剪辑软件Premiere Pro

拍摄视频后还需要进行剪辑，如选取需要的视频片段，然后添加音频与文字等，而这些操作需要在视频剪辑软件Premiere Pro中实现。本章将介绍Premiere Pro软件中常用的功能，以及使用Premiere Pro软件进行剪辑视频、添加音频与文字等的方法。

3.1 Premiere Pro软件介绍

Premiere Pro软件由Adobe公司推出，是一款支持摄影设备的视频剪辑软件，它具有易用且强大的工具，用于组合和拼接视频片段，并提供了一定的特效与调色功能，几乎可以与所有视频采集源完美结合，而且其还有大量的插件和其他后期制作工具。该软件被广泛应用于短视频和影视制作中，本书使用的软件版本为Premiere Pro 2020。

Premiere Pro软件是短视频制作爱好者和专业人士必不可少的视频剪辑工具，它允许用户在任何位置上放置、替换和移动视频片段，无须按特定的顺序进行剪辑，并且可以随时对视频的任何部分进行更改。Premiere Pro软件提供了采集、剪辑、调色、添加音频、添加字幕、输出、DVD刻录等功能，Premiere Pro软件的启动界面如图3-1所示。

使用Premiere Pro软件制作视频的流程如下：

1. 拍摄视频素材，在制作视频前要拍摄原始素材或者收集素材。

2. 将视频素材复制到计算机中。

3. 整理视频片段，制作一个项目要拍摄很多视频片段，将项目中的视频片段放到一个文件夹，而且还可以添加彩色标签，使保存文件井然有序。

4. 将想要的视频片段和音频合并成一个序列，并将它们添加到时间轴中。

5. 在视频片段中直接加入特殊过渡效果，添加视频效果，并通过在多个轨道上放置视频片段来创建综合的视觉效果。

6. 创建字幕或者图像，并以添加视频片段的方式将它们添加到序列中。

7. 混合音频轨道，并在视频片段中使用过渡和特效来改善音频。

8. 将制作完成的项目导出视频，将视频发布到抖音、快手、视频号、B站、小红书及淘宝等平台。

图3-1

3.2 Premiere Pro的工作区

为了让用户界面更简单，Premiere Pro软件提供了工作区，我们可以快速配置各种面板和工具，其使用方法如下。

Step 01：打开Premiere Pro软件的开始界面，在开始界面新建项目或者在菜单栏中执行“文件”>“新建”>“项目”命令，打开“新建项目”窗口，如图3-2所示。

Step 02：可以设置项目“名称”和项目保存的“位置”，单击“确定”按钮，进入Premiere Pro软件的工作区，如图3-3所示。

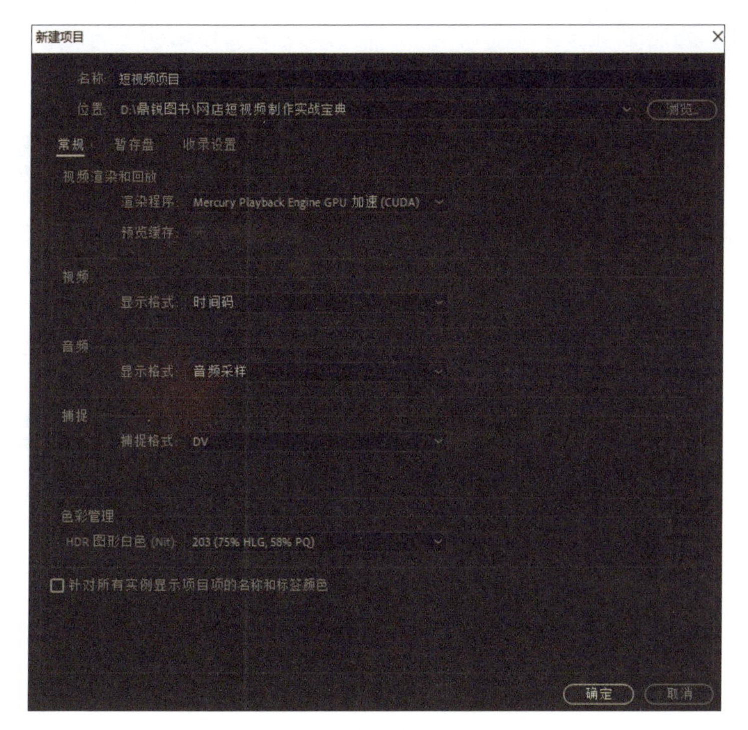

图3-2

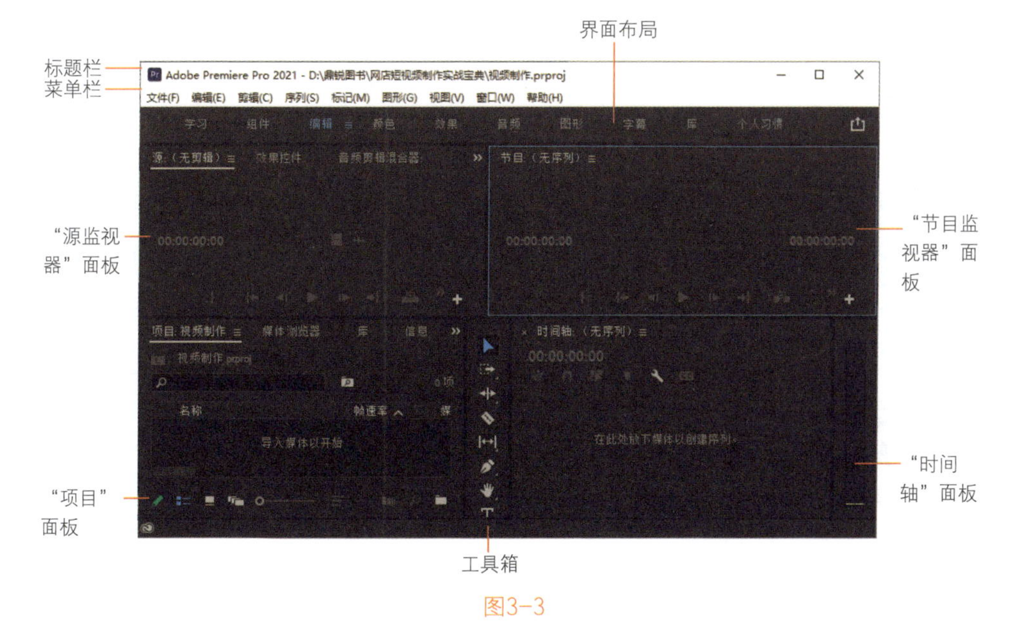

图3-3

“源监视器”面板：位于工作区左侧，用来查看和剪辑原始素材，要在“源监视器”面板中查看素材，需要在“项目”面板中双击素材。“节目监视器”面板用来查看序列，其除了有播放按钮，还有一些其他按钮，如图3-4所示。

图3-4

“时间轴”面板：大部分的实际剪辑工作在这里完成，在“时间轴”面板中查看并处理序列，如图3-5所示。

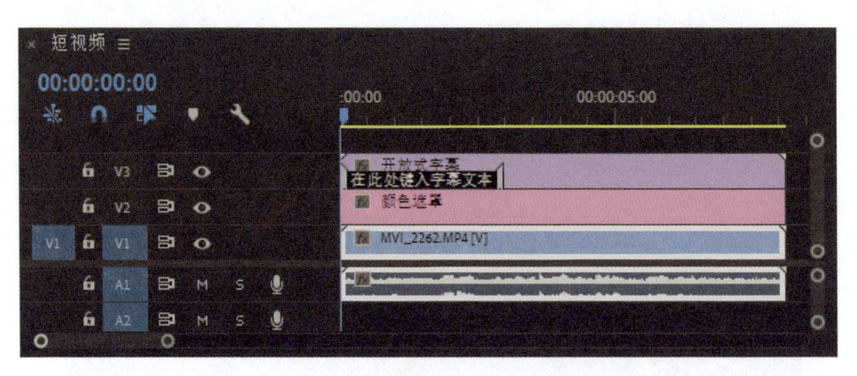

图3-5

工具箱：“选择工具”用于选择和移动时间轴上的轨道，“剃刀工具”用于剪辑视频，“文字工具”用于创建文字，如图3-6所示。

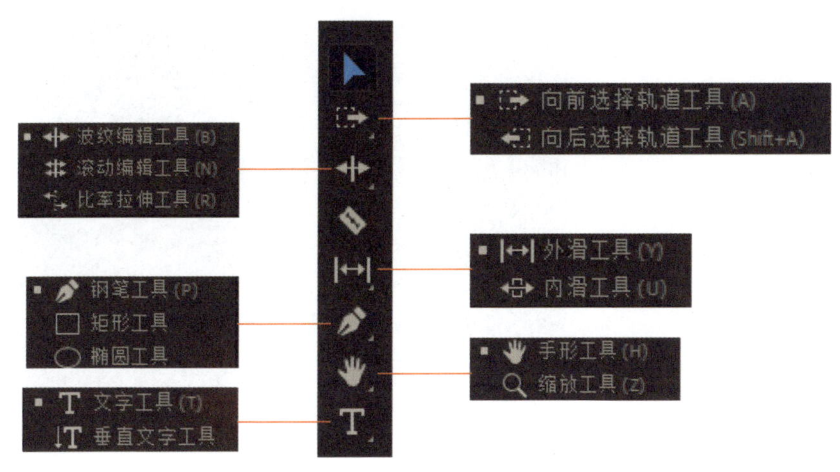

图3-6

选择工具：用于选择和移动时间轴上的轨道。

向前选择轨道工具：可以选择该轨道上箭头后的所有素材。

向后选择轨道工具：可以选择该轨道上箭头前的所有素材。

波纹编辑工具：可以改变一段素材的入点和出点，然后这段素材后面的素材会自动吸附上去，总长度不变。

滚动编辑工具：可以改变前一段素材的出点和后一段素材的入点，并且总长度不变。

比率拉伸工具：用于对视频进行变速，可以制作出快放、慢放等效果。

内滑工具：选择内滑工具并在轨道的某个视频片段里拖动，可以同时改变该视频片段的入点和出点。

剃刀工具：用于剪辑视频。

外滑工具：选择外滑工具并在轨道的某个视频片段里拖动，该视频片段的入点和长度不变。

钢笔工具：用于绘制形状。

矩形工具：用于绘制矩形。

椭圆工具：用于绘制椭圆形。

抓手工具：用于对轨道进行拖动，它不会改变素材在轨道上的位置。

缩放工具：对整个轨道进行缩放。

文字工具：用于在“节目监视器”面板创建文字，可以制作字幕。

“项目”面板：在这里可以放置素材的链接，这些素材包括视频、音频、图形、静态图片和序列等，可以通过文件夹来整理这些素材，如图3-7所示。

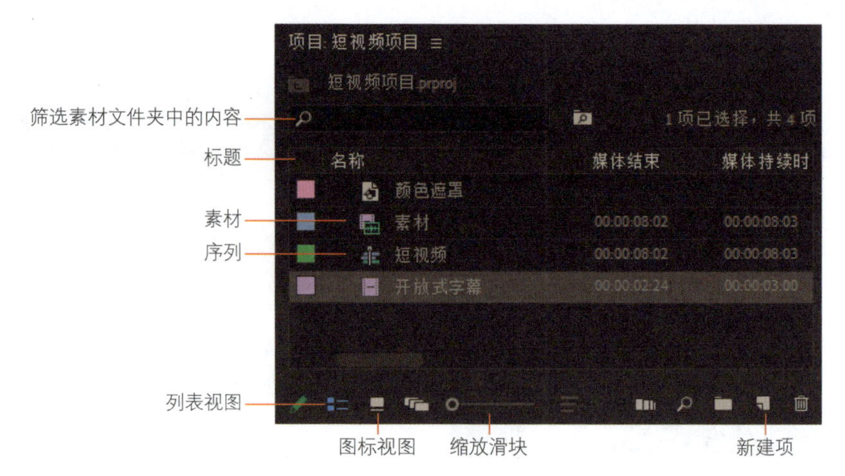

图3-7

在“项目”面板上单击“新建项”按钮，将弹出菜单，常用的新建项有序列、调整图层、字幕等，如图3-8所示。

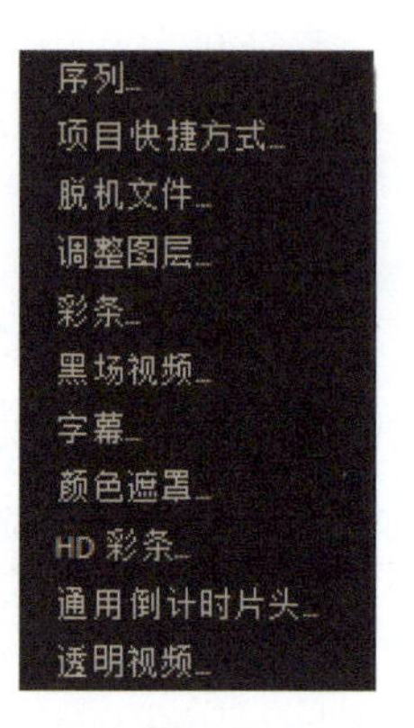

图3-8

“项目”面板中的媒体浏览器用于浏览计算机的硬盘，以便查找素材，特别适合查找基于文件的相机媒体文件，如图3-9所示。

“效果”面板：该面板包含了在序列中可以使用的所有剪辑效果，包括音频效果和音频过渡、视频效果和视频过渡，如图3-10所示。

“音频剪辑混合器”面板：该面板在默认情况下放在“效果”面板旁边，它包括音量滑动和平移旋钮，时间轴上的每个音轨都有一套控件，进行调整后会应用到音频中，还可以将调整后的音频应用到轨道上。

图3-9

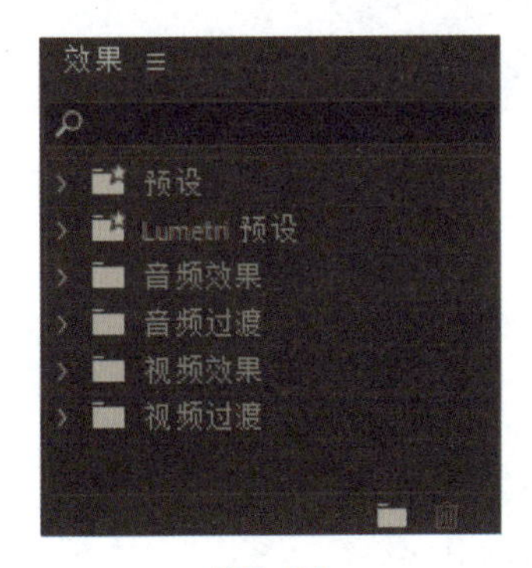

图3-10

“效果控件”面板：该面板位于“源监视器”面板的旁边，用于显示所选素材的效果控件，可视的素材都拥有“运动”、“不透明度”和“时间映射”控件，其参数可以随时间进行调整，如图3-11所示。

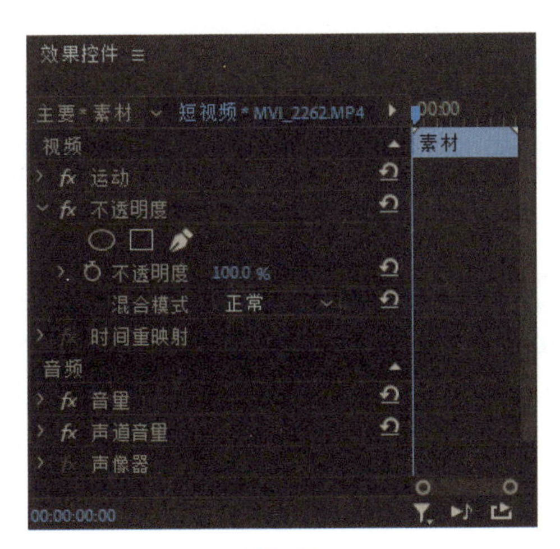

图3-11

3.3 视频剪辑常用技巧

本节介绍视频剪辑常用技巧，如删除素材、将视频和音频分开等。

Step 01：打开Premiere Pro软件，新建项目，将项目名称命名为“视频剪辑”，在“项目”面板上单击鼠标右键，在弹出的右键菜单中执行“导入”命令，导入素材，如图3-12所示。

图3-12

Step 02：在“项目”面板，将“素材1”拖动到“时间轴”面板，创建序列，将“素材2”拖动到“素材1”的后面，使用“选择工具”在时间轴上移动素材的位置，如图3-13所示。

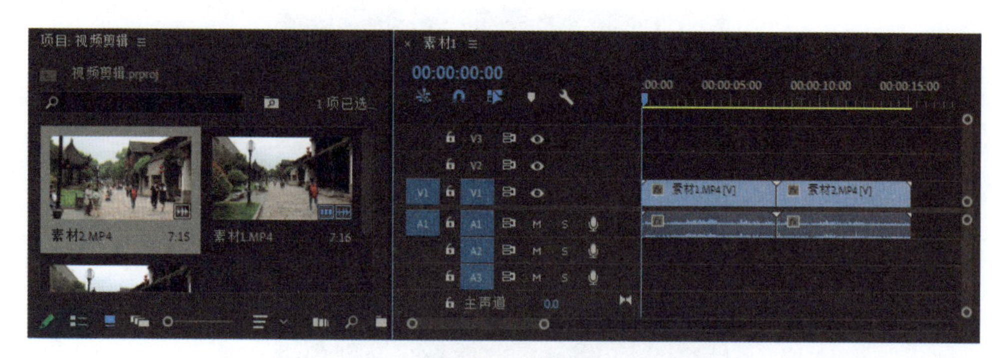

图3-13

Step 03：一般在室外拍摄的视频是不需要声音的，这里需要将视频和音频分开。单击鼠标右键，在弹出的右键菜单中执行“取消链接”命令，即可将视频和音频分开，如图3-14所示。

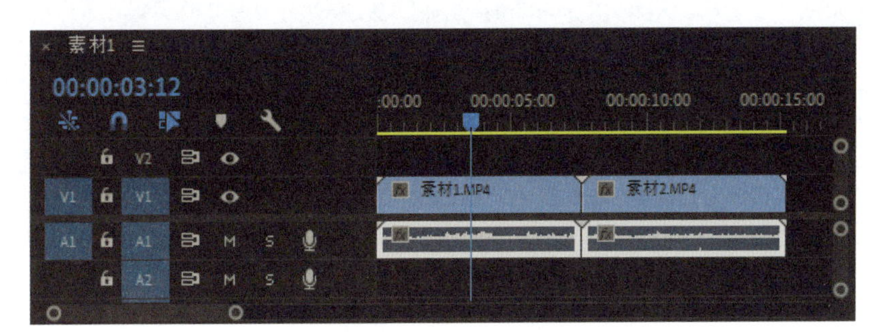

图3-14

Step 04：选择音频，按“Delete”键即可删除，或者单击鼠标右键，在弹出的右键菜单中执行“清除”命令，即可删除音频，如图3-15所示。

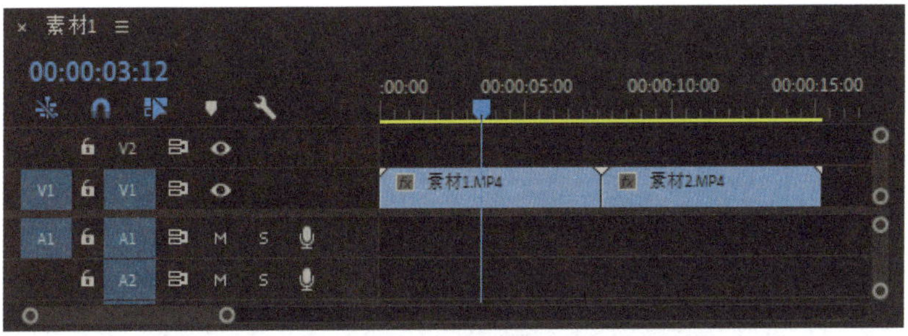

图3-15

Step 05：按空格键播放视频，可以在“节目监视器”面板查看视频效果，使用“剃刀工具”，或者按“C”键，对不满意的片段进行剪辑，如图3-16所示。

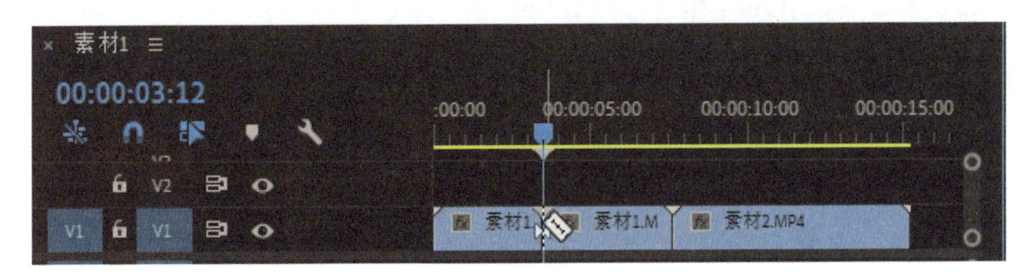

图3-16

Step 06：还可以使用“选择工具”对素材的开始端和末端进行拖动，即可对其进行剪辑，保留需要的内容，如图3-17所示。

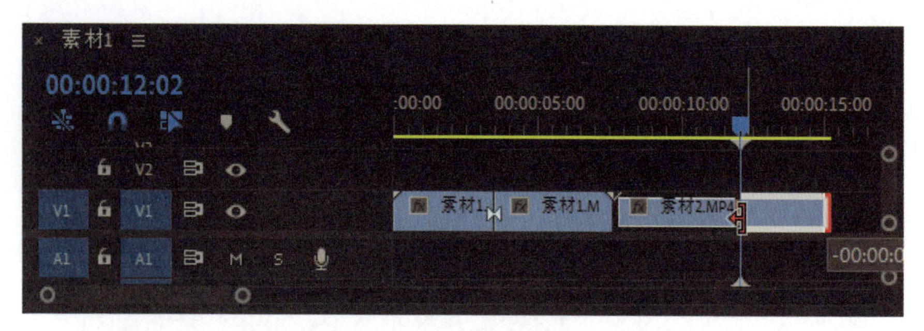

图3-17

3.4 持续时间

下面介绍“持续时间”的使用方法，可以使用“持续时间”调整视频的播放速度。

Step 01：打开Premiere Pro软件，新建项目，导入素材，将素材拖动到“时间轴”面板，原视频时长为00:00:20:17，如图3-18所示。

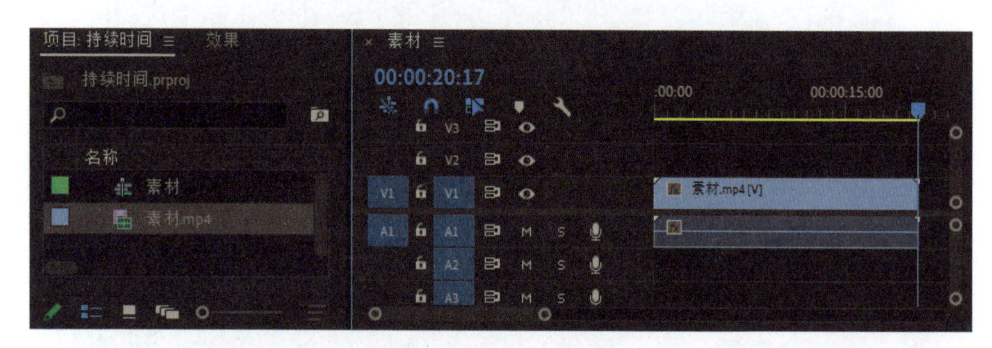

图3-18

Step 02：在时间轴选择素材，在菜单栏中执行“剪辑”>“速度/持续时间”命令，打开“剪辑速度/持续时间”窗口，如图3-19所示。

Step 03：“速度”用来控制视频的播放速度，将其设为200%，“持续时间”设为00:00:10:10，如图3-20所示。

Step 04：单击“确定”按钮，播放视频，视频播放速度变快。如果将“速度”设为50%，则“持续时间”变为00:00:41:17，视频播放速度变慢，如图3-21所示。

还可以通过修改“持续时间”来改变视频的播放速度。

如果想把一段视频的局部片段的时间变慢或者变快，可以先使用“剃刀工具”

进行剪辑，然后对剪辑的片段执行“速度/持续时间”命令进行调整。

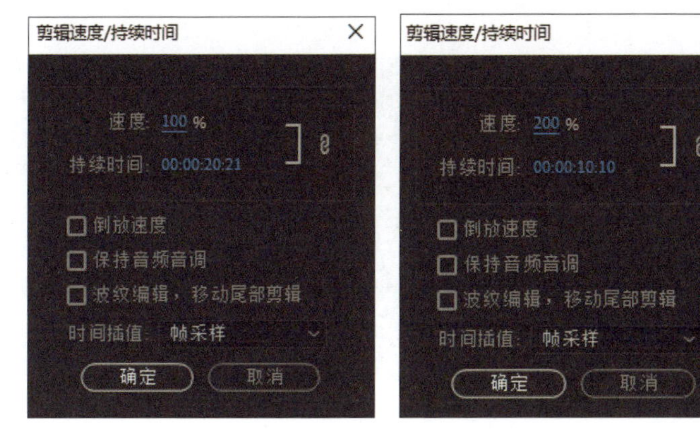

图3-19　　图3-20

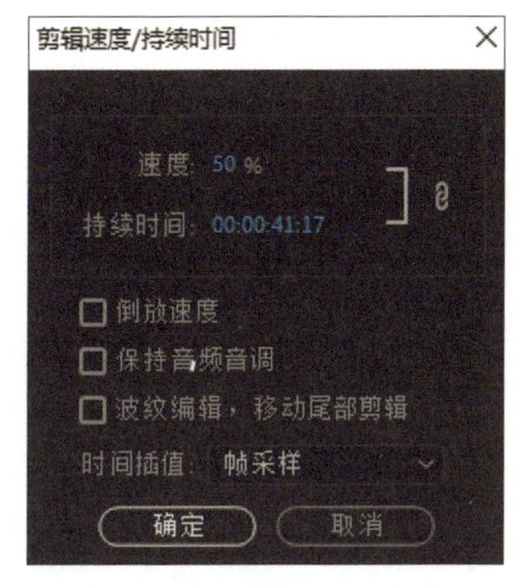

图3-21

3.5 调整视频声音

本节介绍调整视频声音的方法，主要包括录制声音和对声音降噪。

3.5.1 录制声音

下面介绍使用Premiere Pro软件录制声音的方法。

Step 01：打开Premiere Pro软件，新建项目和序列，“时间轴”面板如图3-22所示。

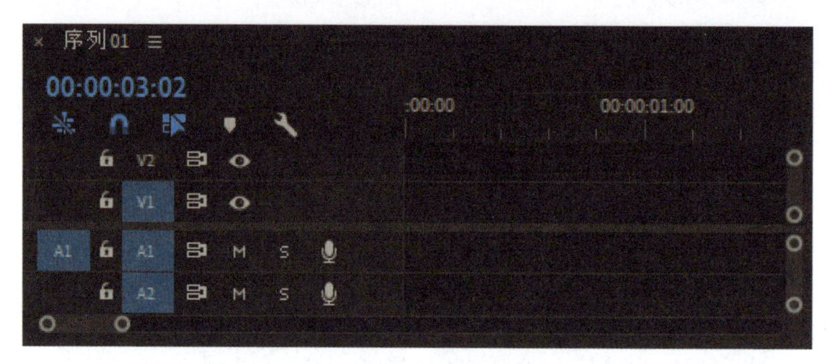

图3-22

Step 02：在菜单栏中执行“编辑”>“首选项”>“音频”命令，打开“首选项”窗口，勾选“时间轴录制期间静音输入”复选框，如图3-23所示。

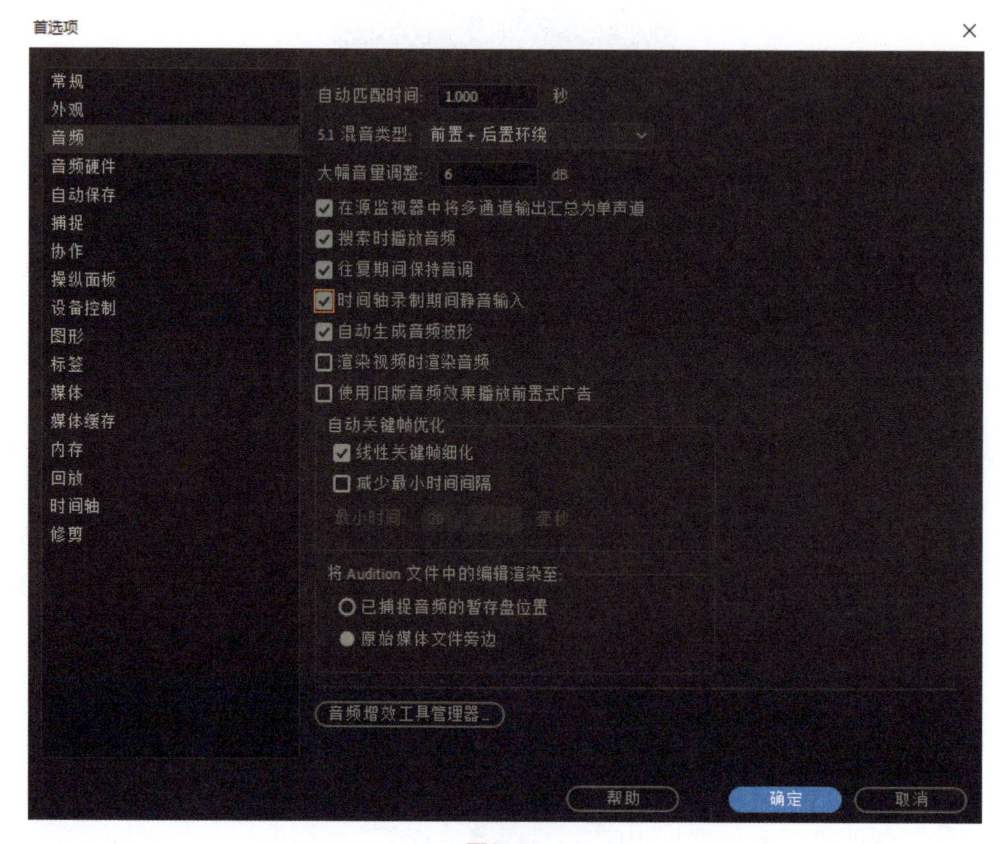

图3-23

Step 03：单击“确定”按钮，在“时间轴”面板上单击“画外音”录制按钮，开始录制声音，如图3-24所示。

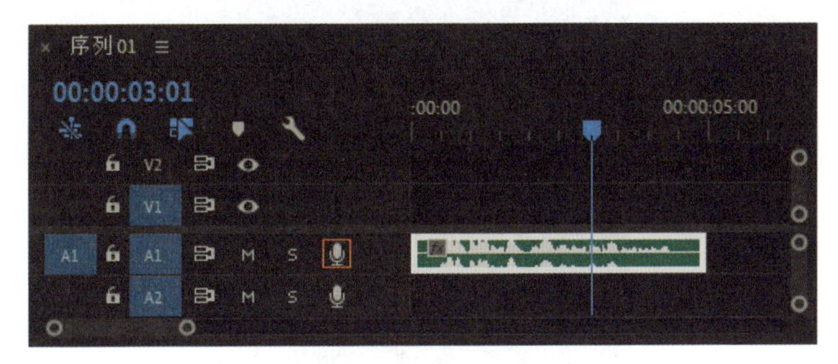

图3-24

通过这样的方法，可以直接在Premiere Pro软件中录制声音。

3.5.2 声音降噪

下面介绍对录制的声音进行降噪的方法。

Step 01：在“效果”面板选择“降噪”效果，将其拖动到“时间轴”面板，如图3-25所示。

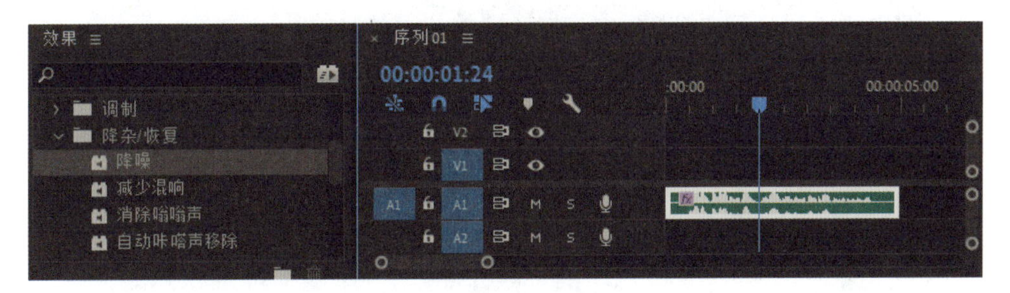

图3-25

Step 02：在时间轴上选择音频，打开“效果控件”面板，如图3-26所示。

Step 03：单击“编辑”按钮，打开“剪辑效果编辑器”窗口，“预设”中包括“弱降噪”和“强降噪”，如图3-27所示。

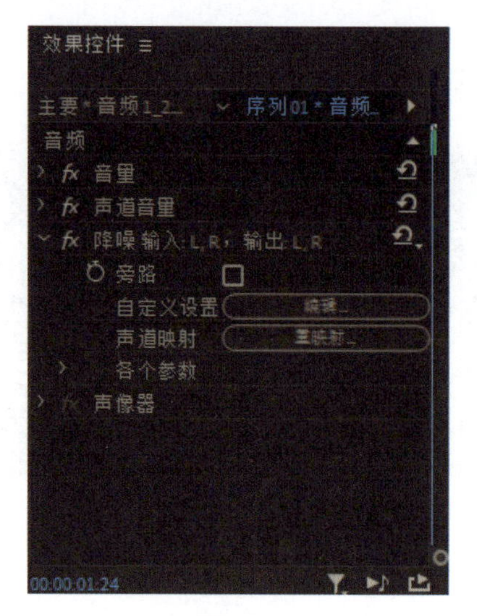

图3-26

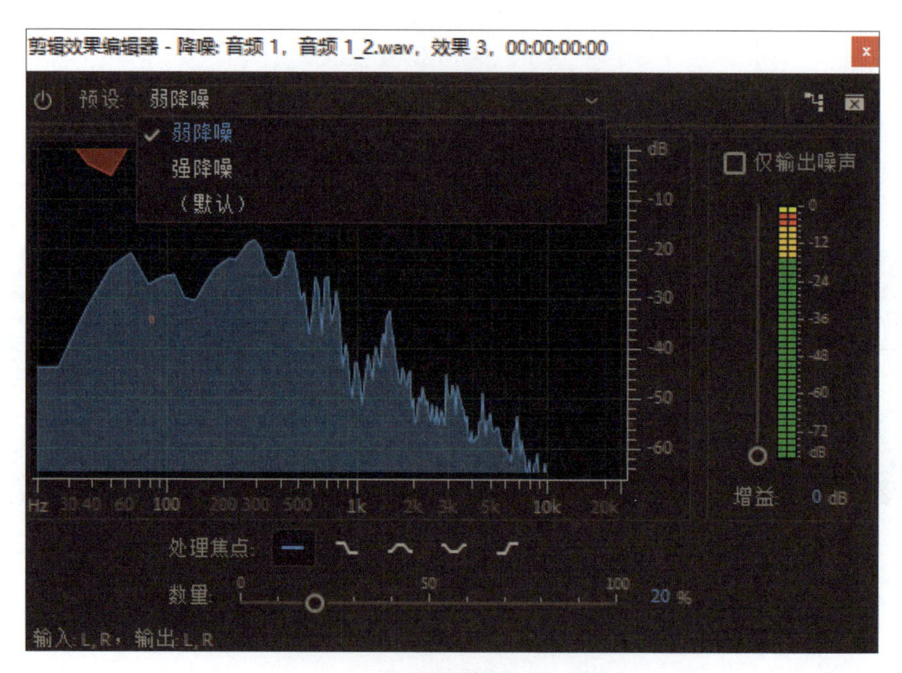

图3-27

Step 04：降噪处理主要包括“处理焦点”和“数量”，我们可以根据实际效果对其参数进行调整。

3.6 添加字幕

本节介绍对视频添加字幕的方法。

Step 01：打开Premiere Pro软件，新建项目，在“项目”面板导入“视频字幕”素材，再将“项目”面板中的“视频字幕”素材拖动到“时间轴”面板，如图3-28所示。

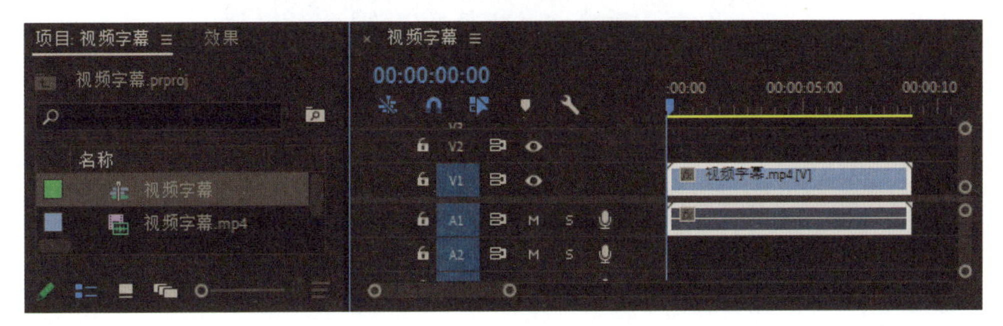

图3-28

Step 02：在菜单栏中执行“文件”>“新建”>“字幕”命令，打开“新建字幕”窗口，在“标准”中选择“开放式字幕”，如图3-29所示。

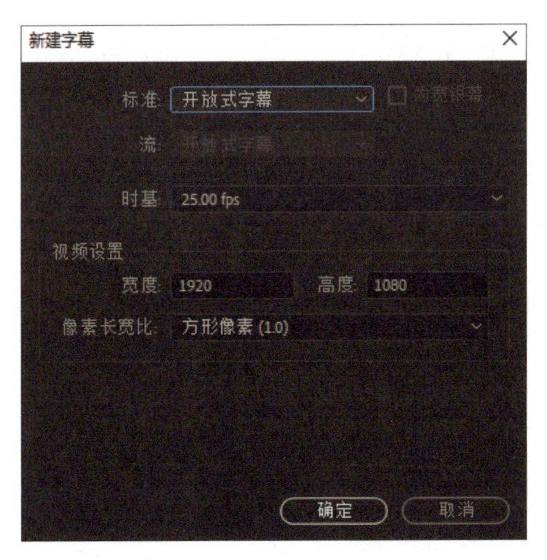

图3-29

Step 03：单击“确定”按钮，在“项目”面板将“开放式字幕”拖动到“时间轴”面板，然后在时间轴上拖动“开放式字幕”的时间，如图3-30所示。

Step 04：在时间轴上选择“开放式字幕”，在“字幕”面板输入文本，调整字体，将“大小”设为100，“背景透明度”设为0%，如图3-31所示。

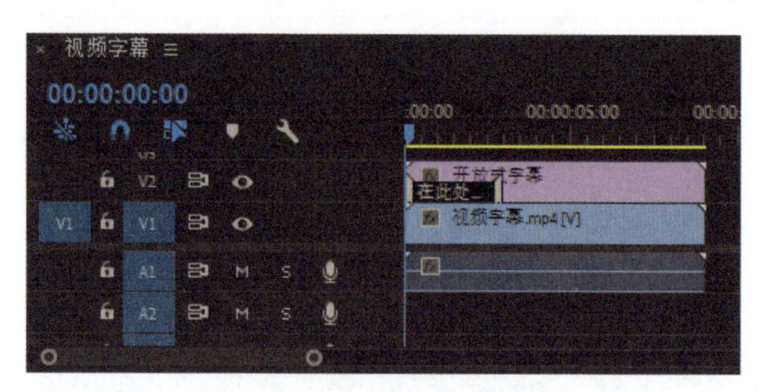

图3-30

图3-31

Step 05：在“字幕”面板上单击“添加字幕”按钮，输入文本，如图3-32所示。

图3-32

Step 06：在“字幕”面板可以通过调整入点和出点来控制字幕的显示时间。

3.7 为视频添加水印

下面介绍为视频添加水印的方法。

Step 01：打开Premiere Pro软件，新建项目，在“项目”面板导入“视频素材”，如图3-33所示。

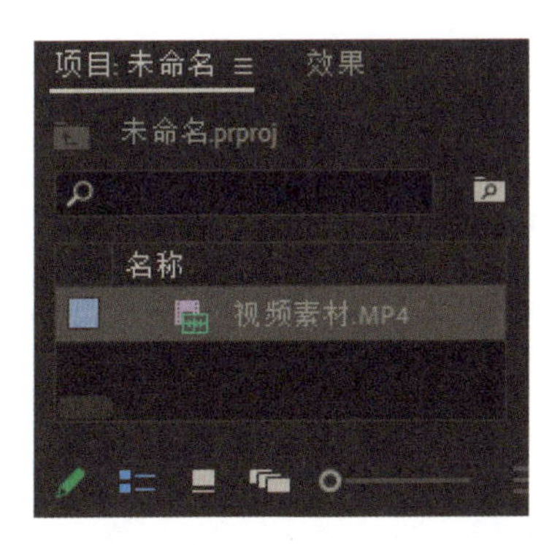

图3-33

Step 02：在“项目”面板将“视频素材”拖动到“时间轴”面板，如图3-34所示。

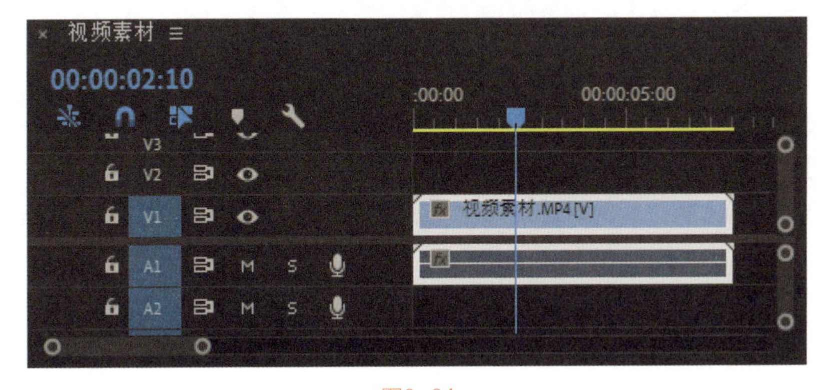

图3-34

Step 03：在菜单栏中执行“文件”>“新建”>“旧版标题”命令，弹出“新建字幕”窗口，设置相关参数，如图3-35所示。

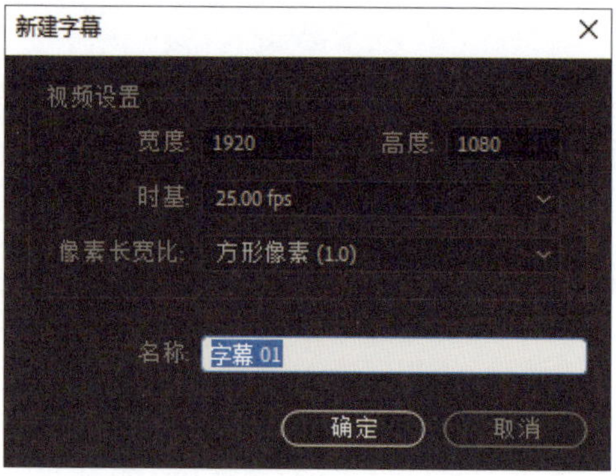

新建字幕
视频设置
宽度: 1920
高度: 1080
时基: 25.00 fps
像素长宽比: 方形像素 (1.0)
名称: 字幕 01
确定
取消

图3-35

Step 04：设置参数后单击“确定”按钮，打开“旧版标题”窗口，如图3-36所示。

字幕: 字幕 01
旧版标题属性
变换
属性
扭曲
填充
描边
内描边
外描边
添加
添加
阴影
背景
对齐
分布
中心
旧版标题样式

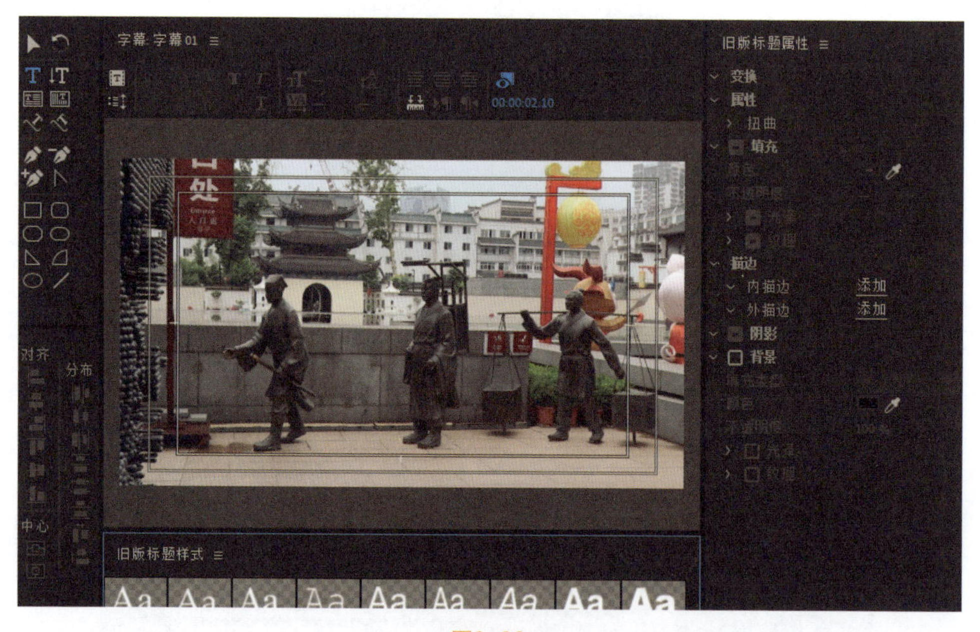

图3-36

Step 05：在该窗口左侧选择“文字工具”，在窗口中间界面输入文本，在窗口右侧的“旧版标题属性”面板中调整字体和字体大小，将“颜色”设为白色，使用“选择工具”将文本移动到窗口中间界面的右下角，如图3-37所示。

图3-37

Step 06：使用“矩形工具”在窗口中间界面的右下角绘制一个矩形，在“旧版标题属性”面板的“属性”中将“图形类型”选择“图形”，如图3-38所示。

图3-38

Step 07：在“图形路径”中选择一个LOGO图像，如图3-39所示。

图3-39

Step 08：关闭“旧版标题”窗口，在“项目”面板将“字幕01”拖动到“时间轴”面板，如图3-40所示。

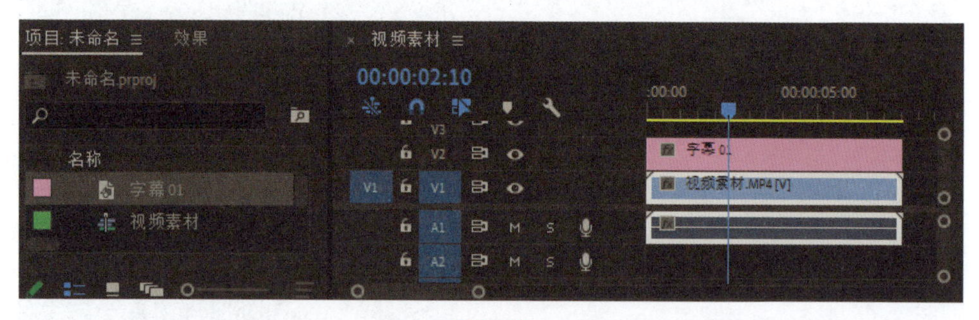

图3-40

Step 09：至此，完成了为视频添加水印。当然，我们也可以将水印设为灰色，在“效果”面板选择“色彩”效果，将其拖动到时间轴的“字幕01”上，如图3-41所示。

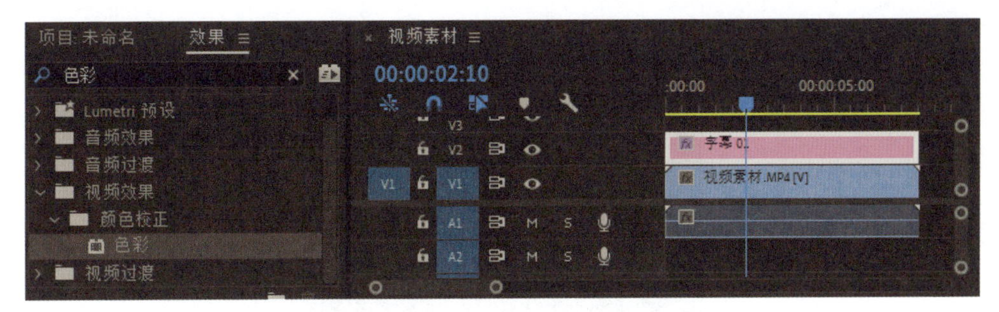

图3-41

Step 10：在“效果控件”面板将“不透明度”设为50%，效果如图3-42所示。

图3-42

这样我们就对视频的水印进行了色彩调整。

3.8 稳定抖动画面

在拍摄视频的过程中会产生画面抖动，使用“变形稳定器”效果可以将抖动的画面处理成稳定的画面。

Step 01：打开Premiere Pro软件，新建项目，将其命名为“稳定抖动画面”，在“项目”面板导入“抖动素材”，如图3-43所示。

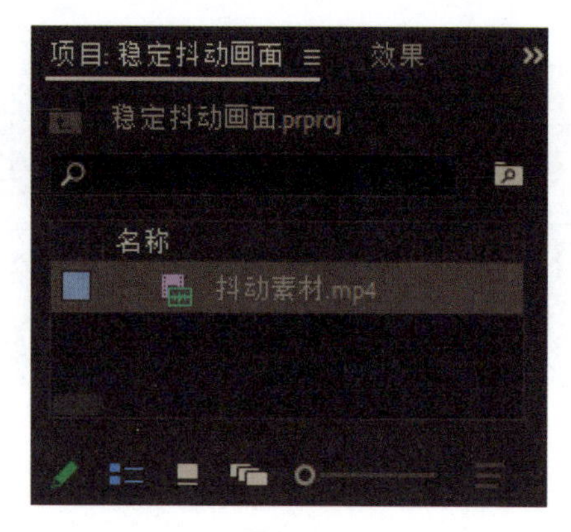

图3-43

Step 02：将“项目”面板中的“抖动素材”拖动到“时间轴”面板，如图3-44所示。

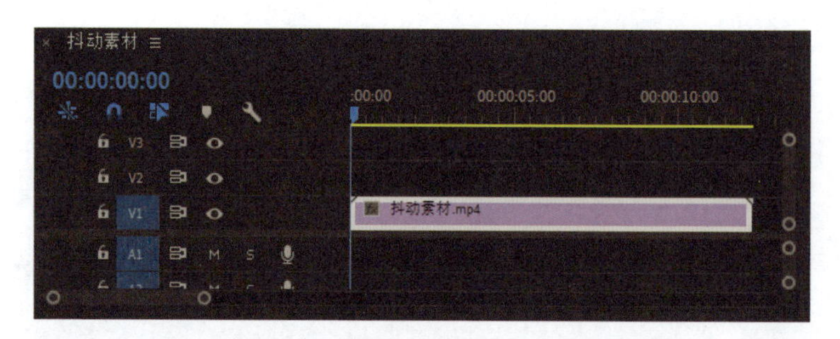

图3-44

Step 03：在“效果”面板，将“扭曲”下的“变形稳定器”效果拖动到时间轴的“抖动素材”上，如图3-45所示。

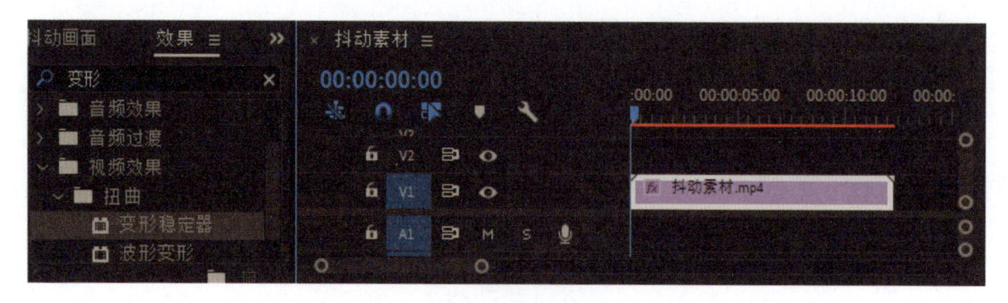

图3-45

Step 04：添加“变形稳定器”效果后，“节目监视器”面板会显示“在后台分析”，如图3-46所示。

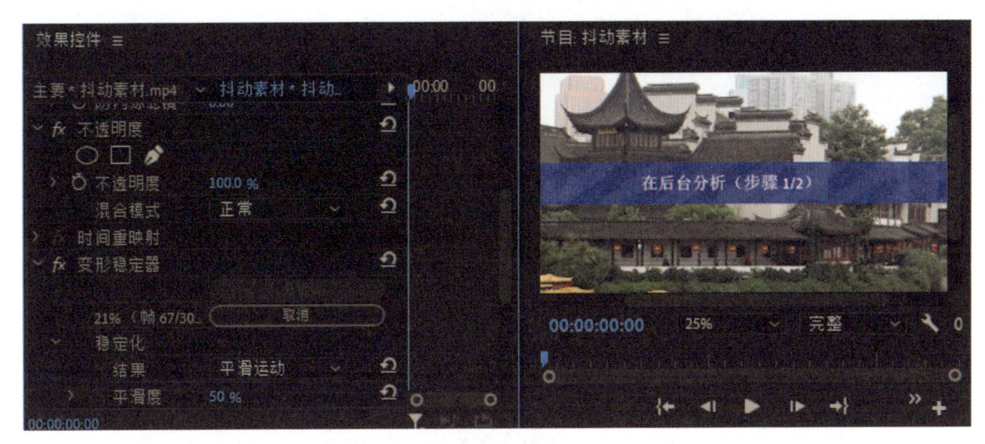

图3-46

Step 05：等待完成分析后，“节目监视器”面板会显示“正在稳定化”，如图3-47所示。

图3-47

Step 06：在画面稳定后，按空格键播放视频，视频的画面不再有抖动镜头，如图3-48所示。

图3-48

3.9 常用过渡效果

下面介绍Premiere Pro软件中常用过渡效果的使用方法。Premiere Pro软件提供了很多的过渡效果，如图3-49所示。

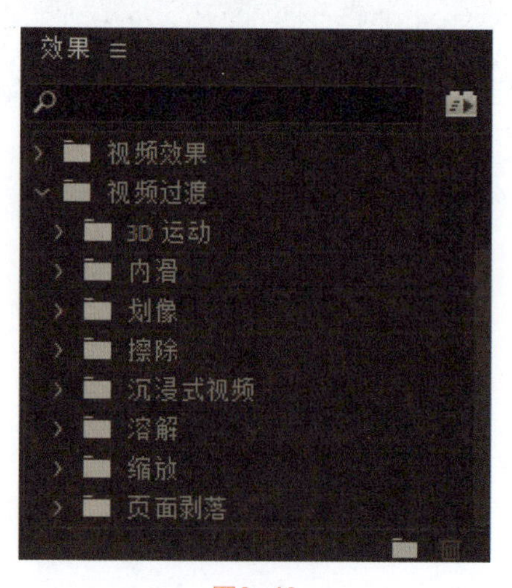

图3-49

Step 01：打开Premiere Pro软件，新建项目，在“项目”面板导入素材，如图3-50所示。

图3-50

Step 02：将素材拖动到“时间轴”面板，自动创建序列，如图3-51所示。

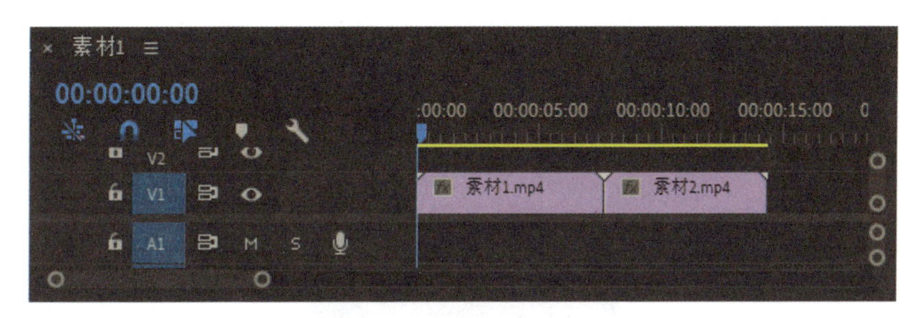

图3-51

Step 03：打开“效果”面板，选择“溶解”下的“交叉溶解”效果，并将其拖动到两段素材之间，如图3-52所示。

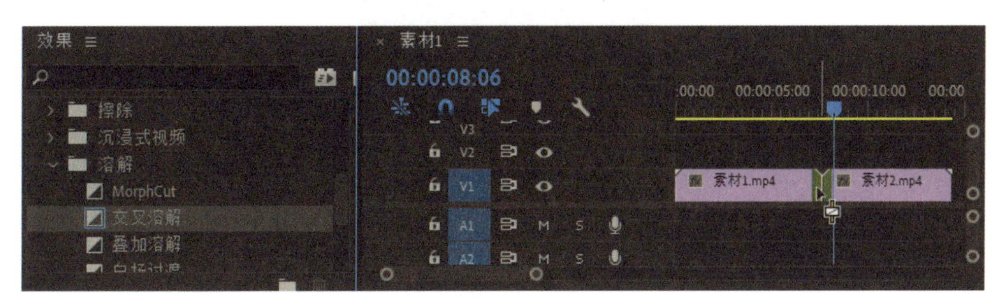

图3-52

Step 04：在时间轴选择“交叉溶解”效果，在“效果控件”面板显示其属性，可以设置“持续时间”和“对齐”方式，如图3-53所示。

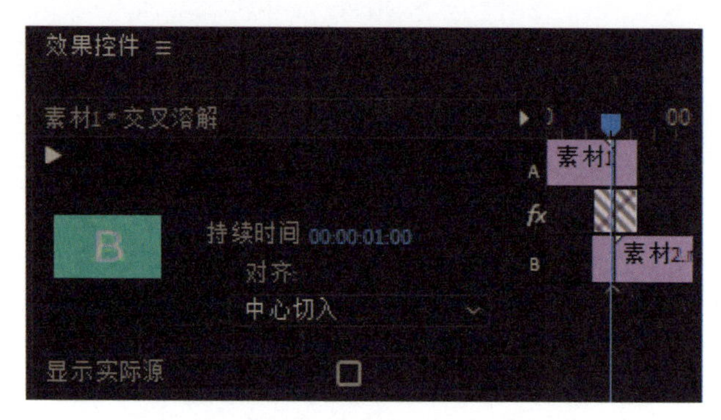

图3-53

通过这样的方法可以在视频之间添加过渡效果。

3.10 Lumetri 颜色

“Lumetri 颜色”是Premiere Pro软件中常用的调色效果，包括基本校正、创意、曲线、色轮和匹配、HSL 辅助、晕影，如图3-54所示。下面介绍“Lumetri 颜色”效果的添加方法。

图3-54

Step 01：打开Premiere Pro软件，新建项目，导入“调色素材”，将“调色素材”拖动到“时间轴”面板，如图3-55所示。

Step 02：打开“效果”面板，选择“Lumetri 颜色”效果，并将其拖动到时间轴上，如图3-56所示。

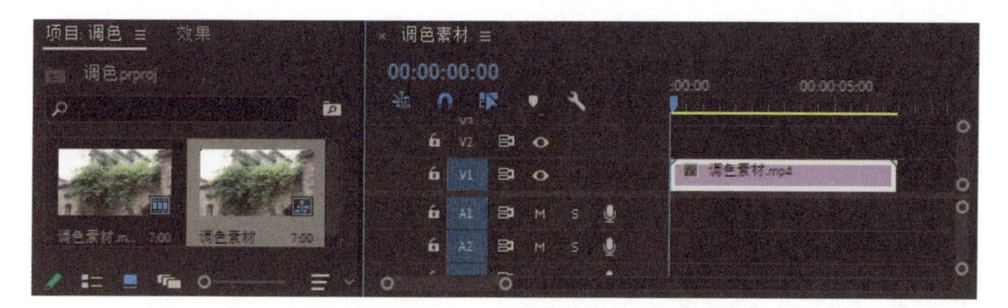

图3-55

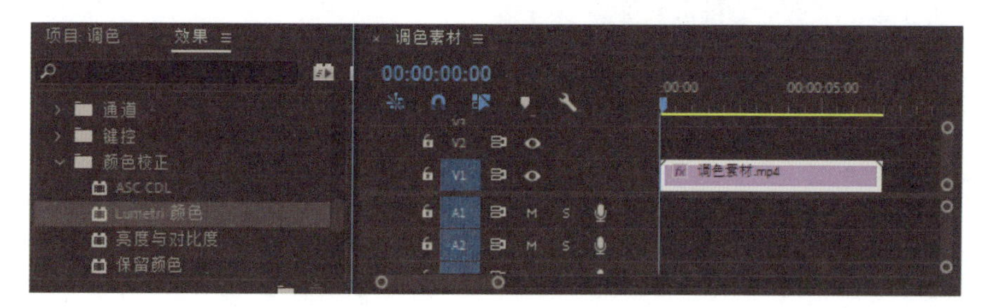

图3-56

3.10.1 基本校正

“Lumetri 颜色”效果的“基本校正”包括白平衡、色调和饱和度，如图3-57所示。

图3-57

“白平衡”包括白平衡选择器、色温和色彩。白平衡选择器是自动调整白平衡的一种工具，在使用时，只需使用“吸管工具”吸取画面中的中间色部分，Premiere Pro软件会自动校正画面偏色的问题。色温和色彩可以调整画面的整体颜色，这里调整了“色温”和“色彩”参数，效果如图3-58所示。

图3-58

“色调”包括曝光、对比度、高光、阴影、白色和黑色，如图3-59所示。

图3-59

曝光：对画面的整体亮度可以进行调亮或者调暗。

对比度：用于调整画面的层次感，可以让画面的主体对比更突出，使画面更清晰。

高光和白色：用于调整画面中亮部的色彩。

阴影和黑色：用于调整画面中暗部的色彩。
饱和度：用于控制画面色彩的纯度。

3.10.2 创意

“Lumetri 颜色”效果的“创意”主要包括Look、强度和调整。
“Look”中有很多自动的预设，我们可以选择预设效果，如图3-60所示。

图3-60

选择“Look”的预设效果之后，调整“强度”参数，可以控制“Look”的显示强度，如图3-61所示。

“调整”的主要参数包括淡化胶片、锐化、自然饱和度、饱和度、阴影色彩和高光色彩。

图3-61

3.10.3 曲线

“Lumetri 颜色”效果的“曲线”包括RGB 曲线和色相饱和度曲线。“RGB 曲线”有4种模式，分别为RGB 曲线、红色模式、绿色模式和蓝色模式，如图3-62所示。

图3-62

“色相饱和度曲线”包括色相与饱和度、色相与色相、色相与亮度、亮度与饱和度、饱和度与饱和度。使用“色相（与饱和度）”右侧的“吸管工具”吸取画面中的绿色，在“色相与饱和度”中调整绿色点的位置，增加画面中绿色的饱和度，效果如图3-63所示。

图3-63

3.10.4 色轮和匹配

“Lumetri 颜色”效果的“色轮和匹配”包括阴影、中间调、高光三种色轮。色轮分为色环和滑块，色环用于控制画面的色相，滑块用于控制画面的明暗，如图3-64所示。

在“阴影”色轮将颜色设为红色，在“高光”色轮将颜色设为绿色，效果如图3-65所示。

图3-64

图3-65

3.10.5 HSL 辅助

“Lumetri 颜色”效果的“HSL 辅助”主要通过H、S、L三种色彩建立颜色选取，可以单独调整画面中某一部分的颜色，对局部颜色进行调色，如图3-66所示。

图3-66

在“设置颜色”右侧单击“吸管工具”，吸取画面的红色，在H、S、L中调整红色的显示范围，勾选“显示蒙版”复选框，如图3-67所示。

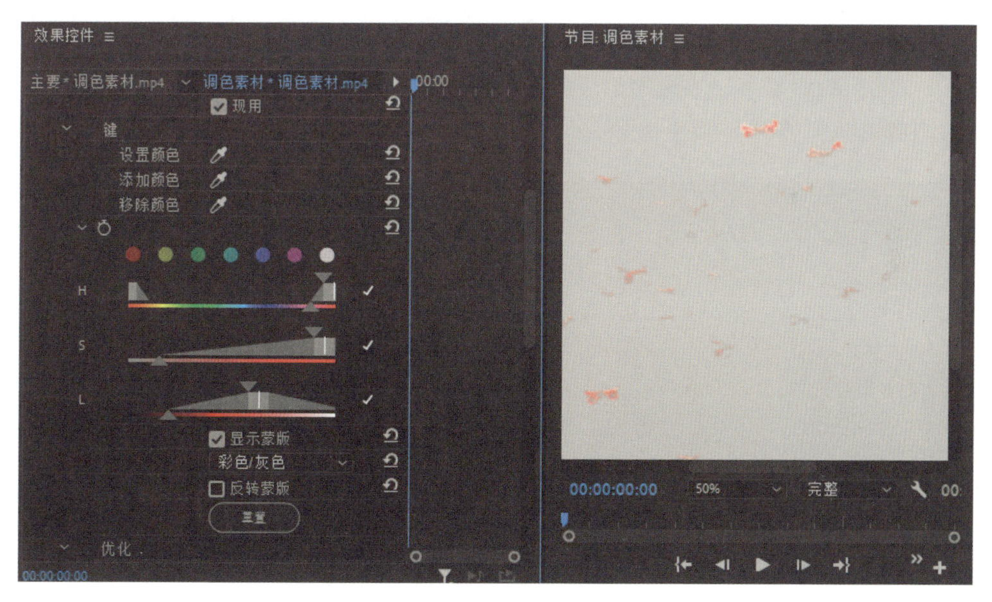

图3-67

取消勾选“显示蒙版”复选框，调整“更正”下的色温、色彩和对比度等参数，对红色进行调色，如图3-68所示。

图3-68

3.10.6 晕影

“Lumetri 颜色”效果的“晕影”可以控制画面的暗角，让画面的主体更加突出，包括数量、中点、圆度和羽化，如图3-69所示。

图3-69

3.11 文字标题字幕条动画

下面介绍制作文字标题字幕条动画的方法，首先安装文字标题字幕条模板，然后修改模板。

Step 01：打开Premiere Pro软件，在菜单栏中执行“图形”>“安装动态图形模板”命令，弹出“打开”窗口，如图3-70所示。

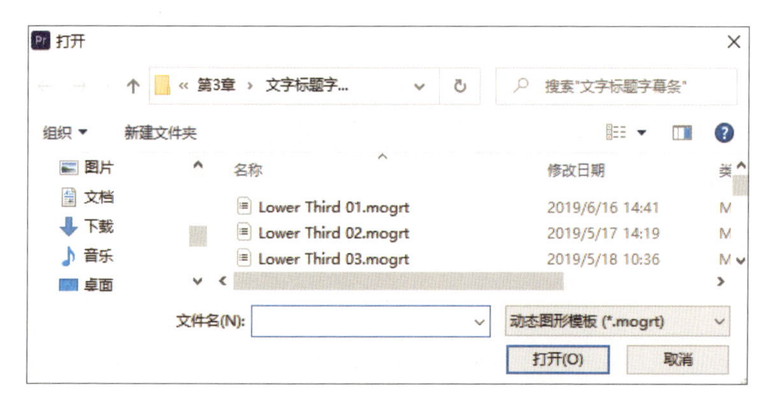

图3-70

Step 02：选择文字标题字幕条模板“Lower Third 02”，单击“打开”按钮，进行安装，安装好之后，“Lower Third 02”在“基本图形”窗口的“浏览”下显示，如图3-71所示。

图3-71

Step 03：选择“Lower Third 02”，将其拖动到“时间轴”面板，弹出“剪辑不匹配警告”对话框，如图3-72所示。

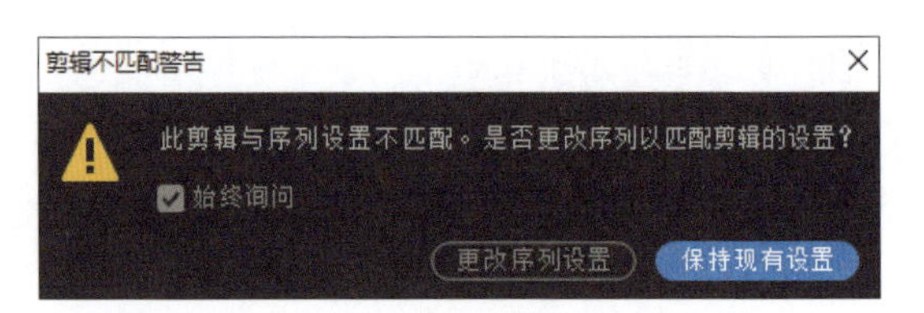

图3-72

Step 04：单击“保持现有设置”按钮，将“Lower Third 02”添加到“时间轴”面板，如图3-73所示。

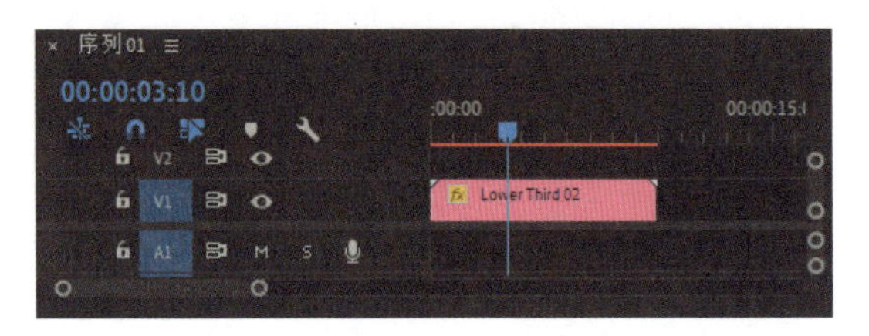

图3-73

Step 05：在时间轴选择“Lower Third 02”，在“基本图形”窗口中调整参数，包括文字内容、文字颜色、缩放、位置和文字缩放等，如图3-74所示。

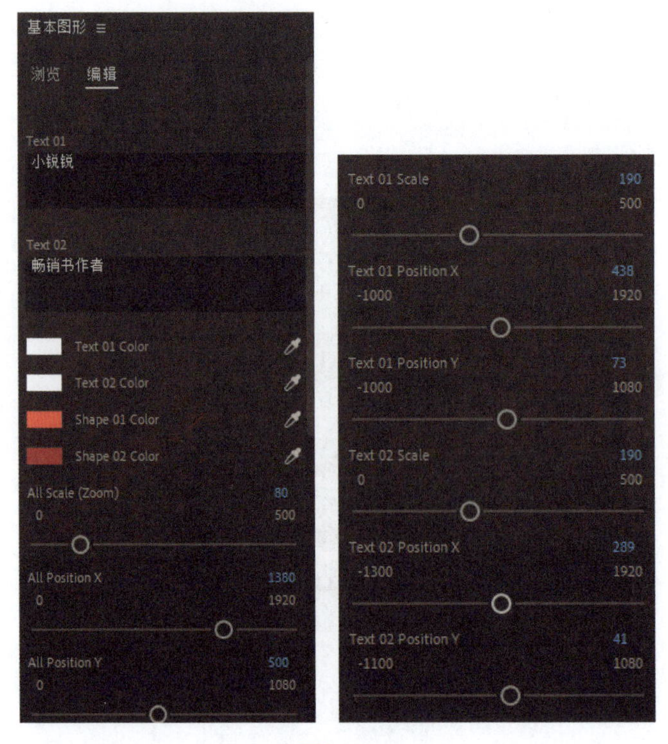

图3-74

Step 06：调整参数后，文字标题字幕条在“节目监视器”面板的效果如图3-75所示。

图3-75

第4章

淘宝主图视频剪辑

本章介绍淘宝主图视频的剪辑流程，帮助读者掌握使用Premiere Pro软件剪辑视频、创建关键帧动画、对视频进行调色、处理音频、渲染与导出视频，以及将视频发布到淘宝平台的方法。

4.1 准备工作

本节介绍制作淘宝主图视频前的准备工作，在拍摄前可以准备拍摄脚本或者分镜头剧本，然后根据脚本或者剧本拍摄相应的画面。在拍摄现场只需要根据脚本，按镜头逐个将视频拍摄完成，拍摄脚本可以大大提高现场的工作效率。

淘宝主图视频的特点是视频时长短、信息量大、内容精炼，所以在创作文案后一定要准备一份拍摄脚本。考虑到每个镜头表现的细节，以及这些镜头在现场拍摄时将会遇到的困难，这些都需要在拍摄脚本中考虑到，不需要将拍摄脚本制作得很复杂，主要涉及景别、手法、内容、音乐等方法，在制作完拍摄脚本后，在我们的脑海中要有视频的效果。电热水壶展示短视频的拍摄脚本如表4-1所示。

表4-1

镜头号	景别	内容	字幕	备注
1	中景	将水壶从远处推进		
2	特写	将水壶向上移动	一键阻尼开盖 单手开盖更方便	
3	特写	打开水壶盖子	聚水环上盖 开盖防烫更安全	
4	特写	从水壶内侧推进	1.7升大容量 一次烧开一天的饮水量	
5	近景	水壶旋转展示		
6	特写	壶嘴展示	不锈钢过滤网 有效过滤杂质	
7	近景	冲咖啡		

整个视频剪辑的流程如图4-1所示。

图4-1

4.2 视频剪辑工具

从本节开始制作电热水壶展示短视频，下面介绍如何导入素材，并将素材放到“时间轴”面板进行剪辑，使用“剃刀工具”将几段素材分别剪辑和合成，了解视频剪辑技巧，掌握视频剪辑的基本流程。

Step 01：打开Premiere Pro软件，在菜单栏中执行“文件”>“新建项目”命令，打开“新建项目”窗口，设置项目名称和项目文件保存的位置，如图4-2所示。

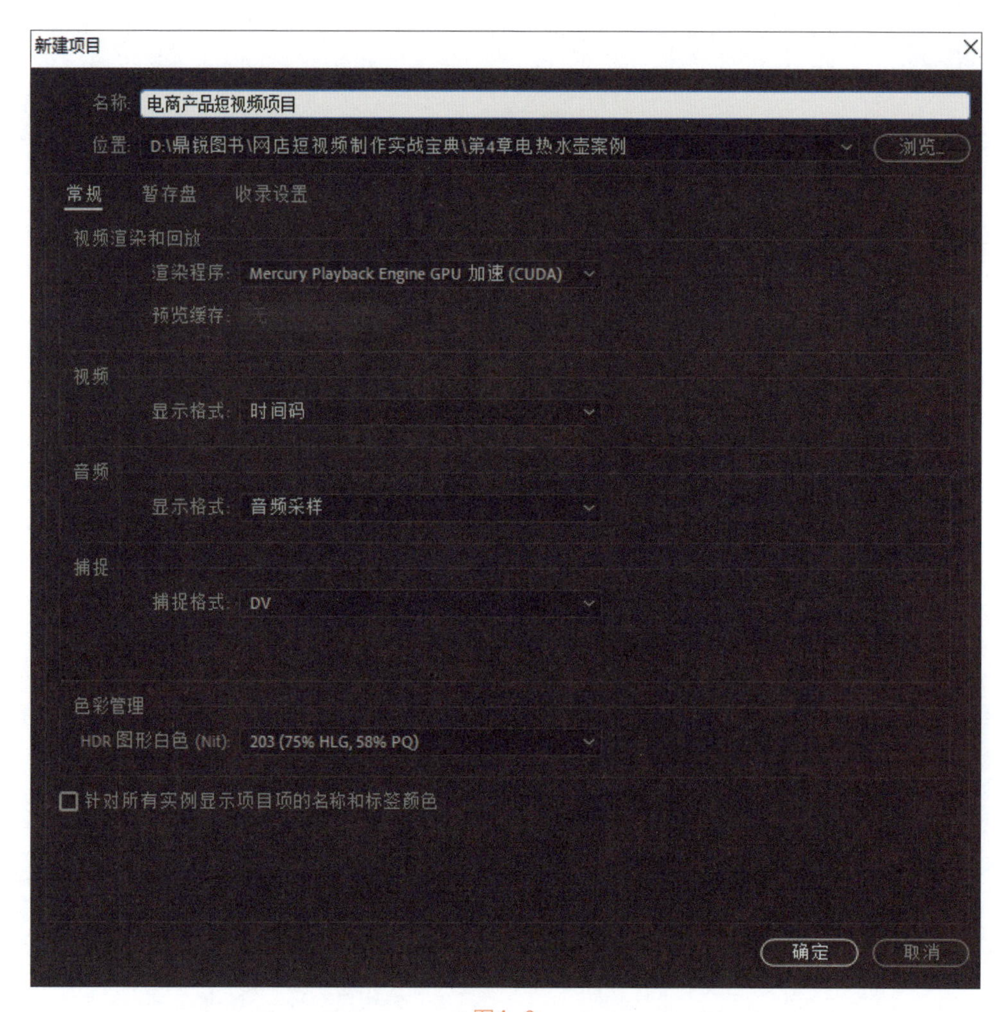

图4-2

Step 02：在“项目”面板上单击鼠标右键，在弹出的右键菜单中执行“导入”命令，如图4-3所示。

Step 03：选择素材并将其导入到“项目”面板，如图4-4所示。

Step 04：在“项目”面板右下角单击 “新建项”按钮，在弹出的菜单中执行“序列”命令，如图4-5所示。

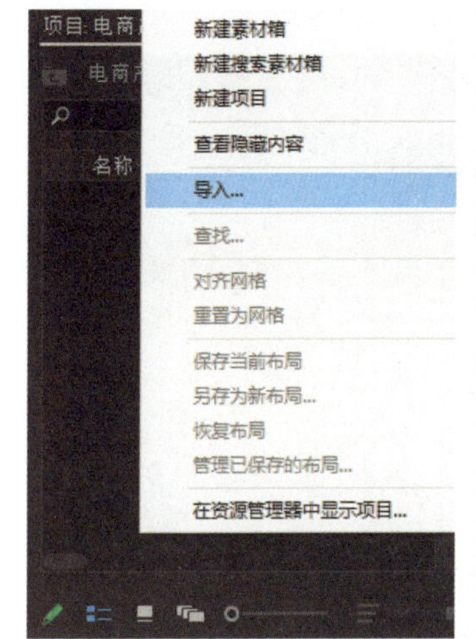

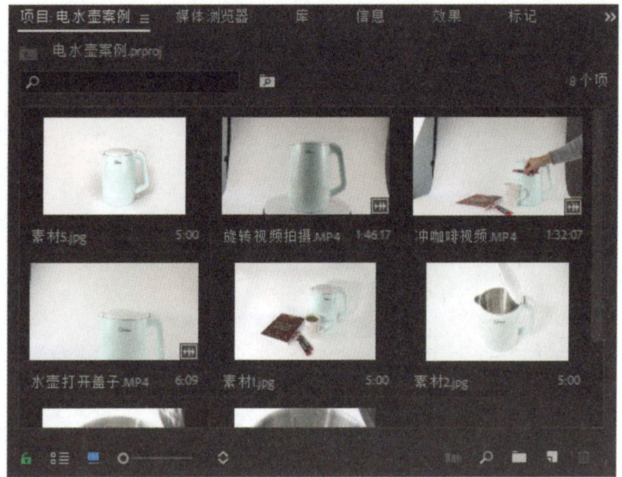

图4-3

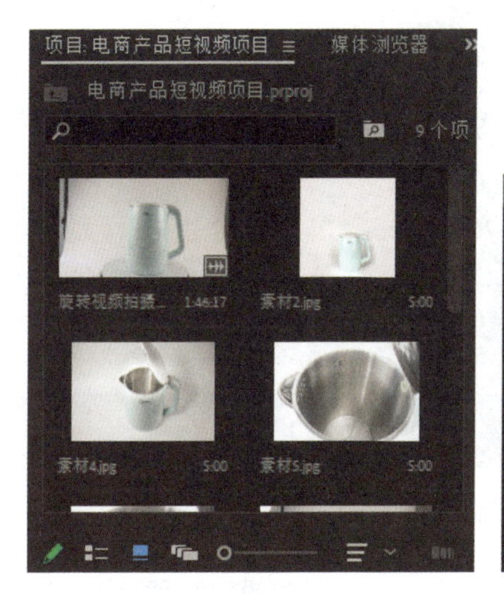

图4-4

序列...
项目快捷方式...
脱机文件...
调整图层...
彩条...
黑场视频...
字幕...
颜色遮罩...
HD 彩条...
通用倒计时片头...
透明视频...

图4-5

Step 05：新建序列，在“新建序列”窗口中单击“设置”选项卡，将“编辑模式”设为“自定义”，“帧大小”设为“800”水平和“800”垂直，“像素长宽比”设为“方形像素（1.0）”，“序列名称”命名为“打开水壶盖子”，如图4-6所示。

Step 06：单击“确定”按钮，在“时间轴”面板将显示刚才创建的序列名称，如图4-7所示。

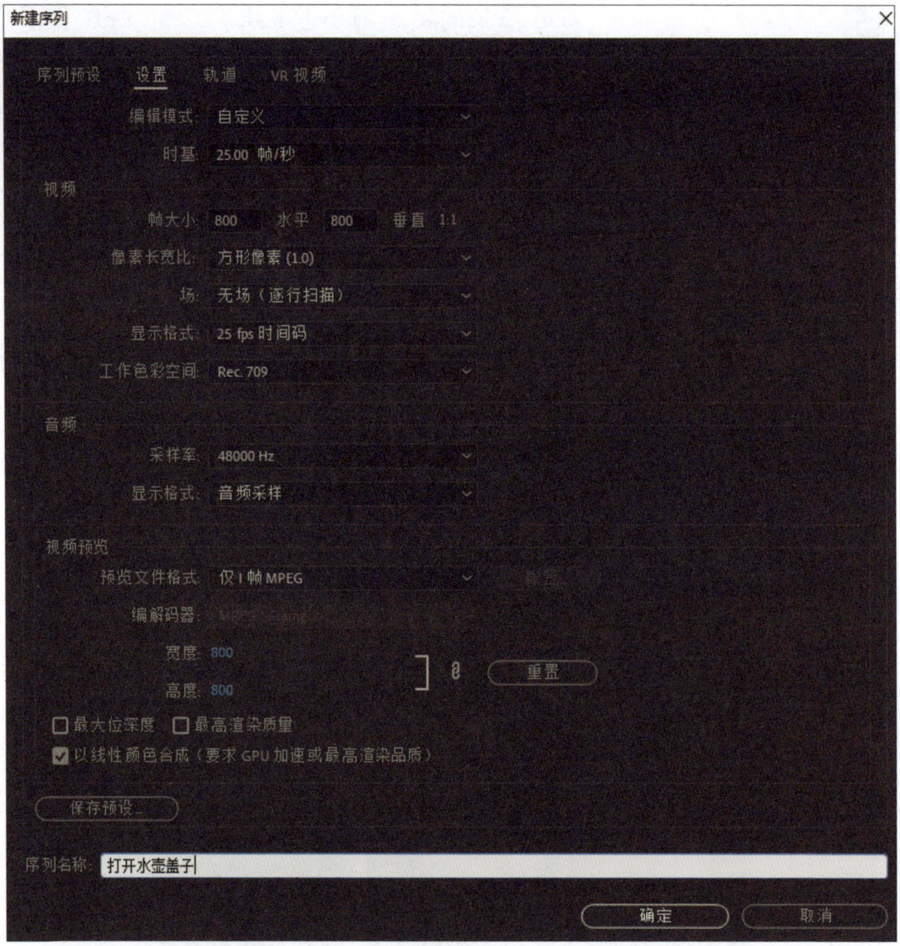
新建序列
序列预设
设置
轨道
VR 视频
编辑模式：自定义
时基：25.00 帧/秒
视频
帧大小：800 水平 800 垂直 1:1
像素长宽比：方形像素 (1.0)
场：无场（逐行扫描）
显示格式：25 fps 时间码
工作色彩空间：Rec. 709
音频
采样率：48000 Hz
显示格式：音频采样
视频预览
预览文件格式：仅 I 帧 MPEG
编解码器：
宽度：800
高度：800
重置
最大位深度
最高渲染质量
以线性颜色合成（要求 GPU 加速或最高渲染品质）
保存预设...
序列名称：打开水壶盖子
确定
取消

图4-6

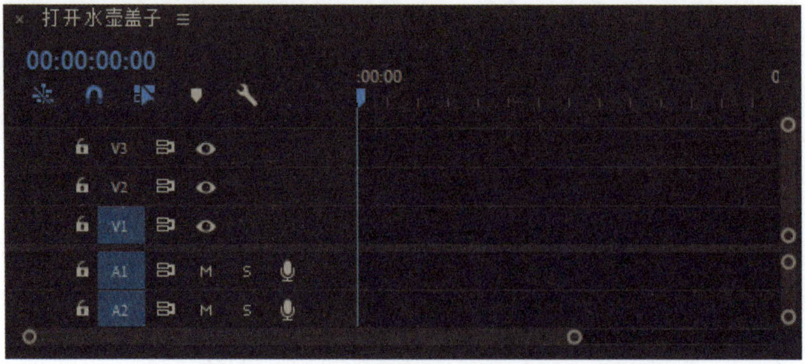
打开水壶盖子
00:00:00:00
:00:00
V3
V2
V1
A1
M
S
A2

图4-7

Step 07：将“打开水壶盖子”素材拖动到“时间轴”面板的“打开水壶盖子序列”的V1轨道中，会弹出“剪辑不匹配警告”对话框，如图4-8所示。

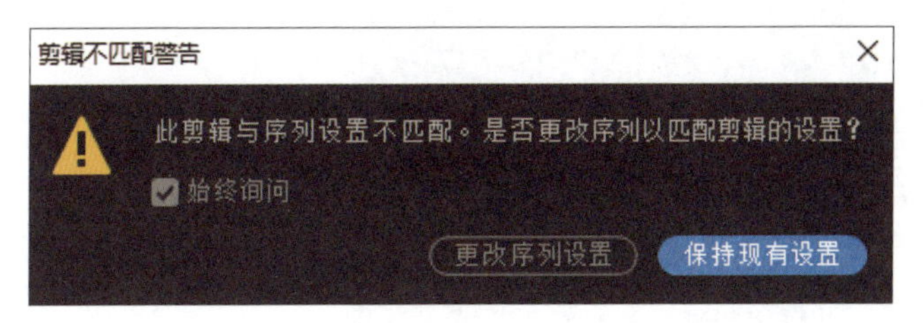

图4-8

Step 08：单击“保持现有设置”按钮，“时间轴”面板效果如图4-9所示。

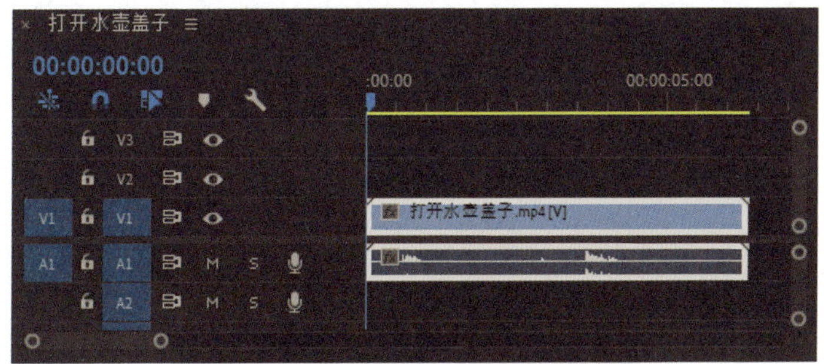

图4-9

Step 09：拍摄的视频尺寸为1920像素×1080像素，“节目监视器”面板显示的尺寸为800像素×800像素，有部分画面没有显示。下面缩放视频，选择时间轴上的“水壶打开盖子”素材，“效果控件”面板会显示其属性，将“缩放”设为75，“位置”的水平参数设为237，如图4-10所示。

图4-10

Step 10：按空格键播放视频，我们观察到00:00:01:00的视频画面是静态的，将时间线移动到00:00:01:00，使用“剃刀工具”在时间轴轨道的素材上单击，可以将该素材剪辑为2段，如图4-11所示。

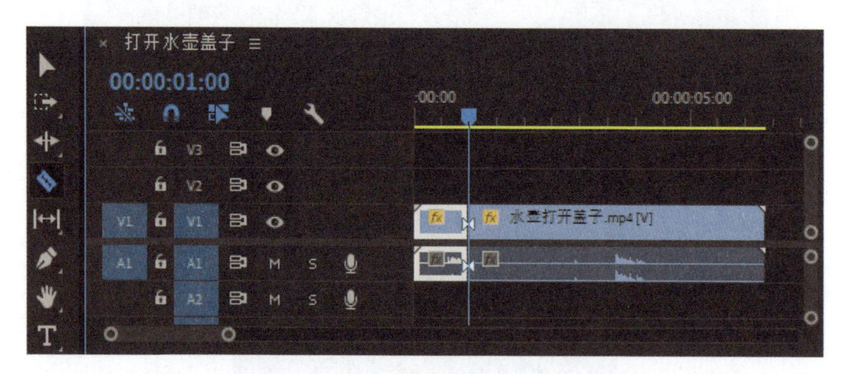

图4-11

Step 11：使用“选择工具”在时间轴轨道上选择前面一段视频，单击鼠标右键，在弹出的右键菜单中执行“波纹删除”命令，这样可以将前面的视频删除，并且将后面一段视频移动到开始帧，如图4-12所示。

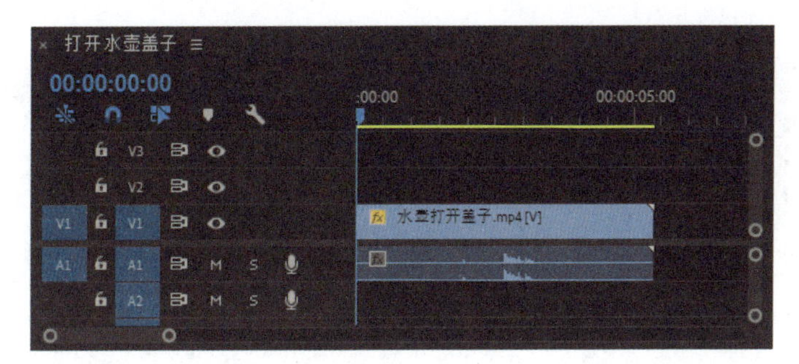

图4-12

Step 12：选择时间轴轨道上的素材，单击鼠标右键，在弹出的右键菜单中执行“取消链接”命令，这样可以将视频和音频分开。选择时间轴轨道上的音频，单击鼠标右键，在弹出的右键菜单中执行“清除”命令，这样就将音频删除了，如图4-13所示。

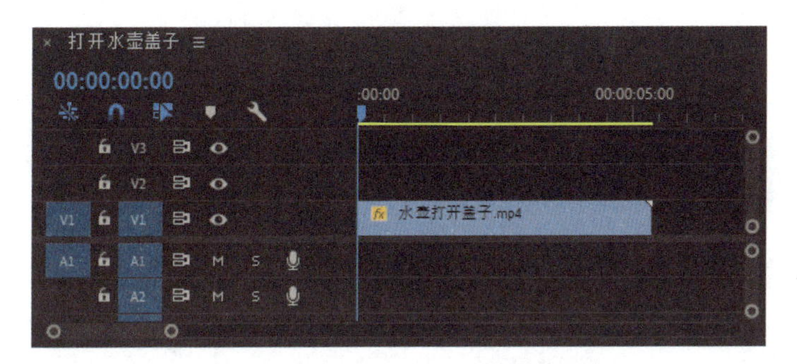

图4-13

4.3 视频加速处理

本节介绍时间重置功能的用法，通过时间重置功能可以对同一段视频进行速度快慢的变化控制，视频的长度也会随着速度的变化在时间轴上进行自行调整。

Step 01：新建序列，在“新建序列”窗口中单击“设置”面板，将“编辑模式”设为“自定义”，“帧大小”设为“800”水平和“800”垂直，“像素长宽比”设为“方形像素（1.0）”，“序列名称”命名为“旋转视频序列”，如图4-14所示。

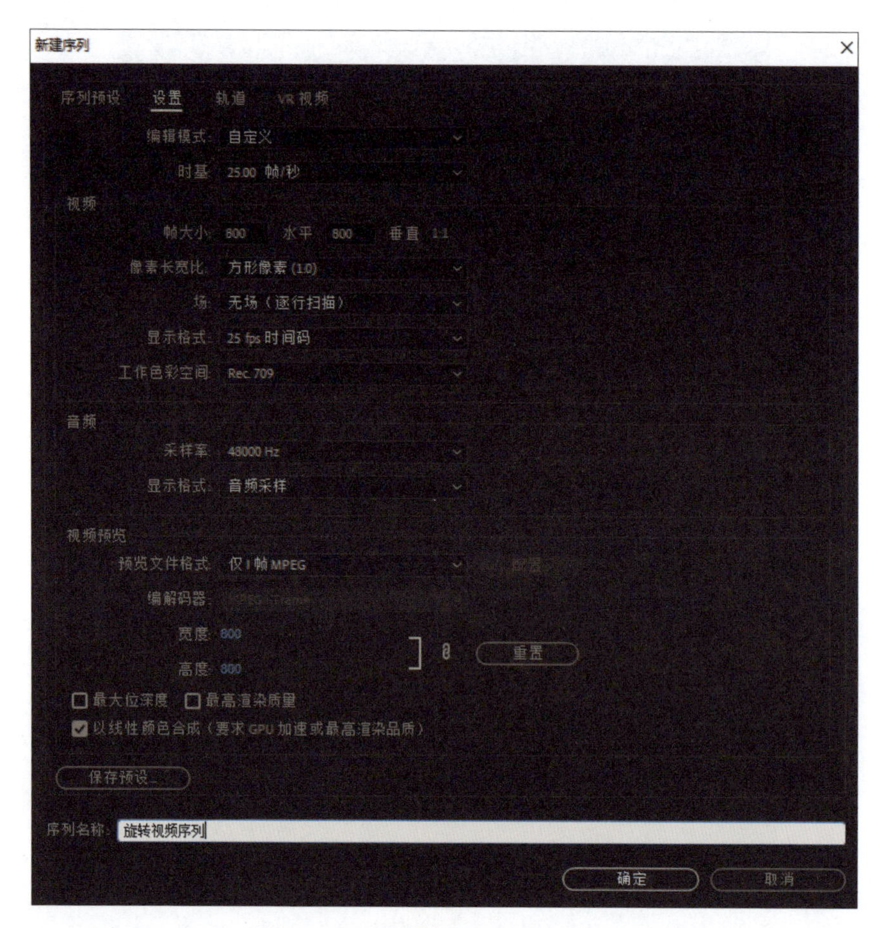

图4-14

Step 02：在“项目”面板选择“旋转视频拍摄”素材，将其拖动到时间轴的“旋转视频序列”的V1轨道中，会弹出“剪辑不匹配警告”对话框，单击“保持现有设置”按钮，按“\”键，以合适的时间长度来自动显示视频，如图4-15所示。

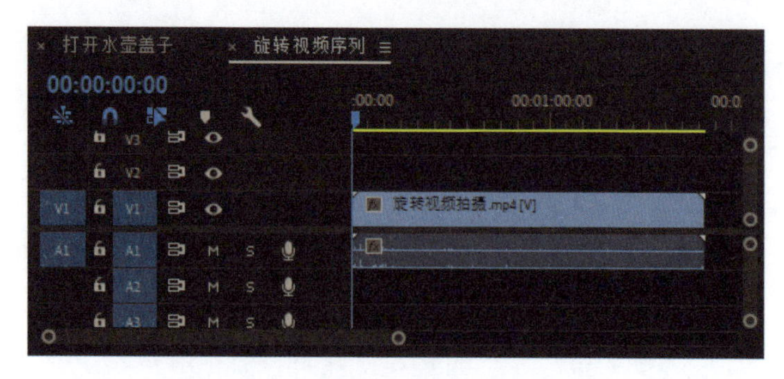

图4-15

提示： 在时间轴中可以用适当的时间单位来显示视频片段，可以在键盘上使用三个快捷键来分别控制缩小、放大和自动适配时间单位。这三个快捷键分别是“-”（缩小）、“+”（放大）和“\”（自动适配）。

Step 03：选择时间轴轨道上的素材，单击鼠标右键，在弹出的右键菜单中执行“取消链接”命令，将视频和音频分开，然后选择音频，按“Delete”键删除音频。

Step 04：选择时间轴轨道上的素材，在“效果控件”面板调整其属性，如图4-16所示。

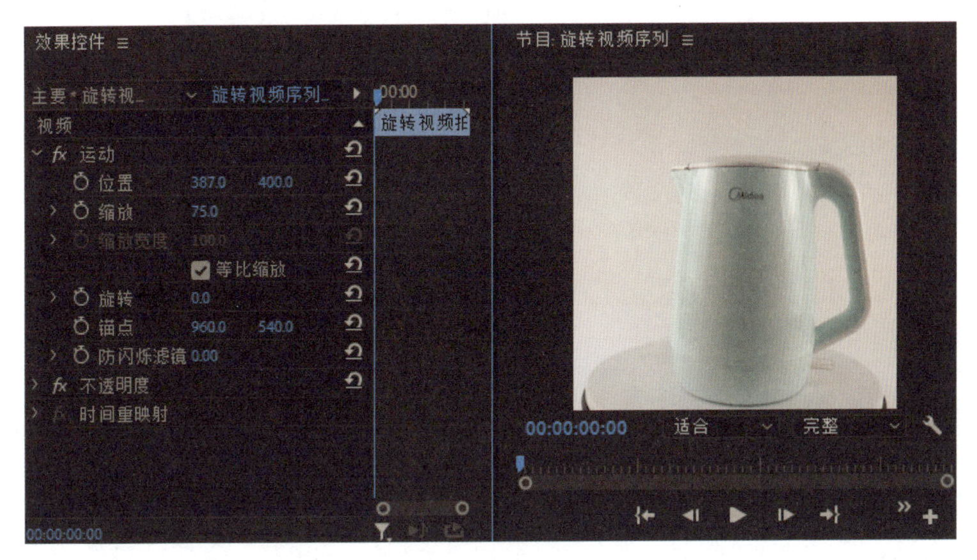

图4-16

Step 05：使用“剃刀工具”将时间线移动到00:01:12:20，单击时间轴上的素材，将其剪辑为2段，如图4-17所示。

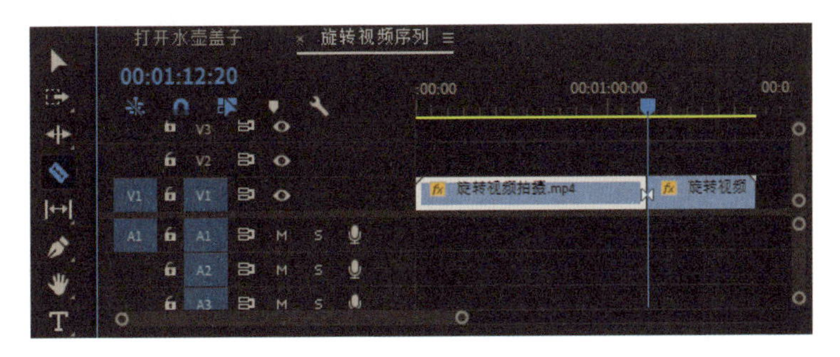

图4-17

Step 06：使用“选择工具”将前面的一段素材选择，单击鼠标右键，在弹出的右键菜单中执行“波纹删除”命令，删除该素材后，后面的素材会自动移动到开始帧，如图4-18所示。

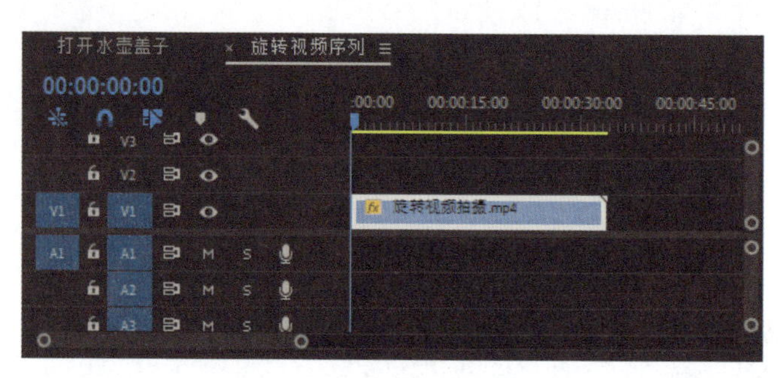

图4-18

Step 07：在时间轴上选择素材，单击鼠标右键，在弹出的右键菜单中执行“速度/持续时间”命令，弹出“剪辑速度和持续时间”窗口，将“速度”设为300%，这样播放速度就提高了3倍，如图4-19所示。

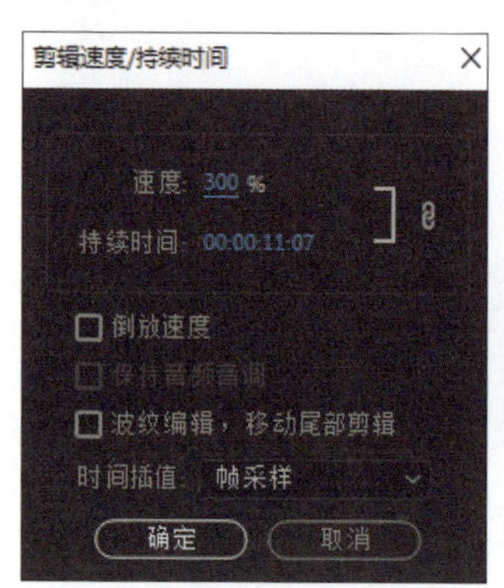

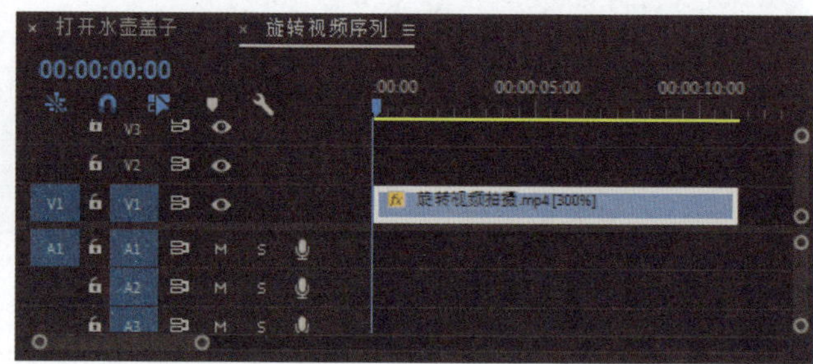

图4-19

Step 08：单击“确定”按钮，完成时间的变速，按空格键播放视频，可以看到视频实时流畅地播放。

4.4 视频剪辑

本节介绍该视频的剪辑方法。

4.4.1 剪辑冲咖啡视频

下面学习剪辑冲咖啡视频，拍摄该视频时，其中有部分抖动的画面，需要使用剪辑工具对视频进行剪辑，然后合成视频。

Step 01：新建序列，在“新建序列”窗口中单击“设置”面板，将“编辑模式”设为“自定义”，“帧大小”设为“800”水平和“800”垂直，“像素长宽比”设为“方形像素（1.0）”，“序列名称”命名为“冲咖啡镜头序列”，如图4-20所示。

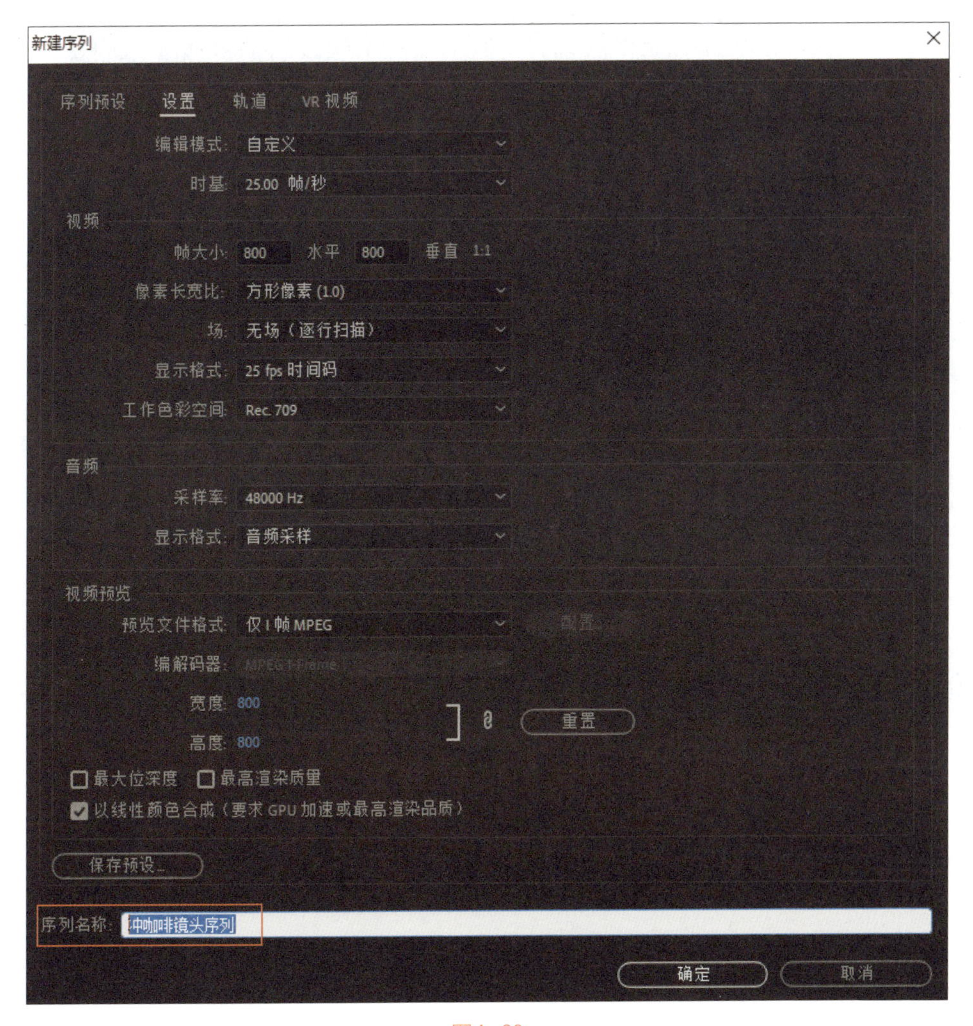

图4-20

Step 02：从“项目”面板将“冲咖啡视频”拖动到“冲咖啡镜头序列”的时

间轴上，会弹出“剪辑不匹配警告”对话框，单击“保持现有设置”按钮，“时间轴”面板效果如图4-21所示。

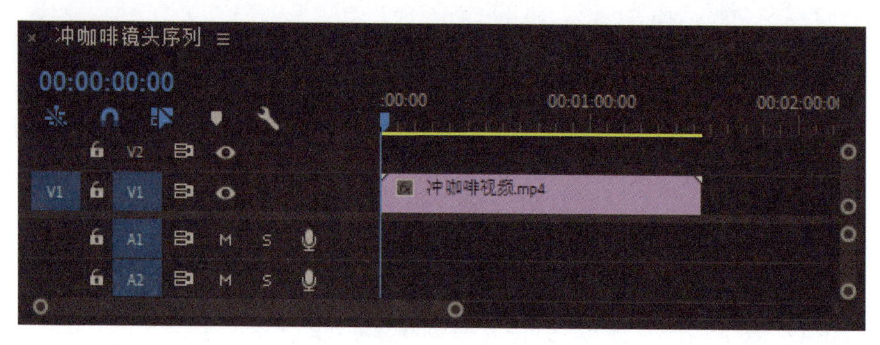

图4-21

Step 03：在时间轴上选择“冲咖啡视频”，在“效果控件”面板调整其属性，将“位置”的水平参数设为322，“缩放”设为75，如图4-22所示。

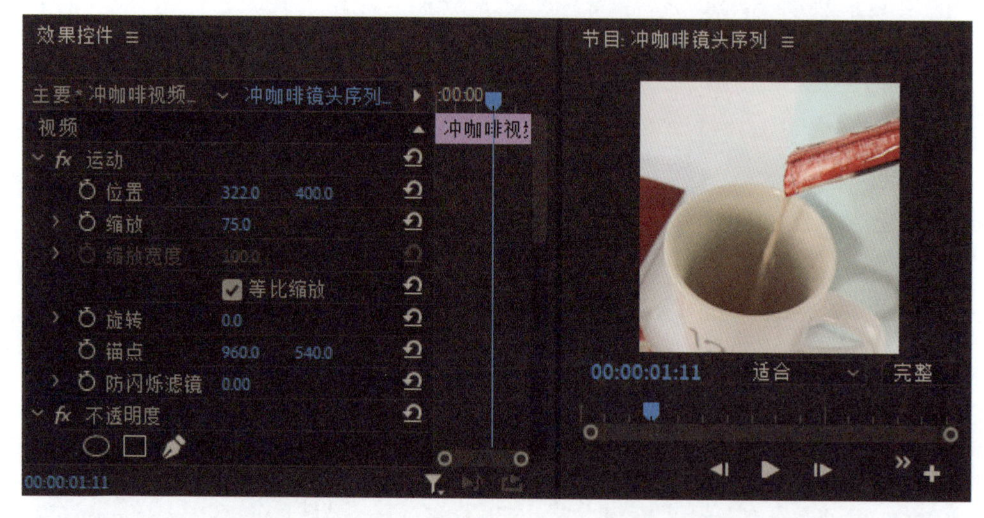

图4-22

Step 04：“冲咖啡视频”是一段1分32秒的素材，内容是倒咖啡、倒水的镜头，下面我们对该视频进行剪辑。可以先预览视频，再对视频进行剪辑。将时间线移动到00:00:12:24，按“Ctrl+K”组合键将视频剪辑为两段，如图4-23所示。

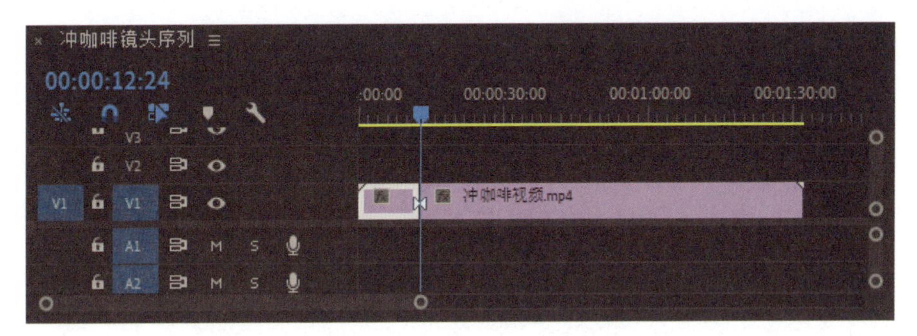

图4-23

Step 05：接着在00:00:17:23、00:00:29:07、00:00:31:01、 00:00:50:06、00:01:01:01、00:01:23:21位置剪辑视频，将拍摄抖动的视频片段删除，如图4-24所示。

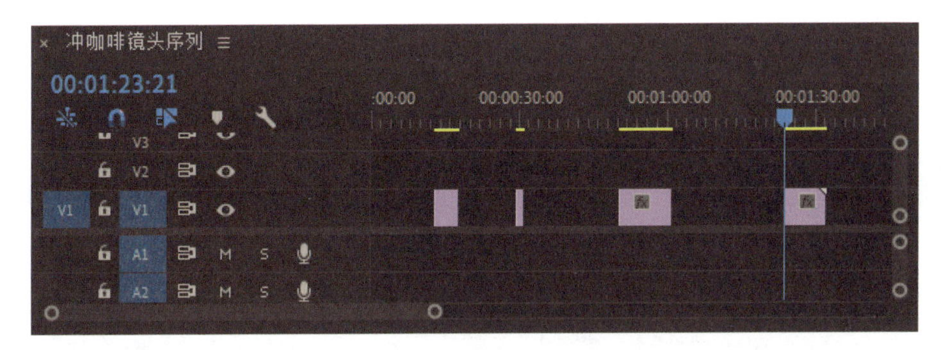

图4-24

Step 06：使用“选择工具”移动时间轴上的视频，将视频连接在一起，一共有4段视频，如图4-25所示。

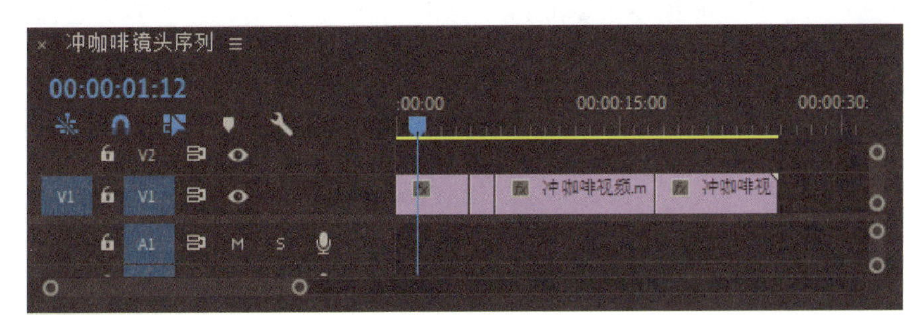

图4-25

4.4.2 视频稳定

下面介绍使视频稳定的方法。

Step 01：打开“效果”面板，选择“扭曲”下的“变形稳定器”效果，并将其拖动到第1、3、4段视频上，如图4-26所示。

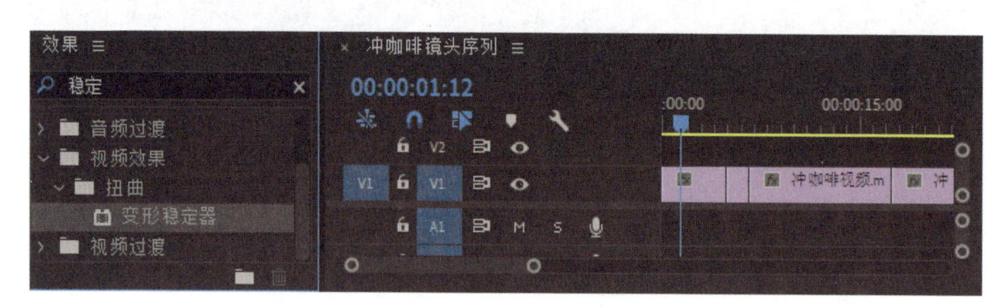

图4-26

Step 02：“节目监视器”面板会显示“在后台分析（步骤1/2）”，如图4-27所示。

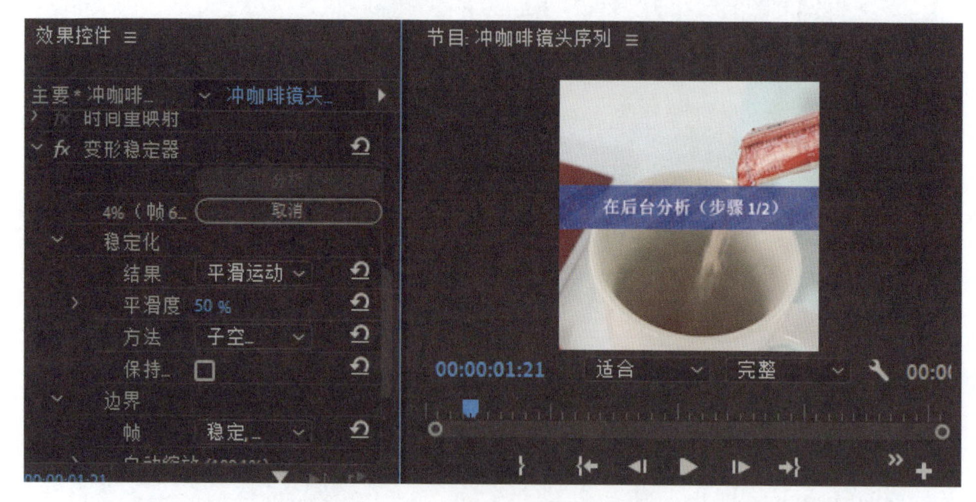

图4-27

Step 03：完成分析后会显示“正在稳定化”，如图4-28所示。

图4-28

Step 04：等处理完之后，按空格键播放视频，可以看到视频减少了抖动画面。

4.4.3 时间加速处理

下面对视频进行时间加速处理。

Step 01：第3段视频的播放时间较长，选择第3段视频并单击鼠标右键，在弹出的右键菜单中执行“嵌套”命令，创建嵌套序列。然后选择嵌套序列并单击鼠标右键，在弹出的右键菜单中执行“剪辑速度/持续时间”命令，弹出“剪辑速度/持续时间”对话框，将“速度”设为200%，如图4-29所示。

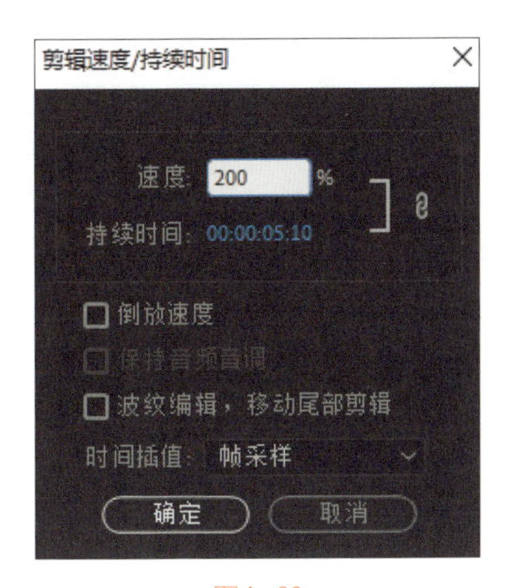

图4-29

Step 02：单击“确定”按钮，使用“选择工具”将第4段视频移动到第3段视频的结尾处，如图4-30所示。

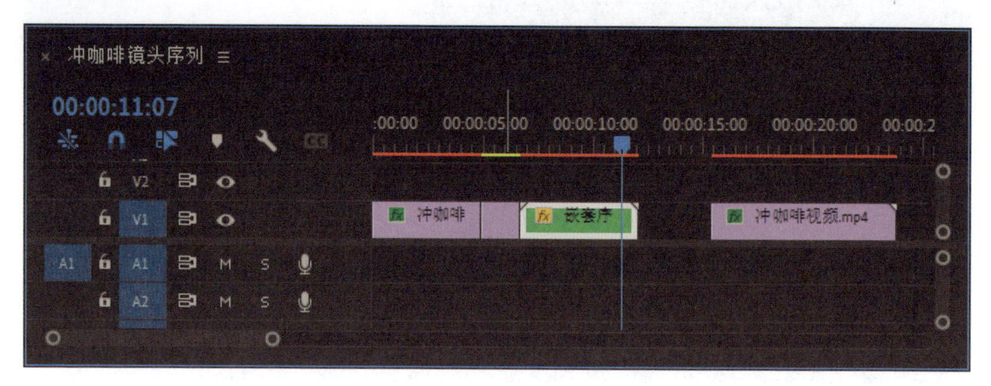

图4-30

Step 03：播放第4段视频的时候，电热水壶有一部分在“节目监视器”面板外面，选择第4段视频，打开“效果控件”面板，将“位置”的水平参数设为273，如图4-31所示。

图4-31

至此，就完成了冲咖啡视频的剪辑，按空格键可以预览视频。

4.5 关键帧动画

在不同的时间里设置不同的视频参数，使视频画面在播放时随参数的改变而形成相应的动画。下面介绍制作关键帧动画的方法，这里主要通过对视频的尺寸、位置和选择角度进行操作并设置关键帧。

1. 素材1关键帧动画

Step 01：新建序列，在“新建序列”窗口中单击“设置”选项卡，将“编辑模式”设为“自定义”，“帧大小”设为“800”水平和“800”垂直，“像素长宽比”设为“方形像素（1.0）”，“序列名称”命名为“图片动画01”，如图4-32所示。

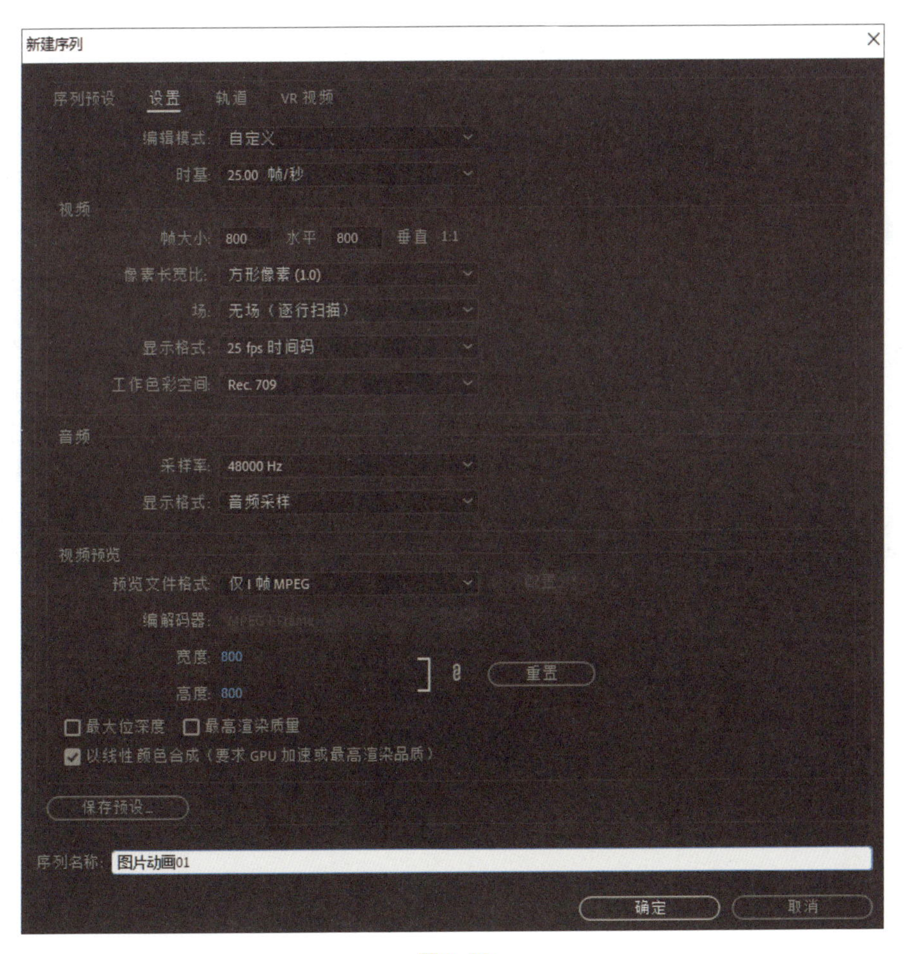

图4-32

Step 02：单击“确定”按钮，将“素材1”拖动到“时间轴”面板，如图4-33所示。

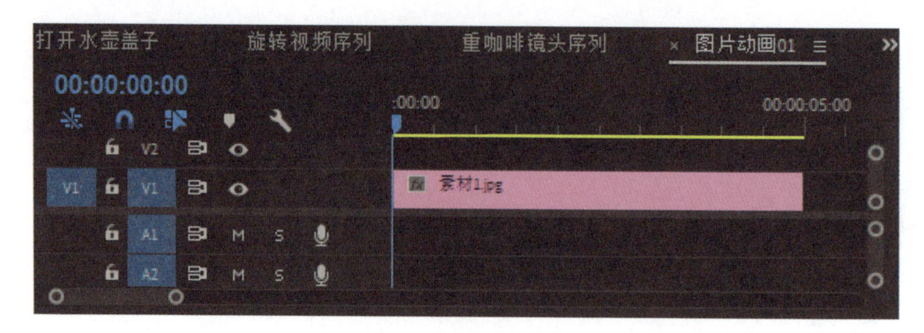

图4-33

Step 03：选择“素材1”，打开“效果控件”面板，将“位置”设为（386,400），“缩放”设为45，如图4-34所示。

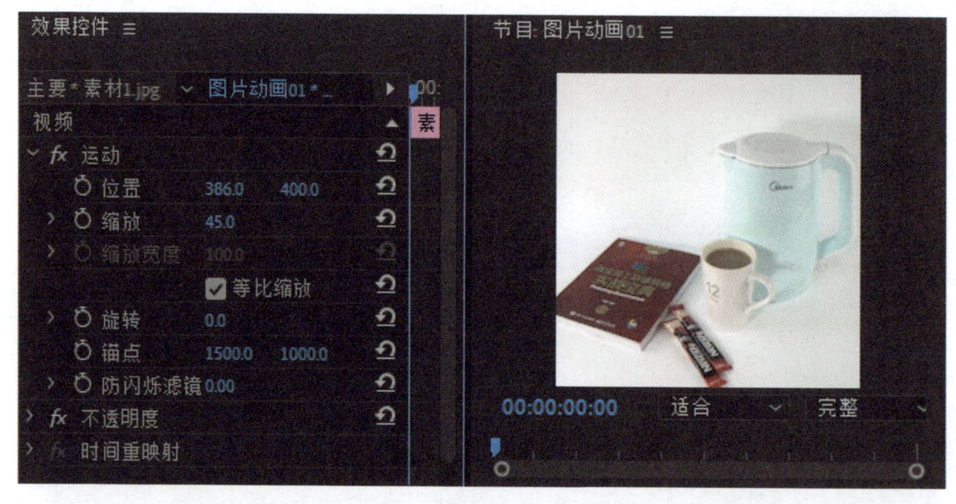

图4-34

Step 04：将时间线移动到开始帧，单击“缩放”前面的“切换动画”按钮，添加关键帧，然后将时间线移动到00:00:04:24，将“缩放”设为70，如图4-35所示。

图4-35

Step 05：按空格键播放视频，可以预览动画效果。至此，就完成了制作素材1关键帧动画。

2. 素材2关键帧动画

Step 01：新建序列，在“新建序列”窗口中单击“设置”面板，将“编辑模式”设为“自定义”，“帧大小”设为“800”水平和“800”垂直，“像素长宽比”设为“方形像素（1.0）”，“序列名称”命名为“图片动画02”。

Step 02：将“素材2”拖动到“时间轴”面板，如图4-36所示。

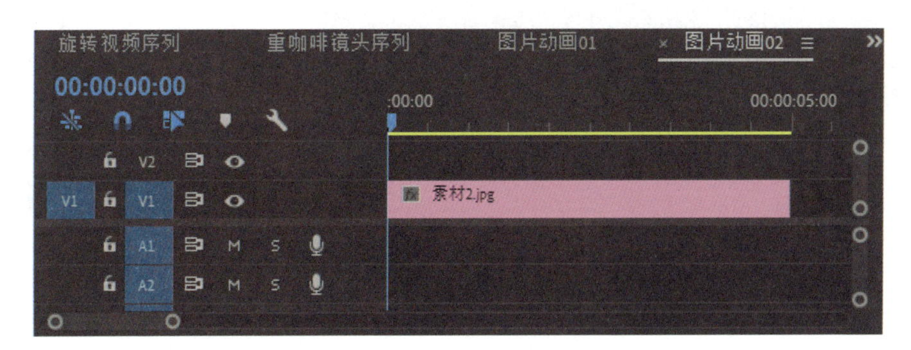

图4-36

Step 03：选择“素材2”，打开“效果控件”面板，将“位置”设为（326,420），“缩放”设为28，如图4-37所示。

图4-37

Step 04：将时间线移动到开始帧，单击“位置”前面的 “切换动画”按钮，添加关键帧，将时间线移动到00:00:04:24，将“位置”设为（323,31）。按空格键播放视频，这样就可以看到电热水壶从下往上移动的动画效果，如图4-38所示。

图4-38

Step 05：将时间线移动到开始帧，使用“文字工具”在“节目监视器”面板中输入文本“一键阻尼开盖 单手开盖更方便”。在左侧的“效果控件”面板中将字体大小设为50，将颜色设为“黑色”，单击 “居中对齐”按钮，如图4-39所示。

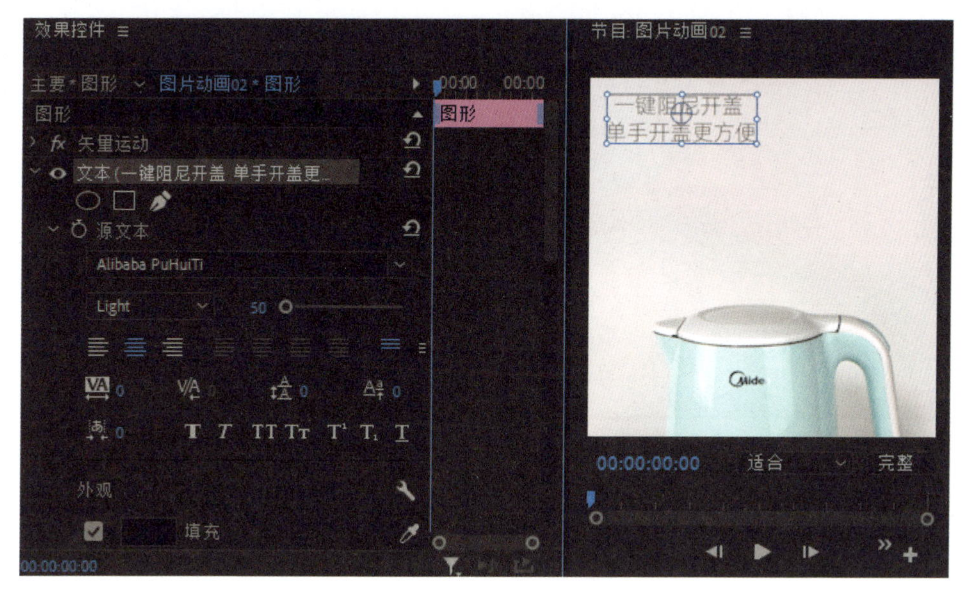

图4-39

Step 06：将时间线移动到开始帧，选择文字层，单击“效果控件”面板中的“不透明度”前面的 “切换动画”按钮，添加关键帧，将“不透明度”设为0%，如图4-40所示。

图4-40

Step 07：将时间线移动到00:00:01:00，将“不透明度”设为100%，再将时间线移动到00:00:02:00，单击“添加/移除关键帧”按钮，如图4-41所示。

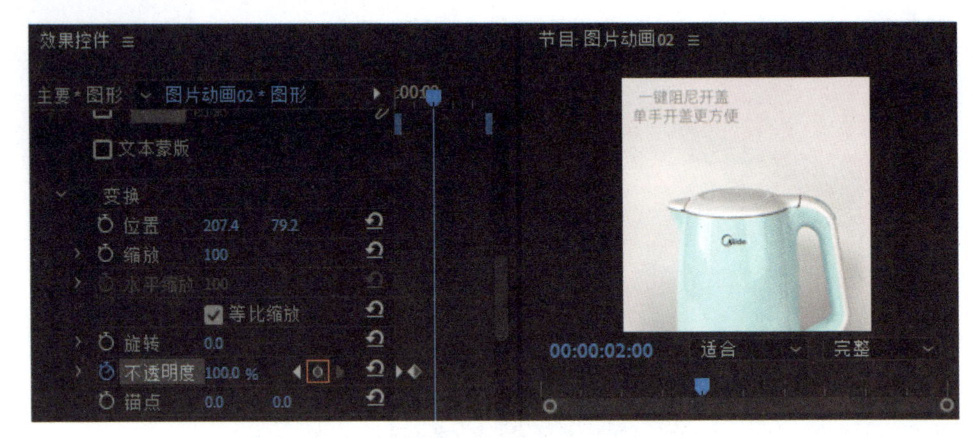

图4-41

Step 08：将时间线移动到00:00:03:00，将“不透明度”设为0%。至此，就完成了制作素材2关键帧动画。

3. 素材3关键帧动画

Step 01：新建序列，在“新建序列”窗口中单击“设置”面板，将“编辑模式”设为“自定义”，“帧大小”设为“800”水平和“800”垂直，“像素长宽比”设为“方形像素（1.0）”，“序列名称”命名为“图片动画03”，将“素材3”拖动到“时间轴”面板，如图4-42所示。

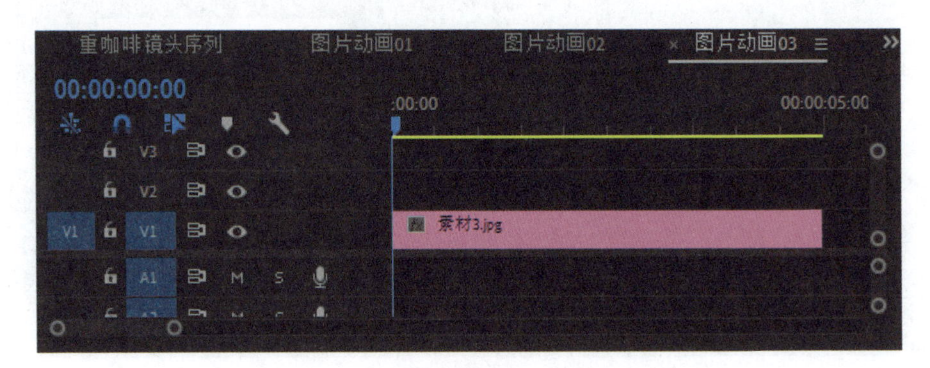

图4-42

Step 02：选择“素材3”，在“效果控件”面板将“缩放”设为20，如图4-43所示。

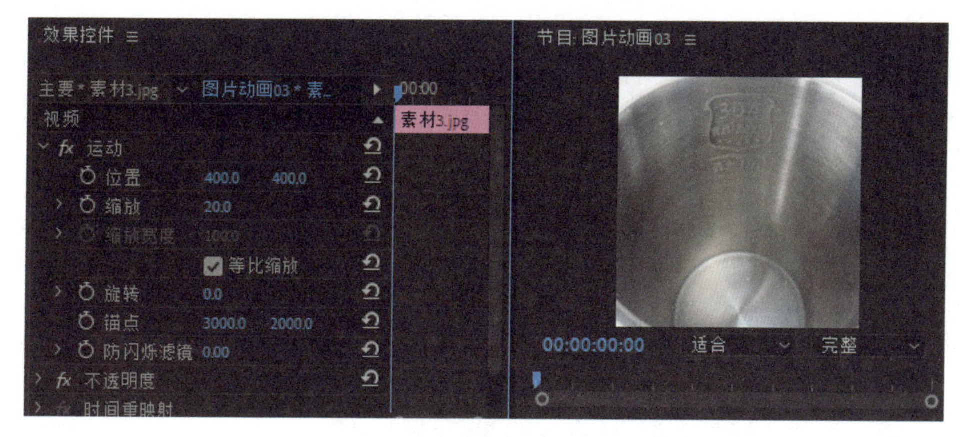

图4-43

Step 03：将时间线移动到开始帧，单击“缩放”前面的 “切换动画”按钮，添加关键帧，将时间线移动到00:00:04:24，将“缩放”设为23，按空格键播放视频，这样就可以看到电热水壶缩放动画，如图4-44所示。

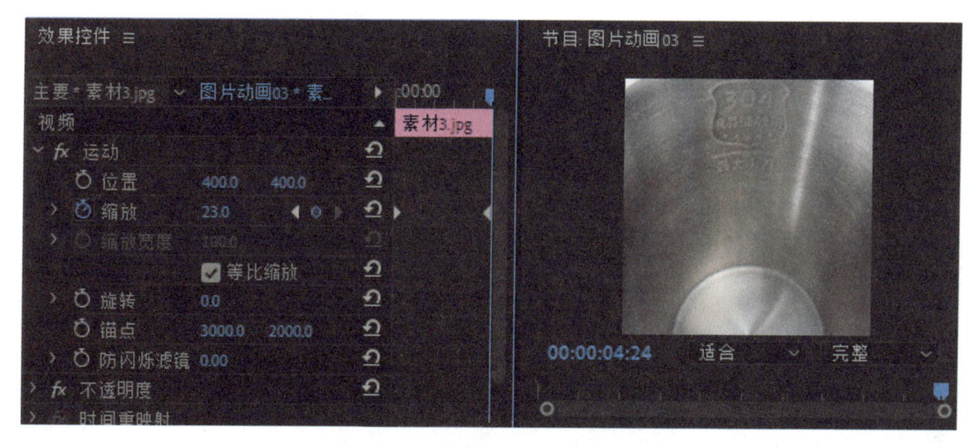

图4-44

Step 04：将时间线移动到开始帧，使用“文字工具”在“节目监视器”面板中输入文本“1.7升大容量 一次烧开一天的饮水量”，在左侧的“效果控件”面板中将字体大小设为50，颜色设为“黑色”，单击 “居中对齐”按钮，如图4-45所示。

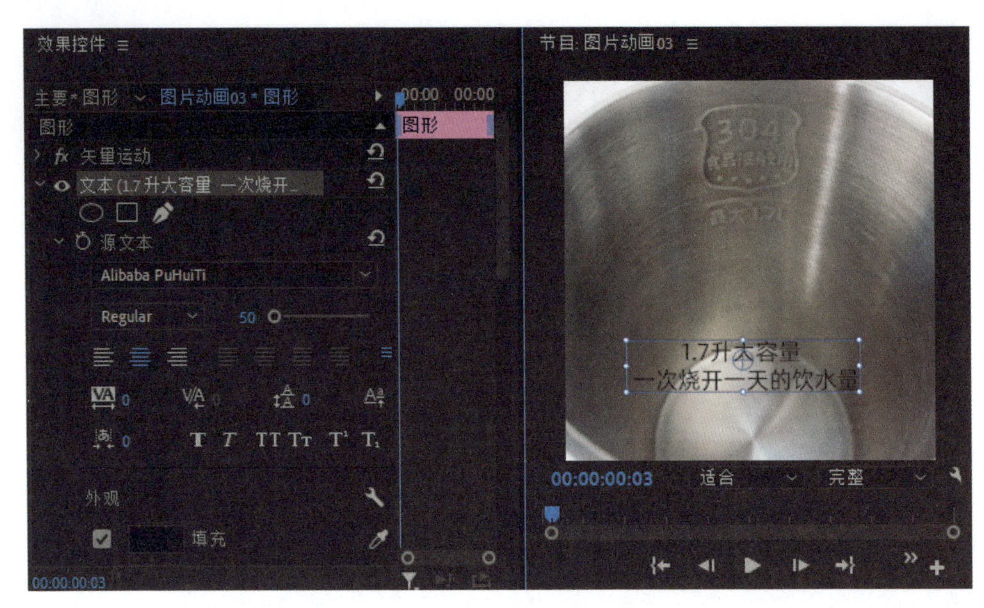

图4-45

Step 05：将时间线移动到开始帧，选择文字层，展开“效果控件”面板，将“不透明度”设为0%，单击“不透明度”前面的 “切换动画”按钮，添加关键帧。

Step 06：将时间线移动到00:00:01:00，将“不透明度”设为100%，将时间线移动到00:00:02:00，单击“添加/移除关键帧”按钮，添加关键帧，如图4-46所示。

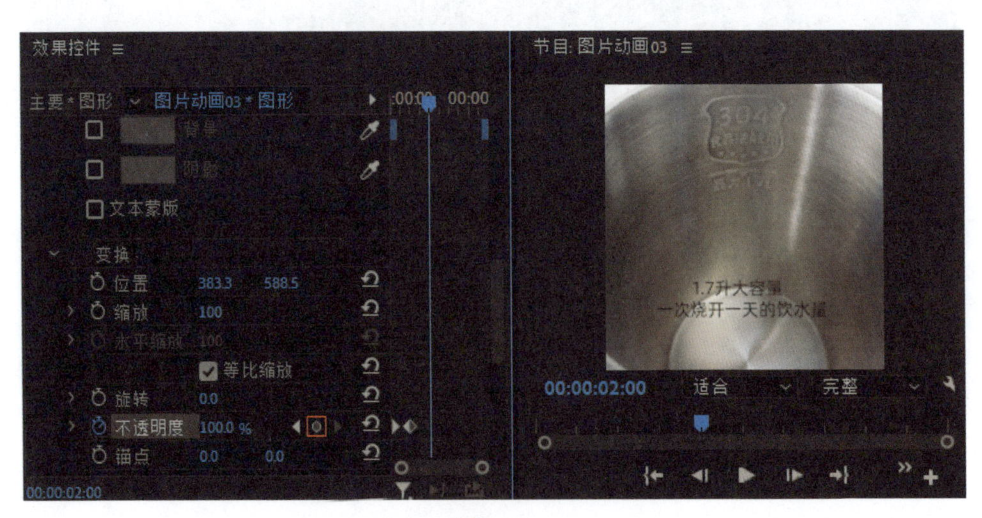

图4-46

Step 07：将时间线移动到00:00:03:00，将“不透明度”设为0%。至此，就完成了制作素材3关键帧动画，如图4-47所示。

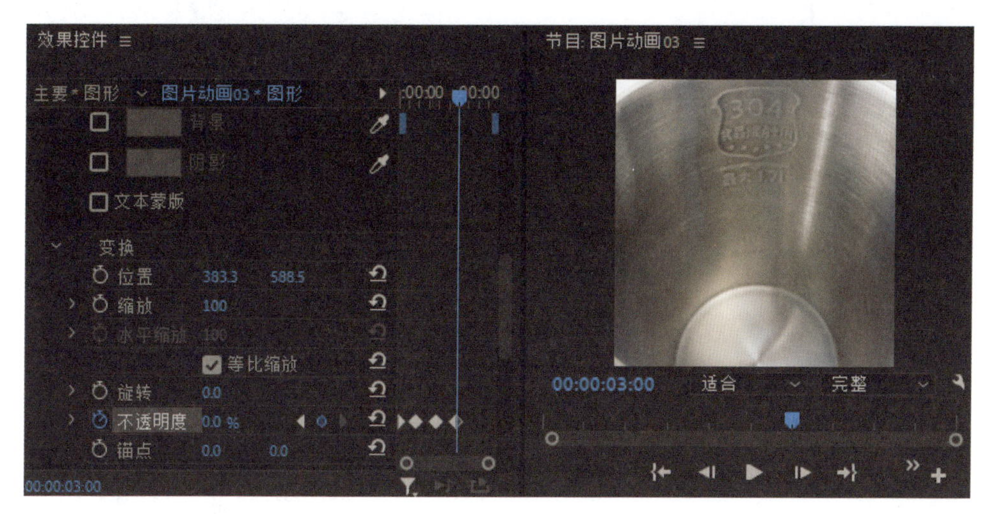

图4-47

4. 素材4关键帧动画

Step 01：新建序列，在“新建序列”窗口中单击“设置”选项卡，将“编辑模式”设为“自定义”，“帧大小”设为“800”水平和“800”垂直，“像素长宽比”设为“方形像素（1.0）”，“序列名称”命名为“图片动画04”。

Step 02：将“素材4”拖动到“时间轴”面板，选择“素材4”，在“效果控件”面板将“缩放”设为40，如图4-48所示。

图4-48

Step 03：将时间线移动到开始帧，单击“缩放”前面的 “切换动画”按钮，添加关键帧，将时间线移动到00:00:04:24，将“缩放”设为58，按空格键播放视频，这样就可以看到电热水壶缩放动画，如图4-49所示。

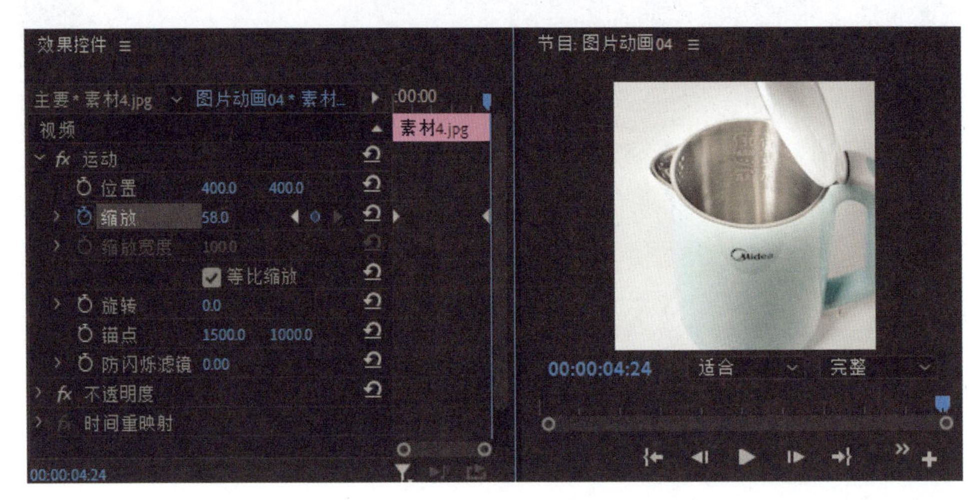

图4-49

Step 04：将时间线移动到开始帧，使用“文字工具”在“节目监视器”面板中输入文本“聚水环上盖 开盖防烫更安全”，在左侧的“效果控件”面板中将字体大小设为50，“颜色”设为“黑色”，单击 “居中对齐”按钮，如图4-50所示。

图4-50

Step 05：将时间线移动到开始帧，选择文字层，将“效果控件”面板中的“不透明度”设为0%，单击“不透明度”前面的 “切换动画”按钮，添加关键帧。

Step 06：将时间线移动到00:00:01:00，将“不透明度”设为100%，将时间线移动到00:00:02:00，单击“添加/移除关键帧”按钮，添加关键帧，如图4-51所示。

图4-51

Step 07：将时间线移动到00:00:03:00，将“不透明度”设为0%。至此，就完成了制作素材4关键帧动画。

5. 素材5关键帧动画

Step 01：新建序列，在“新建序列”窗口中单击“设置”面板，将“编辑模式”设为“自定义”，“帧大小”设为“800”水平和“800”垂直，“像素长宽比”设为“方形像素（1.0）”，“序列名称”命名为“图片动画05”。

Step 02：将“素材5”拖动到“时间轴”面板，选择“素材5”，在“效果控件”面板将“缩放”设为43，如图4-52所示。

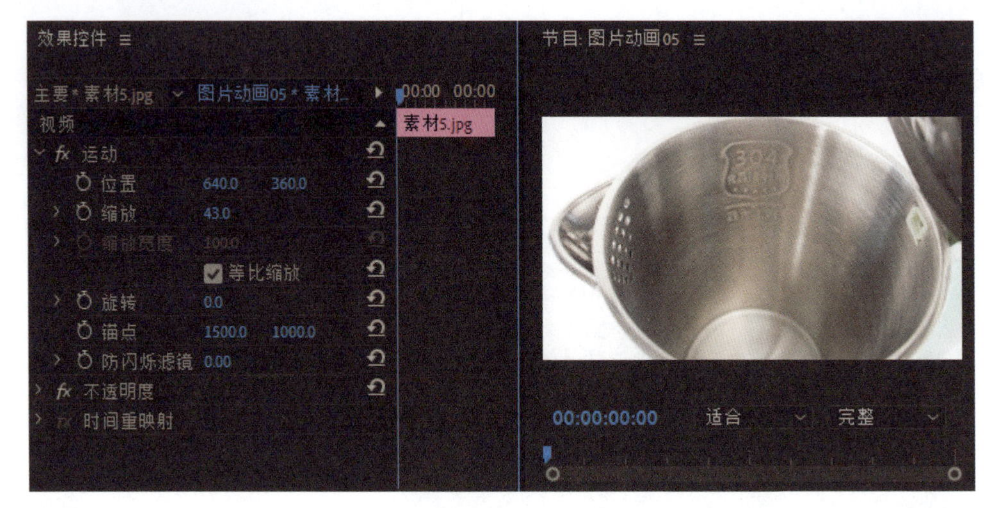

图4-52

Step 03：将时间线移动到开始帧，单击“位置”前面的 “切换动画”按钮，添加关键帧，将时间线移动到00:00:04:24，将“位置”参数设为(639,400)，如图4-53所示。按空格键播放视频，这样就可以看到电热水壶水平移动动画效果。

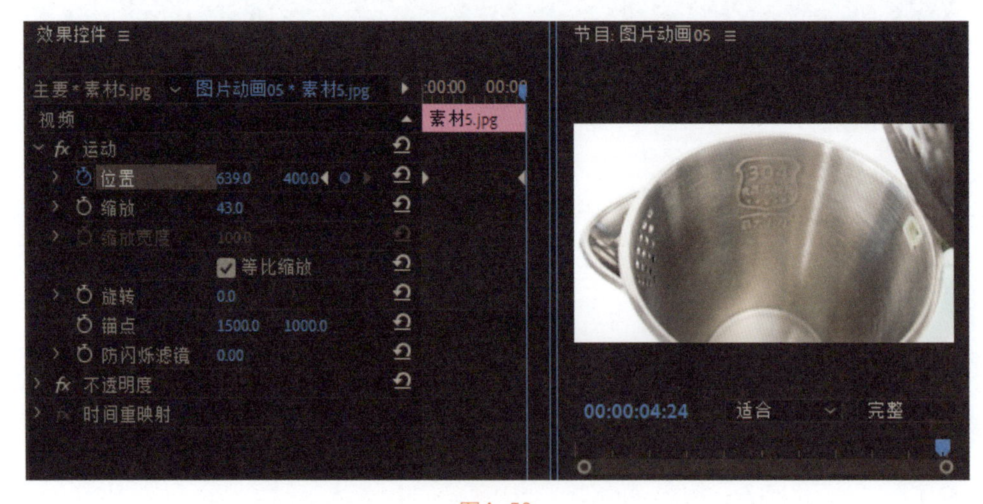

图4-53

Step 04：将时间线移动到开始帧，使用“文字工具”在“节目监视器”面板中输入文本“不锈钢过滤网 有效过滤杂质”，在左侧的“效果控件”面板中将字体大小设为50，“颜色”设为“黑色”，单击“居中对齐”按钮，如图4-54所示。

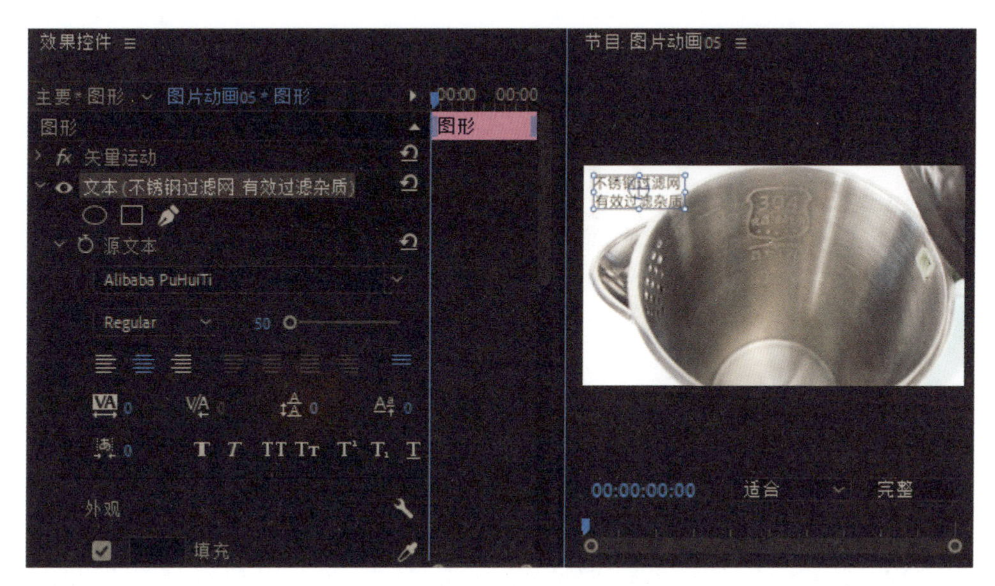

图4-54

Step 05：将时间线移动到开始帧，选择文字层，展开“效果控件”面板，将“不透明度”设为0%，单击“不透明度”前面的 “切换动画”按钮，添加关键帧。

Step 06：将时间线移动到00:00:01:00，将“不透明度”设为100%，然后将时间线移动到00:00:02:00，单击“添加/移除关键帧”按钮，添加关键帧，如图4-55所示。

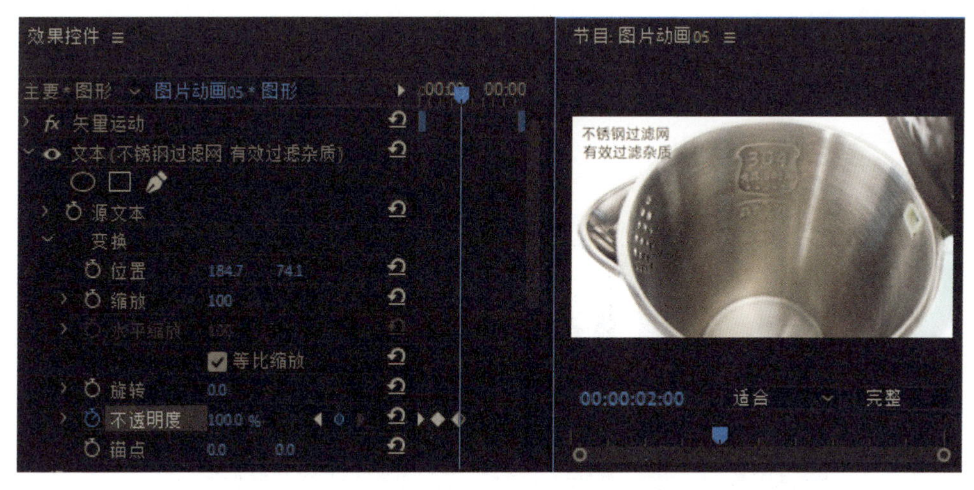

图4-55

Step 07：将时间线移动到00:00:03:00，将“不透明度”设为0%，自动添加关键帧。至此，就完成了制作素材5关键帧动画。

4.6 视频调色

下面介绍将之前的序列合成在一起，排列视频的镜头顺序，然后在时间轴上添加调整图层，给整个视频进行调色。

Step 01：新建序列，在“新建序列”窗口中单击“设置”选项卡，将“编辑模式”设为“自定义”，“帧大小”设为“800”水平和“800”垂直，“像素长宽比”设为“方形像素（1.0）”，“序列名称”命名为“最终序列”。

Step 02：将“图片动画1”、“图片动画2”、“打开水壶盖子”、“图片动画3”、“图片动画4”、“旋转视频序列”、“图片动画5”和“冲咖啡镜头序列”依次拖动到“时间轴”面板，这样就将制作的每个视频和动画结合在一起，如图4-56所示。

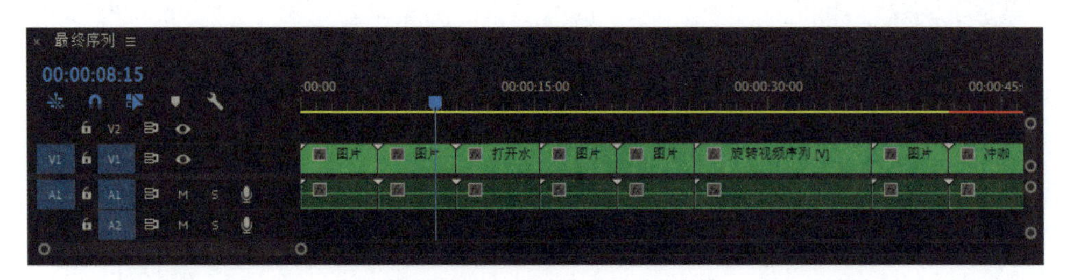

图4-56

Step 03：下面调整视频的颜色，在“项目”面板的右下角单击 “新建项”按钮，在弹出的菜单中执行“调整图层”命令，会弹出“调整图层”窗口，如图4-57所示。

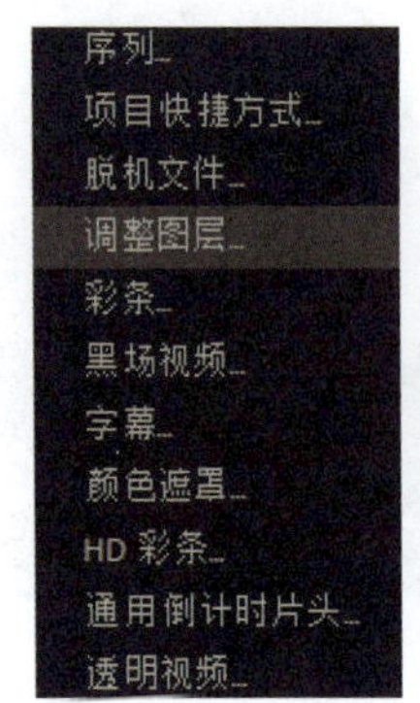

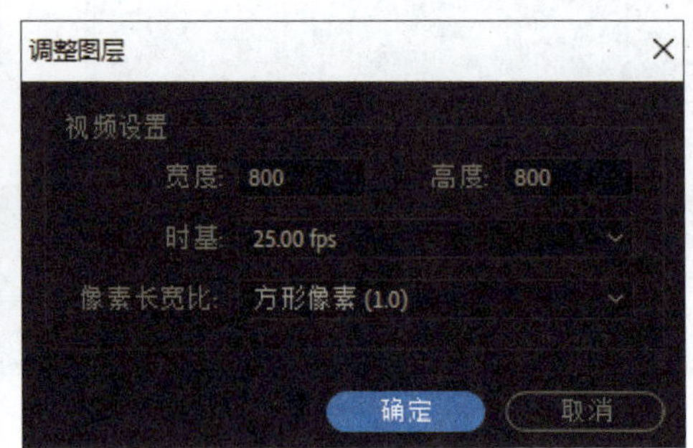

图4-57

Step 04：单击“确定”按钮，将“调整图层”拖动到“时间轴面板”，使用“选择工具”将“调整图层”的时间与下面的轨道序列时间对齐，如图4-58所示。

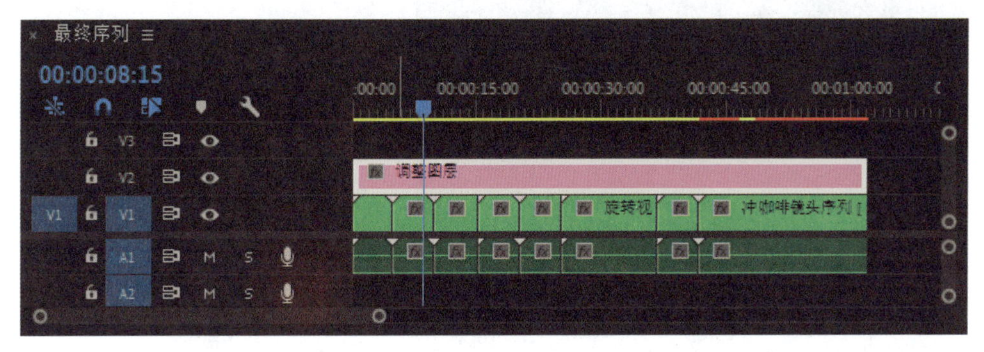

图4-58

Step 05：在“效果”面板选择“颜色校正”下的“Lumetri 颜色”效果，并将其拖动到时间轴的“调整图层”上，如图4-59所示。

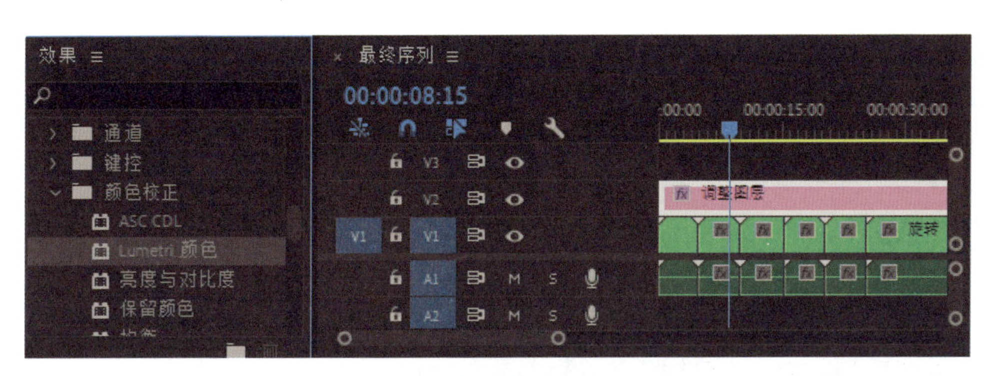

图4-59

Step 06：在“效果控件”面板，展开“Lumetri 颜色”，将“对比度”设为5，“高光”设为-5，“阴影”设为-20，如图4-60所示。

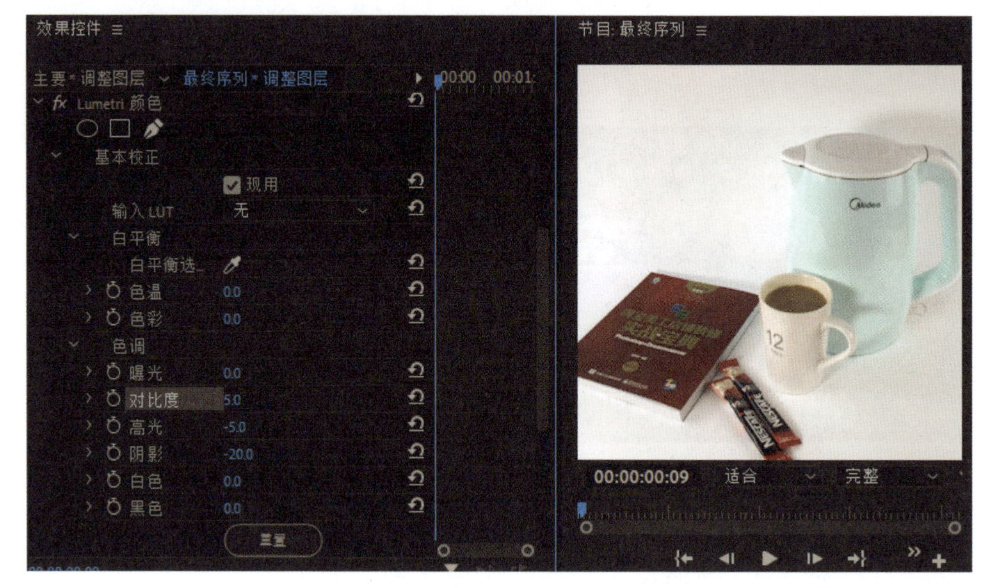

图4-60

Step 07：展开“曲线”，调整RGB曲线，加强对比，如图4-61所示。

图4-61

Step 08：调整红色通道曲线，减少红色，如图4-62所示。

图4-62

至此，就完成了整个视频的调色。

4.7 音频处理

下面介绍音频处理的方法，首先将时间轴上的音频删除，然后添加新的音频并进行处理。

Step 01：在“时间轴”面板选择V1轨道上的序列，单击鼠标右键，在弹出的右键菜单中执行“取消链接”命令，将视频和音频分开，如图4-63所示。

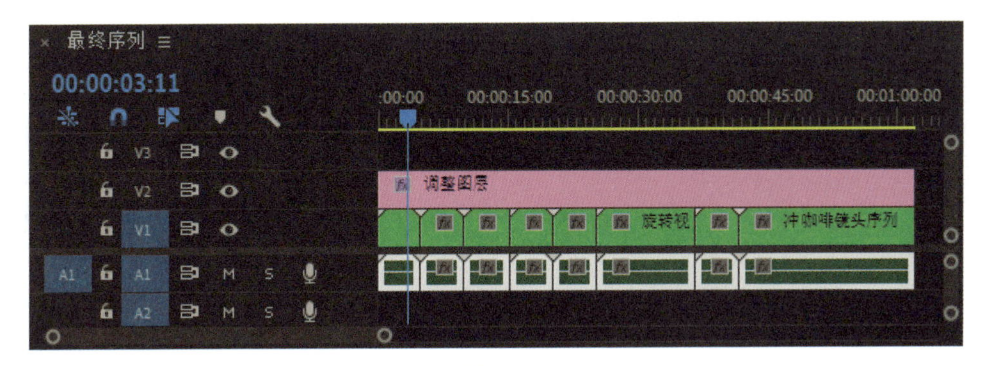

图4-63

Step 02：选择A1轨道上的音频，按“Delete”键删除音频，如图4-64所示。

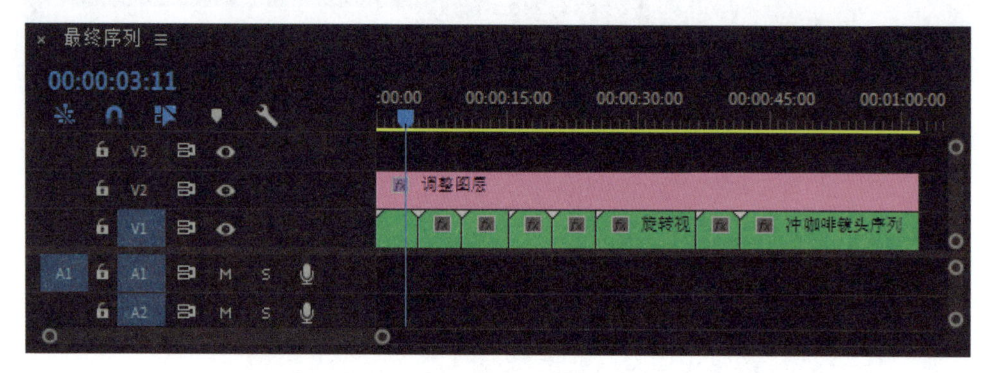

图4-64

Step 03：从“项目”面板将新的音频拖动到A1轨道上，使用“剃刀工具”在视频末端下对音频进行剪辑，然后删除后面一段音频，如图4-65所示。

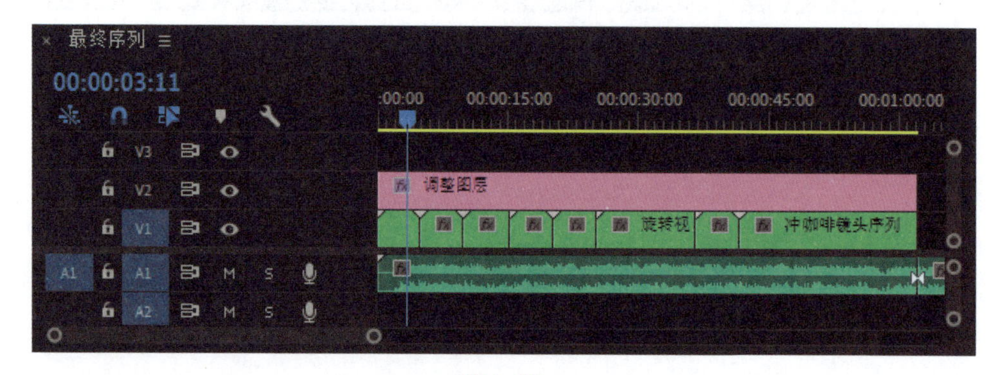

图4-65

Step 04：打开“效果”面板，选择“音频过渡”>“交叉淡化”　>“恒定增益”效果，将“恒定增益”效果拖动到A1轨道上的音频结尾处，如图4-66所示。

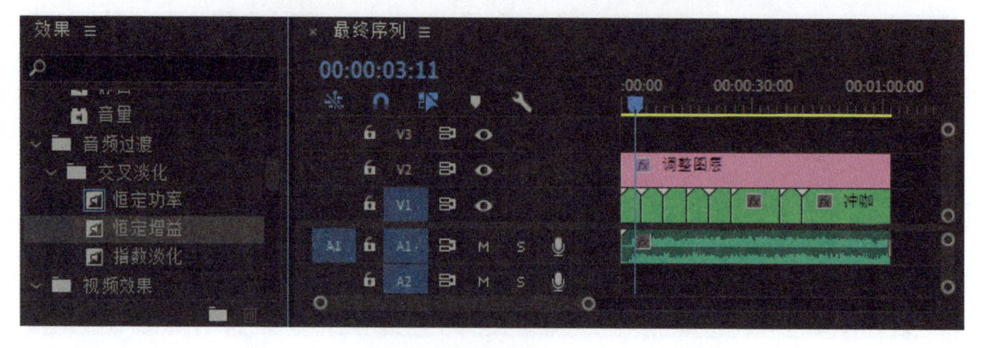

图4-66

Step 05：在时间轴选中“恒定增益”效果，在“效果控件”面板可以看到该效果的图示，可以修改该效果的“持续时间”，播放并监听该效果，其音量将会淡化，如图4-67所示。

图4-67

至此，就完成了音频处理，按空格键播放，可以听到我们制作的音频效果。

4.8 渲染和导出视频

Premiere Pro软件可以将时间轴中的内容以多种格式渲染和导出。下面介绍如何渲染和导出视频，这里将时间轴中的内容导出为MP4格式的视频。

Step 01：在菜单栏中执行“文件”>“导出”>“媒体”命令，会弹出“导出设置”窗口，如图4-68所示。

Step 02：在“导出设置”下勾选“与序列设置匹配”复选框，然后勾选“使用最高渲染质量”复选框，单击“导出”按钮，开始渲染视频，如图4-69所示。

Step 03：渲染完视频后，预览效果如图4-70所示。

图4-68

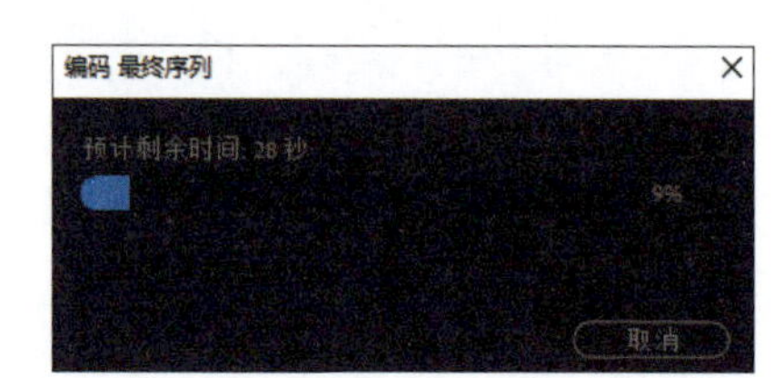

图4-69

图4-70

4.9 将视频发布到淘宝平台

本节介绍将制作好的视频发布到淘宝主图视频、淘宝逛逛和淘宝订阅。

4.9.1 将视频发布到淘宝主图视频

下面介绍将视频发布到淘宝主图视频的方法。

Step 01：打开卖家中心，在宝贝管理下单击“发布宝贝”按钮，进入宝贝发布页面，如图4-71所示。

图4-71

主图视频提示：

1. 尺寸：此处可使用1:1或16:9比例视频。

2. 时长：≤60秒，建议30秒以内短视频可优先在爱逛街等推荐频道展现。

3. 内容：突出商品1~2个核心卖点，不建议电子相册式的图片翻页视频。

Step 02：单击“选择视频”，进入“多媒体”页面，如图4-72所示。

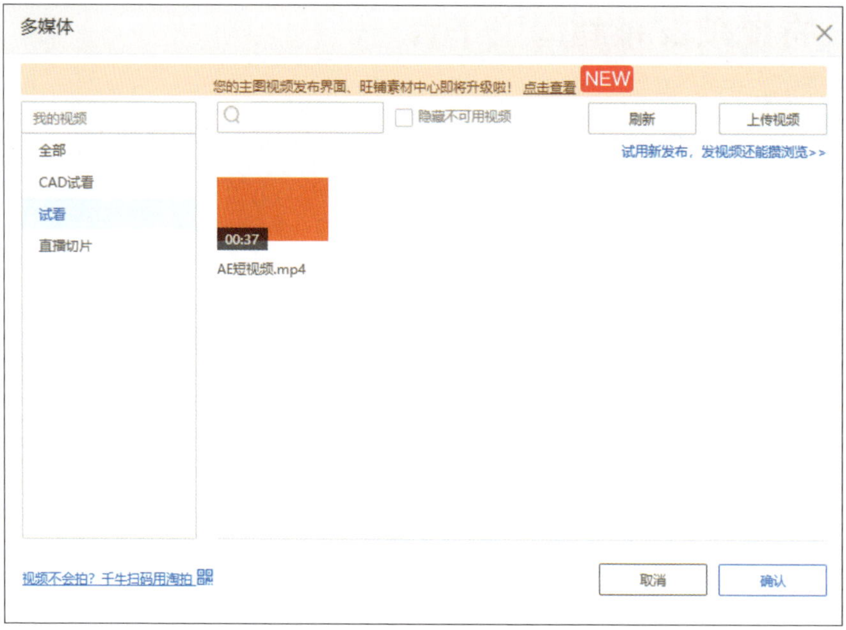

图4-72

Step 03：单击右上角“上传视频”按钮，选择视频进行上传，发布完短视频等待审核。

审核完成后选择视频，单击“确定”按钮，视频将被添加到主图视频上，如图4-73所示。发布宝贝后即可看到商品的主图视频。

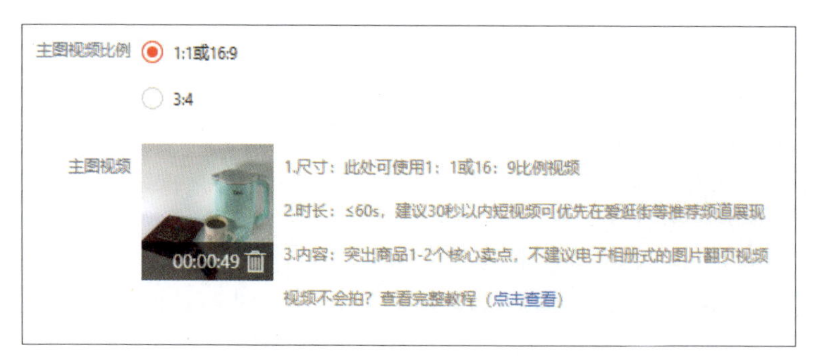

图4-73

4.9.2 将视频发布到淘宝逛逛

淘宝逛逛是淘宝新推出的栏目，下面介绍将视频发布到淘宝逛逛的方法。

Step 01：打开淘宝逛逛的后台，如图4-74所示。

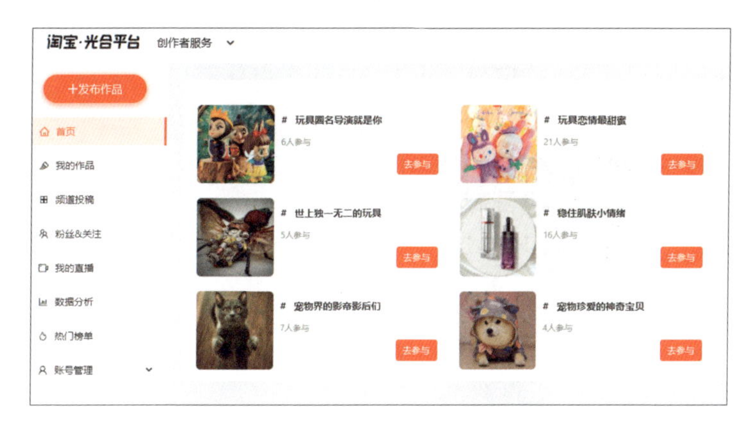

图4-74

Step 02：单击“发布作品”按钮，进入“发布视频”页面，如图4-75所示。

图4-75

Step 03：在“添加视频”中选择制作好的视频，然后设置“视频描述”、“设置封面”和“关联宝贝”，如图4-76所示。

图4-76

Step 04：单击“立即发布”按钮，即可提交视频，进入淘宝逛逛主页，查看视频效果，如图4-77所示。

图4-77

第5章

后期合成软件After Effects

After Effects是Adobe公司开发的一款视频后期合成软件，是制作动态影像不可或缺的辅助工具。本章介绍After Effects软件的使用方法、钱包短视频的制作方法、LOGO片头视频的制作方法和视频压缩方法。

5.1 After Effects软件介绍

After Effects软件的应用范围广泛，涵盖影视、广告、多媒体和网页等，很多时下流行的游戏，都是用它进行合成制作的。

After Effect软件为视频制作者提供了蓝屏、绿屏抠像功能，以及特殊效果的创造功能等。After Effect软件支持无限个图层，能够直接导入Illustrator和Photoshop的文件，它能提供虚拟移动图像和多种类型的粒子系统，用它还能创造出独特的迷幻效果。

After Effects软件可以对多图层的合成图像进行控制，可以制作出几乎天衣无缝的合成效果。After Effect软件引入了关键帧、路径，使我们对控制高级的二维动画游刃有余，其高效的视频处理系统确保了高质量视频的输出，其令人眼花缭乱的特效系统能实现使用者的大量创意。

打开After Effect软件，其启动界面如图5-1所示。

进入After Effects软件的工作界面，分为菜单栏、工具箱、“项目”面板、“合成”面板、“时间轴”面板、其他面板等。

After Effects软件的所有命令都分布在9个菜单中，分别是文件、编辑、合成、图层、效果、动画、视图、面板和帮助。单击每个菜单，将弹出包含子命令的下拉菜单。有的菜单弹出时显示为灰色，表示处于非激活状态，需要满足一定的条件后该命令才会被执行。部分下拉菜单中的命令名称右侧还有一个小箭头，表示该命令还存在其他子命令，用户只需要将鼠标指针移动到该命令，将自动弹出其子命令。After Effects软件的工作界面如图5-2所示。

图5-1

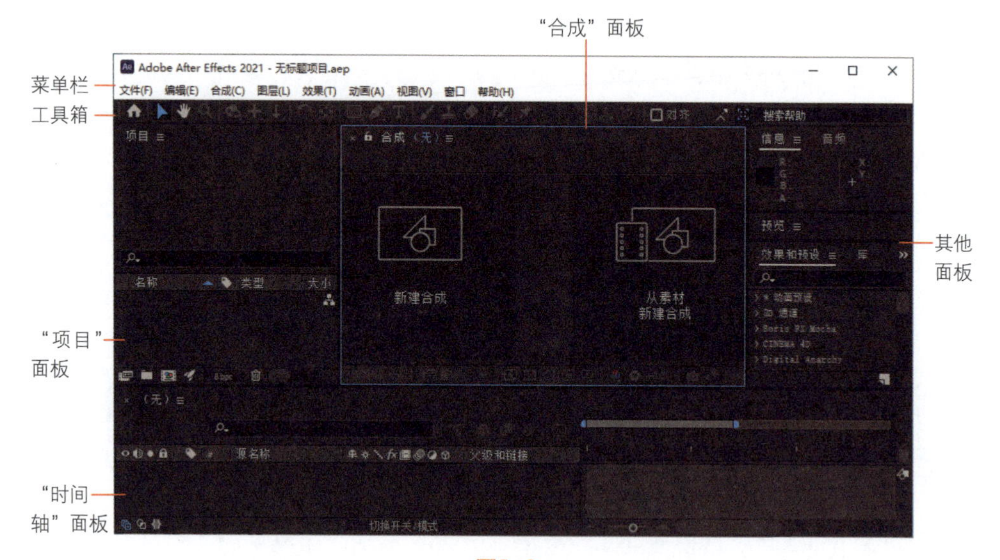

图5-2

5.1.1　认识工具箱

下面我们来认识After Effects软件的工具箱，如图5-3所示。

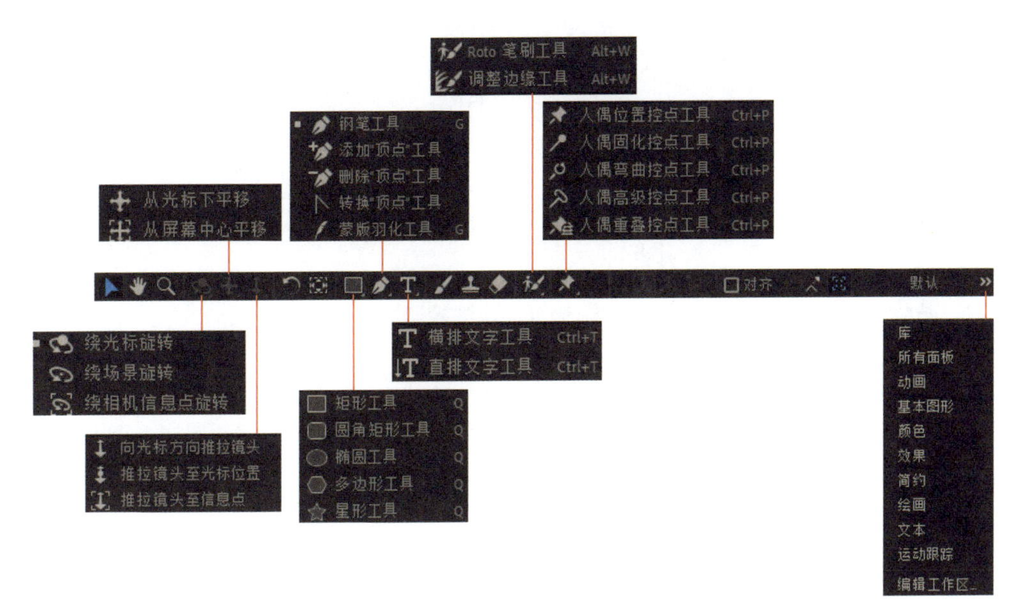

图5-3

选择工具：主要用于在“合成”面板中选择、移动和调整素材、MASK、控制点等。

抓手工具：主要用于调整面板的位置，但不移动素材本身的位置。当放大面板后造成图像在面板中显示不全时，使用抓手工具在面板中移动，对素材没有任何影响。

缩放工具：主要用于放大或者缩小画面的比例。

旋转工具：主要用于旋转“合成”面板中的素材。

绕光标旋转工具：可以任意旋转摄像机视图，当用户创建了摄像机时，才能使用此工具。

绕场景旋转工具：用于摄像机围绕视图场景进行旋转。

绕摄相机信息点旋转工具：用于围绕摄像机的信息点进行旋转。

从光标下平移工具：用于摄像机从光标位置向下平移。

从屏幕中心平移工具：用于摄像机从屏幕的中心前后平移。

向光标方向推拉镜头：用于摄像机从光标位置进行推拉镜头。

推拉镜头到光标位置工具 ：用于推拉摄像机镜头到光标位置。

推拉镜头到信息点工具：用于推拉摄像机镜头到信息点位置。

向后平移（锚点）工具：主要用于调整素材的定位点和移动遮罩。

矩形工具：主要用于绘制矩形遮罩 ，可以在“合成”面板中拖到鼠标来绘制矩形遮罩。

钢笔工具：用于绘制不规则遮罩或者开放的遮罩路径。其里面还有添加顶点工具、删除顶点工具、转化顶点工具和羽化蒙蔽工具。

文本工具：用于在“合成”面板中创建文本，包括横排文字工具和直排文字工具。

画笔工具：用于在画面中创建各种笔刷和颜色，可以在“合成”面板中绘制特效。

仿制图章工具：用于对画面中的区域进行选择性复制。
橡皮擦工具：主要用于擦除画面中的图像。
Roto笔刷工具：与调整笔刷工具结合使用，可以快速建立完美的遮罩。
人偶位置操控点工具：用于在静态图片上添加操控点，然后用操控点改变图像的形状，如同操控木偶一般。其由三个工具组成，分别是操控点工具、操控点叠加工具、操控排粉工具。

人偶重叠控点工具：用于放置交迭点，在交迭点周围，将会出现一个白色区域，当产生图像扭曲时，该区域的图像将显示在最上面。

5.1.2 菜单栏和“项目”面板

在After Effects软件中，“项目”面板提供了一个管理素材的工作区，用户可以很方便地导入不同的素材，并对其进行替换、删除、注解、整合等操作，如图5-4所示。当用户改变导入素材所在硬盘的位置时，After Effects软件要求我们重新确认素材的位置。

在“项目”面板的空白处单击鼠标右键，会弹出“导入”和“新建”快捷菜单。执行“新建合成”命令可以创建新的合成项目；执行“新建文件夹”命令可以创建新的文件夹，可以分类管理素材；执行“新建Adobe Photoshop文件”命令可以创建新的Photoshop文件；执行“新建MAXON CINEMA 4D 文件”命令可以创建新的CINEMA 4D文件，这是After Effects软件新整合的文件格式；执行“导入”命令可以导入新的素材；执行“导入最近的素材”命令可以导入最近的素材，如图5-5所示。

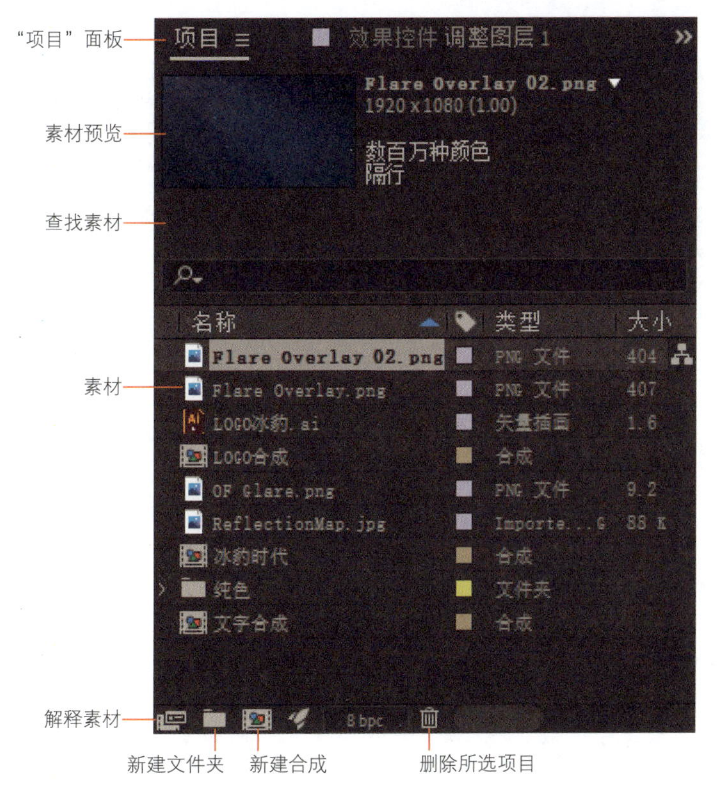

图5-4

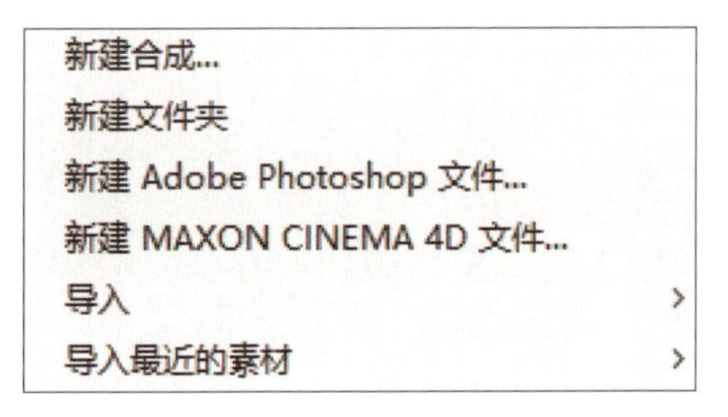

图5-5

该按钮用于打开“解释素材”窗口，在这里可以对导入素材进行相关设置，如图5-6所示。

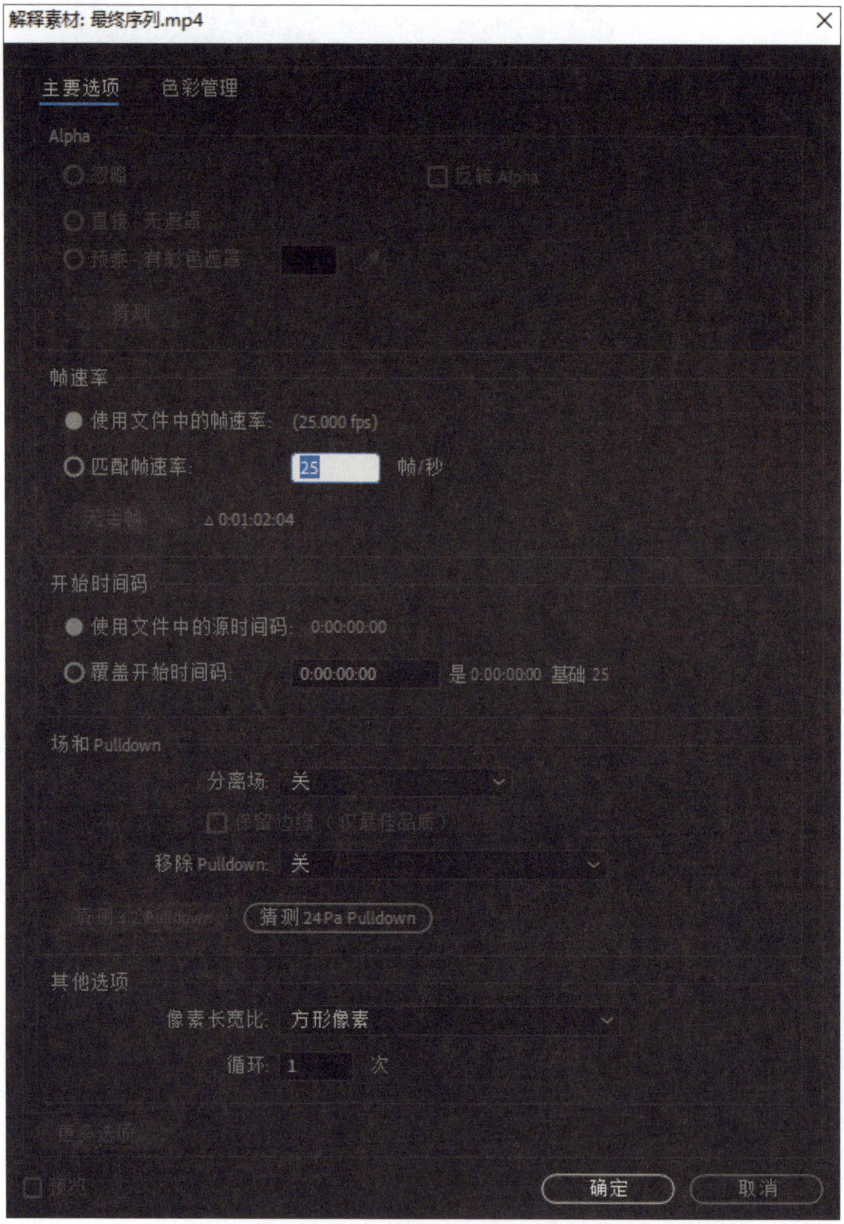

图5-6

该按钮位于“项目”面板左下角第二个位置，用于建立一个文件夹来管理“项目”面板的素材，用户可以把同一个类型的素材放入一个文件夹中。

该按钮用于创建一个新的合成，单击该按钮将弹出“合成设置”窗口，如图5-7所示。

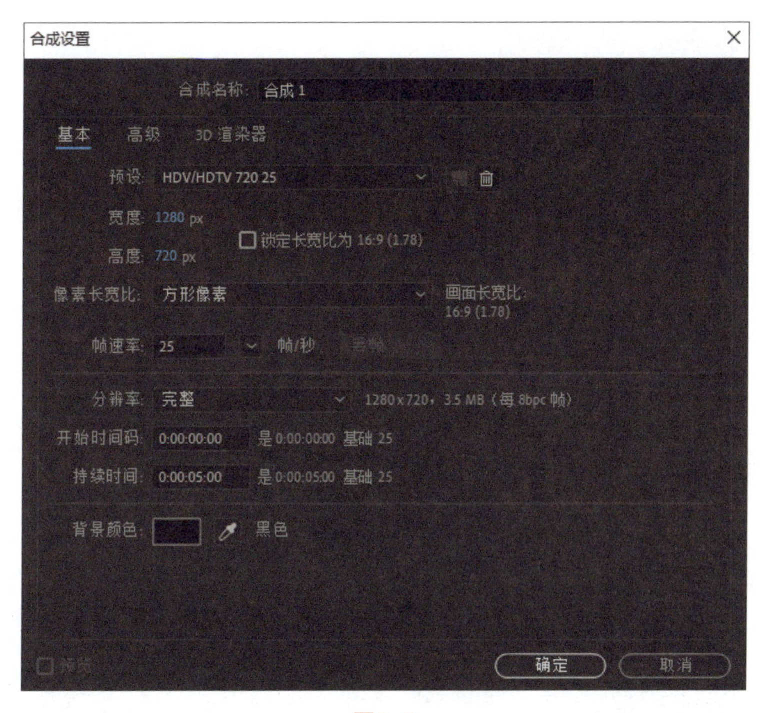

图5-7

该按钮用于删除项目中所选定的素材。

该按钮在“项目”面板的右边，可以快速打开“流程图”面板，如图5-8所示。

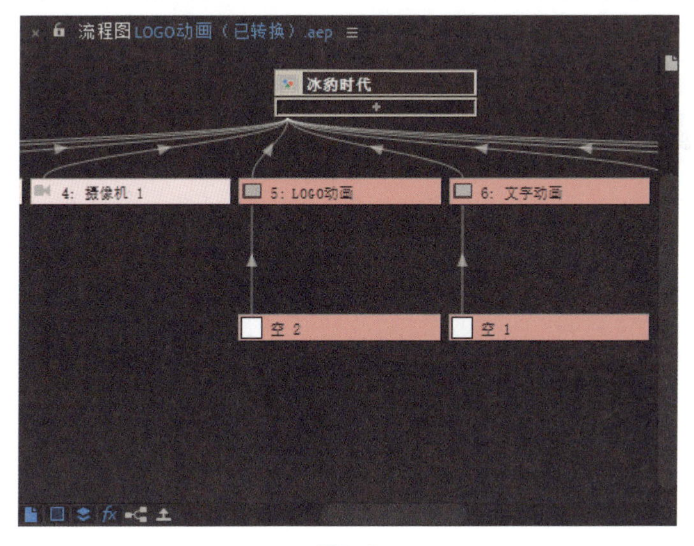

图5-8

5.1.3 “合成”面板

“合成”面板主要用于对视频进行可视化编辑，我们对视频做的所有修改，都将在该面板中显示出来，其显示内容是最终渲染效果最主要的参考。

“合成”面板还可以显示各个图层的效果，对图层做的直观调整（包括移动、旋转和缩放等）和对图层添加的所有滤镜都可以在该面板中显示出来，如图5-9所示。

图5-9

始终预览此视图：主要用于预览“合成”面板。

25% 使用该按钮可以控制合成的缩放比例，单击该按钮将弹出一个下拉菜单，可以从中选择需要的比例大小，如图5-10所示。

安全区域按钮：因为在屏幕上播放视频时会将其边缘裁掉一部分，这样就需要安全区域，只要把图像的元素放置在安全区域中，就不会被裁掉。该按钮可以用来显示或隐藏网格、向导线、安全线等，如图5-11所示。

标题动作安全：用于显示或者隐藏安全线。

对称网络：用于显示或隐藏成比例的网格。

网格：用于显示或者隐藏网格。

参考线：用于显示或隐藏引导线。

标尺：用于显示或者隐藏标尺。

3D参考轴：用于显示或者隐藏3D参考轴。

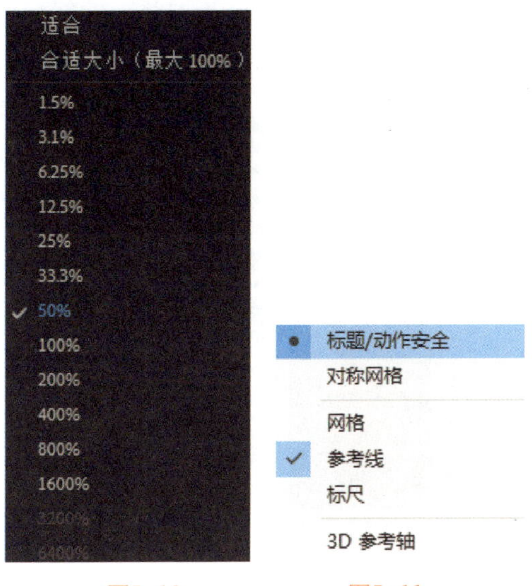

图5-10　　图5-11

该按钮用于显示或者隐藏遮罩的显示状态。

0:00:49:06 这里显示的是合成的当前时间，如果单击该按钮，将弹出“转到时间”对话框，可以输入精准的时间，如图5-12所示。

图5-12

快照按钮：用于暂时保存当前时间的图像，以便在更改后进行对比，暂存的图像只会存在内存中，并且只能暂存一张。

该按钮用于显示快照，不管在哪个时间，只要按住该按钮就可以显示最后一次快照的图像。

通道按钮：单击该按钮会弹出下拉菜单，选择不同的通道模式，显示区就会显示出不同的通道效果，从而检查图像的各种通道信息。

完整 在这里可以选择以哪种分辨率显示图像，其下拉菜单如图5-13所示。

该按钮用于在显示区域自定义一个矩形的区域，只有修改区域中的图像才能显示出来，它可以加速视频的预览速度，只显示需要看到的区域。

该按钮用于打开棋盘格透明背景，在默认的情况下，背景色为黑色。

在建立了摄像机并打开了3D图层时，可以通过该按钮来进入不同的摄像机视图，其下拉菜单如图5-14所示。

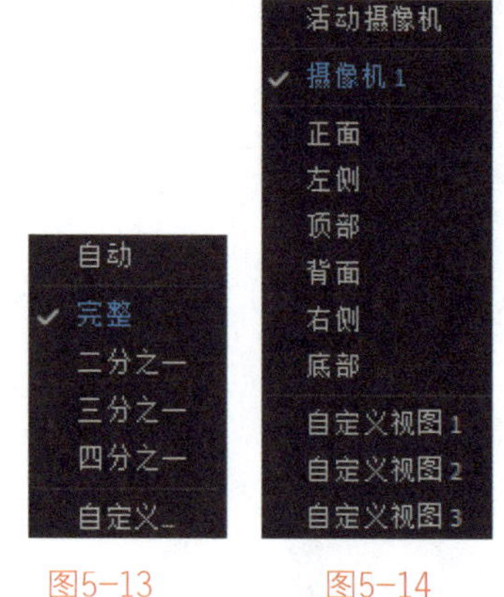

图5-13　　图5-14

在这里可以设置使“合成”面板显示多个视图，单击该按钮将弹出下拉菜单，如图5-15所示。

该按钮拥有像素校正功能，启用该功能时，素材的图像会被压扁或者拉伸，从而校正图像中非正方形的像素。它不会影响合成视频或者素材中的正方形像素。

动态预览按钮：单击该按钮会弹出下拉菜单，可以选择不同的动态加速预览选项，如图5-16所示。

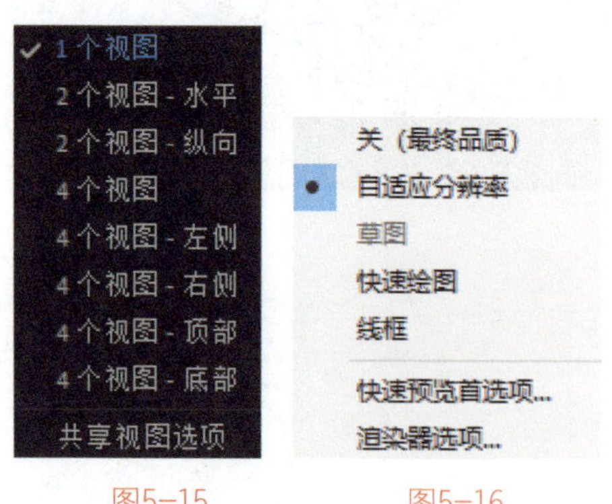

图5-15　　图5-16

该按钮用于打开“时间轴”面板。

该按钮用于打开“流程图”面板。

该按钮用于调整素材在当前面板的曝光度。

5.1.4 “时间轴”面板

“时间轴”面板是用来编辑素材的最主要的面板，其主要功能有管理图层的顺序、设置关键帧等。大部分关键帧特效都可以在这里完成，如素材时间的长短、整个视频的位置等都在该面板中显示，也可以在该面板中控制特效应用的效果。所以说，“时间轴”面板是After Effects软件中组织各个合成图像或者场景的元素最重要的工作面板，如图5-17所示。

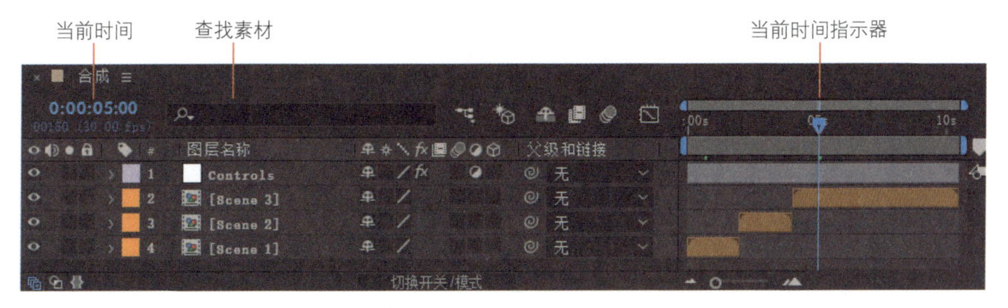

图5-17

这里显示的是“合成”面板中时间线所在的时间位置。

用于在“时间轴”面板中查找素材。

用于打开迷你合成“流程图”面板。

该按钮用于控制是否显示草图3D功能。

该按钮用于显示或者隐藏在“时间轴”面板中处于“消隐”状态的图层。

帧混合，该按钮用于控制是否在图像刷新时启用“帧混合”效果。

运动模糊，选择素材后单击该按钮，就给该素材添加了“运动模糊”效果，用来模拟摄像机中使用胶片曝光的效果。

该按钮用于快速进入曲线编辑面板，在这里可以方便地对关键帧的属性进行操作，如图5-18所示。

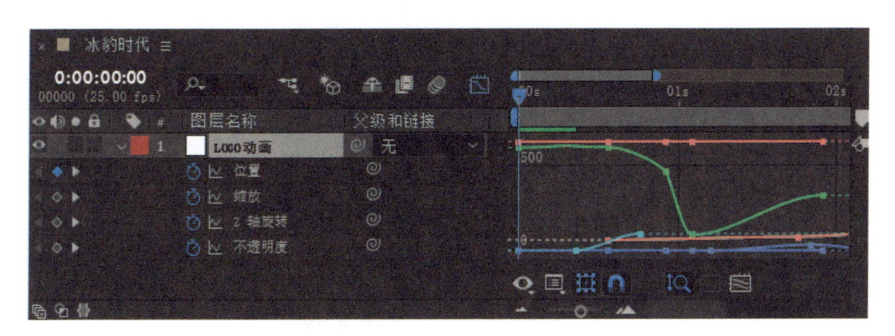

图5-18

时间变换秒表，该按钮在激活时，如果修改图层属性，可以自动记录并创建关键帧。

该按钮用于打开或折叠“图层开关”面板。

该按钮用于打开或折叠“转换控制”面板。

该按钮用于打开或折叠“入”、“出”、“持续时间”和“时间伸缩”面板，“时间伸缩”面板最主要的功能是对图层进行时间反转，产生条纹效果。

用于缩放时间轴。

该按钮用于控制在“合成”面板中显示或者隐藏素材。

该按钮用于控制音频在预览或者渲染素材时是否起作用。

该按钮用于控制是否单独显示素材。

该按钮用于锁定素材，锁定的素材是不能被编辑的。

用于显示素材的标签颜色。

显示素材在“合成”面板中的编号。

“时间轴”面板是初学After Effects软件时必须要了解的工作面板，掌握这些知识点能够使工作事半功倍。

5.1.5 “预览”面板和“效果”面板

“预览”面板的主要功能是控制播放素材的方式，用户可以使用RAM方式预览，使画面变得更加流畅，但一定要保证计算机有足够的内存作为支持，如图5-19所示。

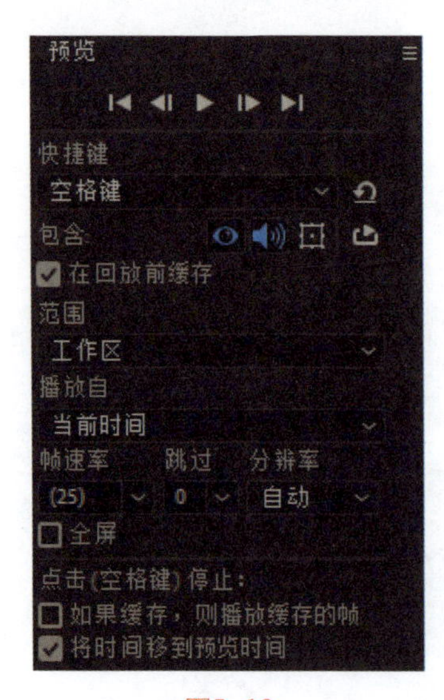

图5-19

可以对“合成”面板中的合成进行动画预览。

可以使时间线移至下一帧或上一帧。

可以使时间线移至开始或者结束的位置。

可以控制声音的打开和关闭。

播放动画方式，可以切换只播放一次、循环播放和巡回播放。

帧速率：可以设置帧比率，就是每秒播放的帧数。

跳过：可以设置预览时跳跃多少帧存储一次，默认为0，也就是每秒都存储。

分辨率：用于设置存储预览的画面质量。

全屏：勾选之后就可以全屏预览效果。

“预览”面板主要是用来对动画预览进行操作的。

在“效果和预设”面板中包括了各种滤镜效果，如果想给图层添加滤镜效果，可以直接在这里使用，和“效果”菜单中的滤镜相同。“效果和预设”面板为我们提供了上百种滤镜效果，通过这些滤镜效果能够对原始素材进行变换调整，可以创造出令人满意的特效，如图5-20所示。

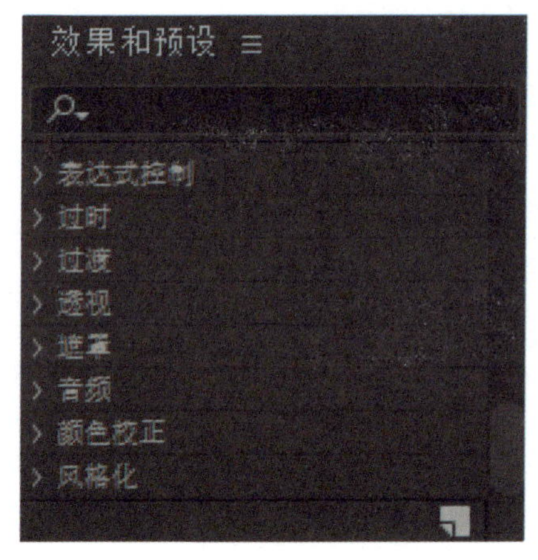

图5-20

以上介绍了After Effects软件中常用的工作面板，在一般情况下，我们并不会一次性使用所有面板中的命令，而且同时打开所有面板会使屏幕非常拥挤。我们可以合理地安排面板的位置，也可以在菜单栏中执行“面板”>“工作区”>“标准”命令，恢复默认的面板。

5.2 关键帧动画

本节介绍After Effects软件关键帧动画的制作方法。

Step 01：打开After Effects软件，在菜单栏中执行“合成”>“新建合成”命令，打开“合成设置”窗口，输入“合成名称”，设置“持续时间”，如图5-21所示。

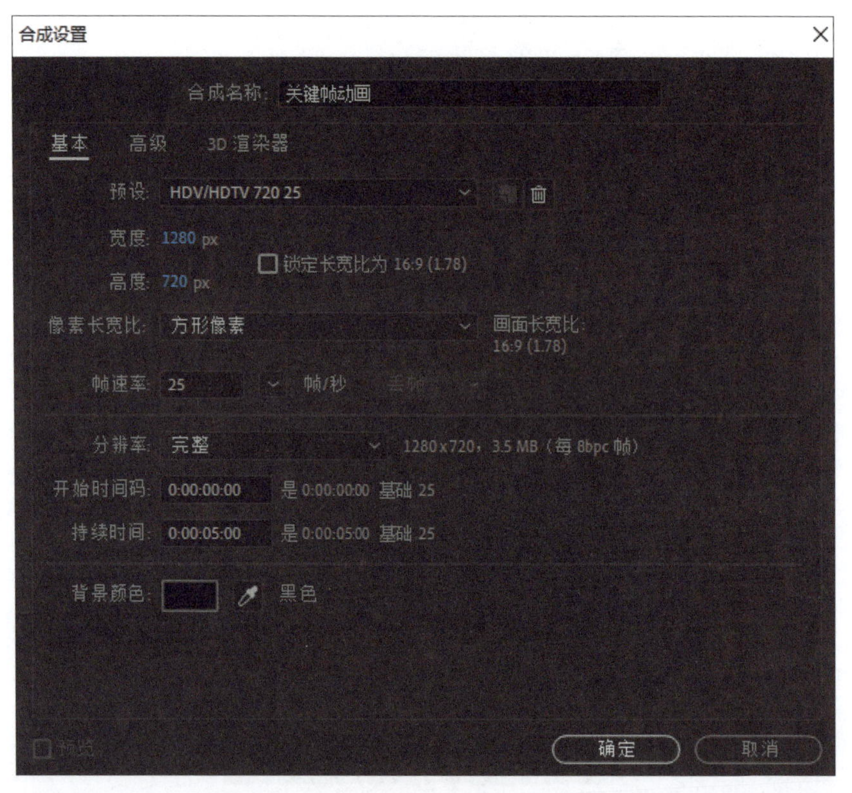

图5-21

Step 02：单击“确定”按钮，创建合成，在菜单栏中执行“图层”>“新建”>“纯色图层”命令，打开“纯色设置”窗口，将“颜色”设为蓝色，如图5-22所示。

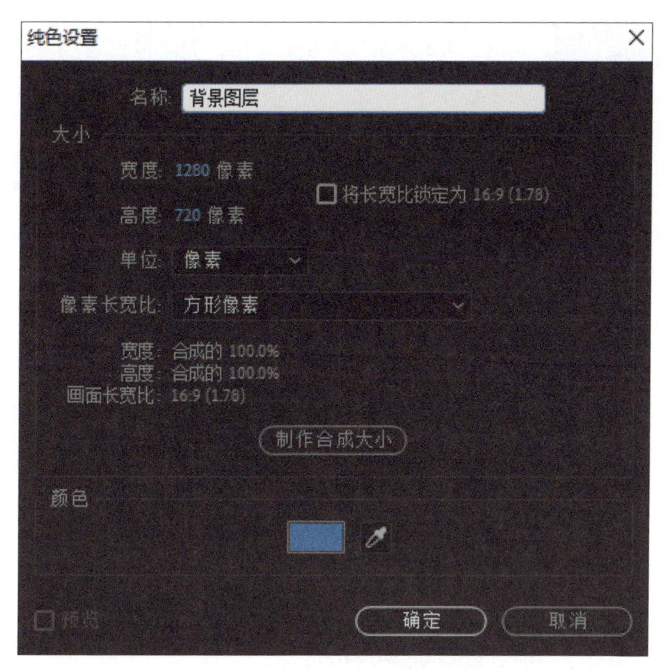

图5-22

Step 03：单击“确定”按钮，创建“背景图层”。

Step 04：在菜单栏中执行“图层”>“新建”>“形状图层”命令，创建“形状图层 1”，“时间轴”面板如图5-23所示。

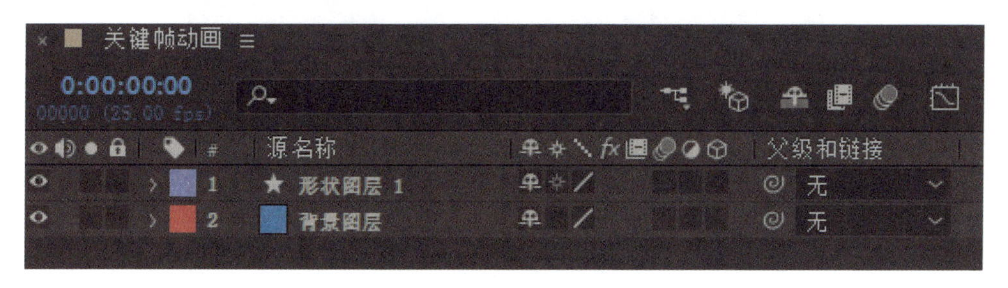

图5-23

Step 05：在“时间轴”面板展开“形状图层 1”，在“形状图层 1”下单击“添加”按钮，在弹出菜单中选择“椭圆”，将添加一个椭圆路径，将椭圆的“大小”设为300。单击“添加”按钮，在弹出菜单中选择“填充”，添加填充属性，将填充的“颜色”设为白色，如图5-24所示。

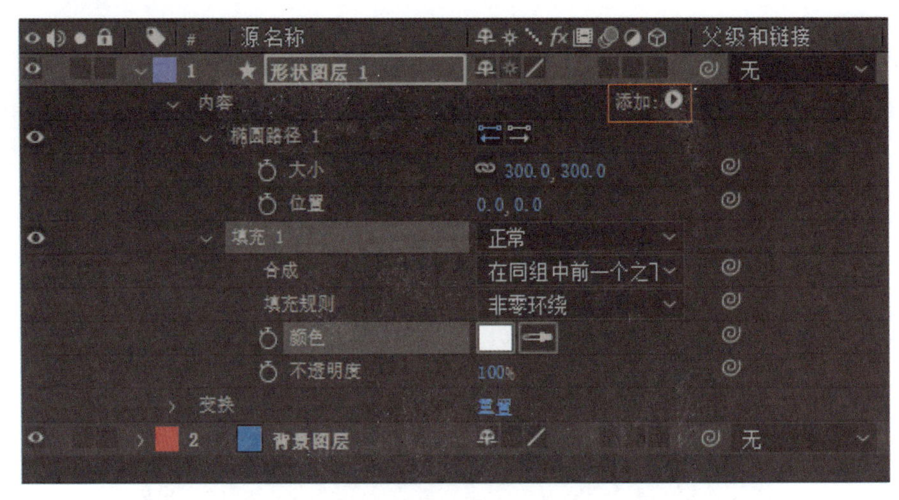

图5-24

“合成”面板的效果如图5-25所示。

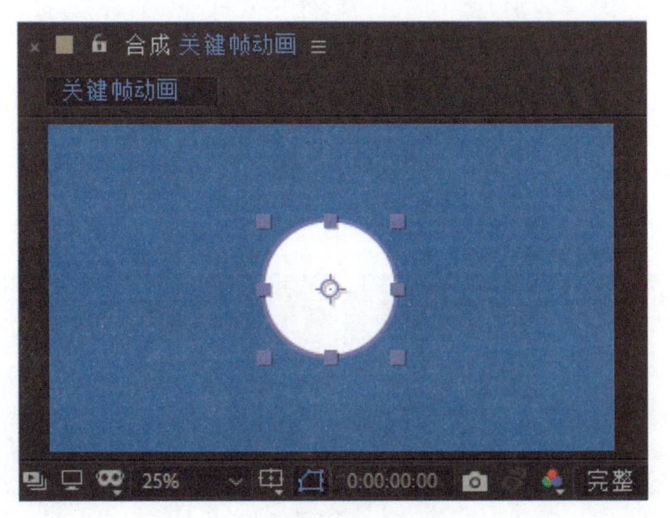

图5-25

Step 06：选择“形状图层 1”，在菜单栏中执行“效果”>“扭曲”>“波形变形”命令，在“效果控件”面板可以看到其参数，如图5-26所示。

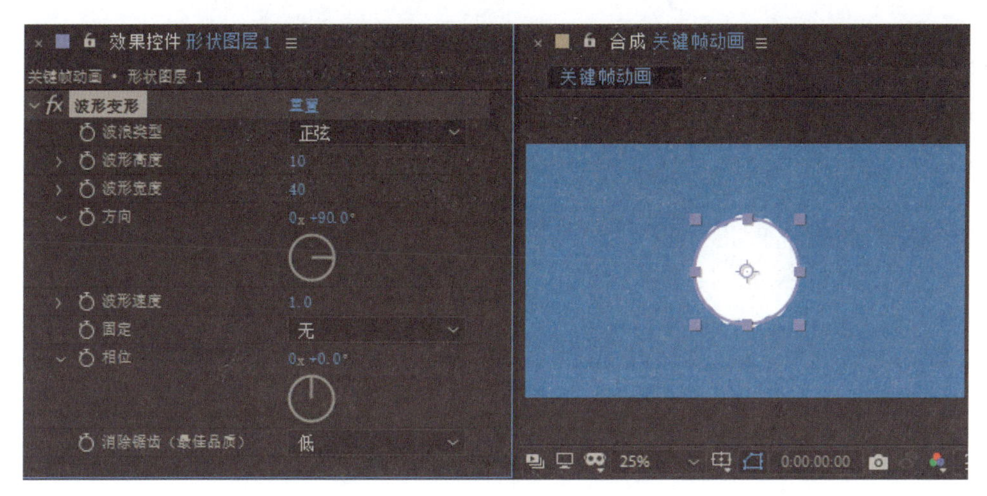

图5-26

Step 07：调整“波形变形”的参数，将“波浪类型”设为正方形，“波浪高度”设为100，“波浪宽度”为30，“方向”为（0x,+145.0°），如图5-27所示。

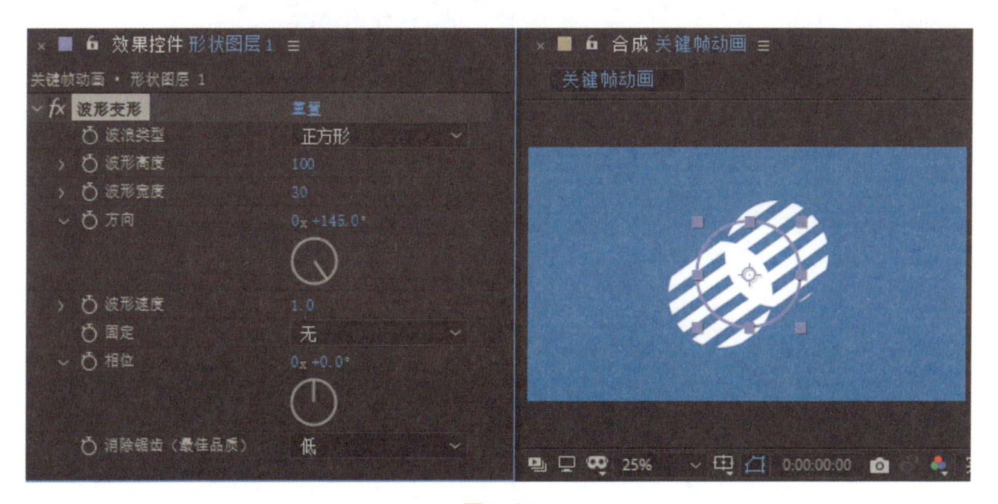

图5-27

Step 08：将时间线移动到开始帧，将“波形高度”设为0，单击“波形类型”和“波形高度”前的 “时间变换秒表”按钮，添加关键帧，如图5-28所示。

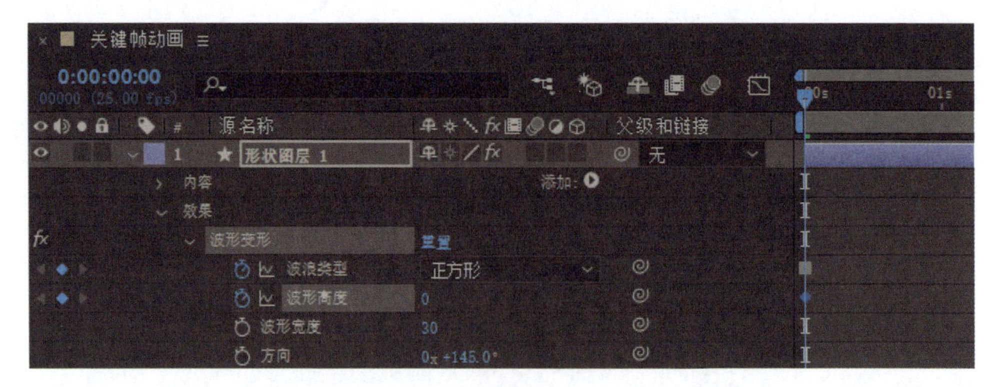

图5-28

Step 09：将时间线移动到0:00:00:15，将“波形高度”设为110，将自动添加关键帧，如图5-29所示。

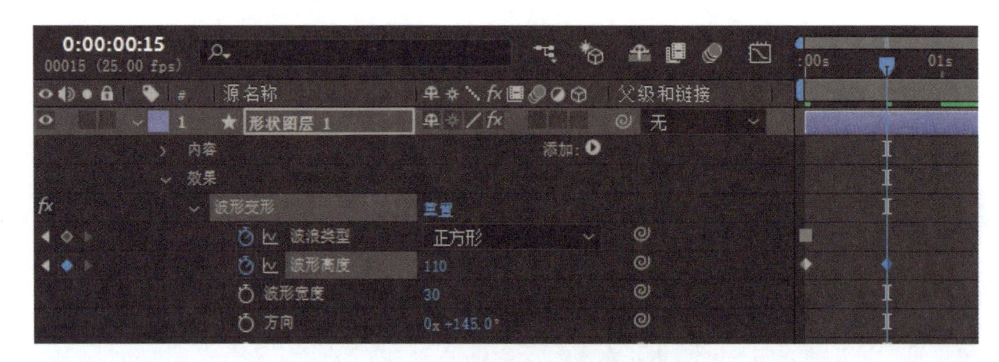

图5-29

Step 10：将时间线移动到0:00:01:05，将“波形类型”设为“正弦”，“波形高度”设为0，将自动添加关键帧，如图5-30所示。

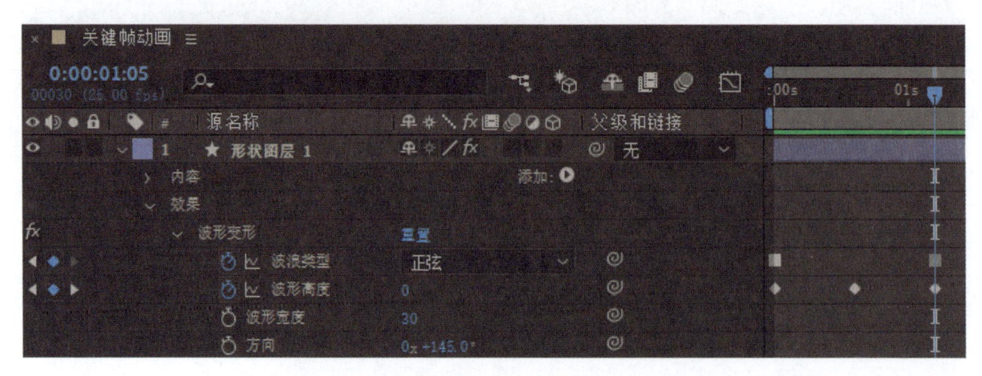

图5-30

Step 11：将时间线移动到0:00:01:20，将“波形高度”设为300，“合成”面板的效果如图5-31所示。

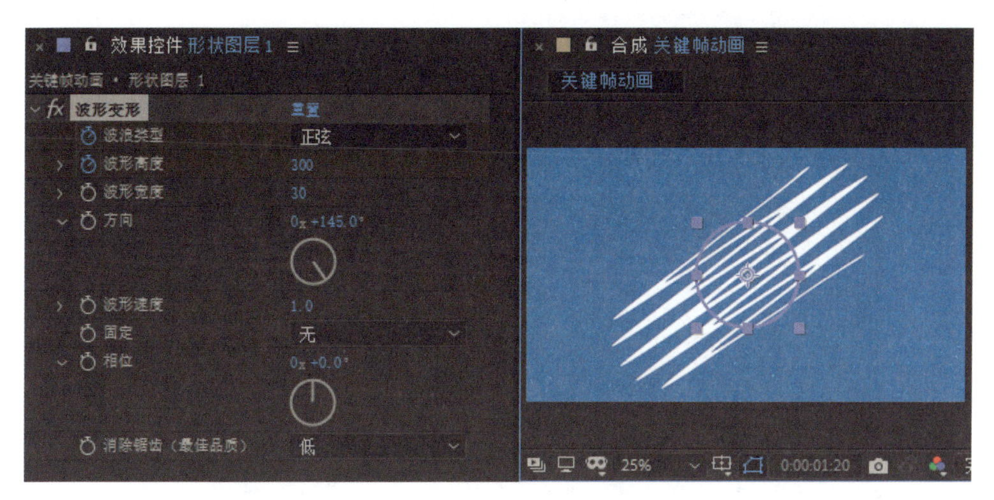

图5-31

Step 12：将时间线移动到0:00:02:10，将“波形高度”设为0，在“时间轴”面板中将工作区域结尾拖动到0:00:02:10，如图5-32所示。

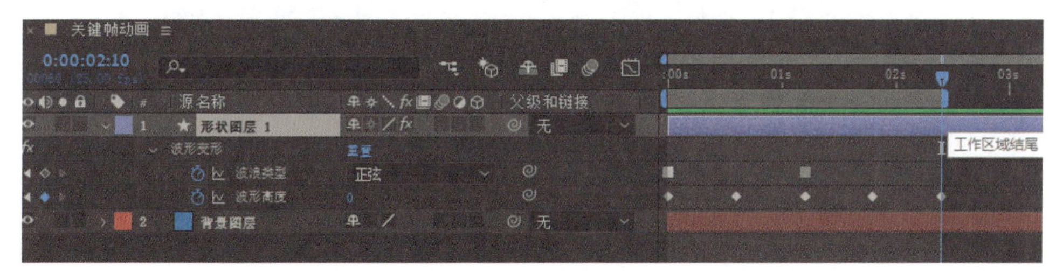

图5-32

Step 13：按空格键播放动画，即可看到圆形的动画效果。我们通过制作圆形动画掌握了制作关键帧动画的方法，单击“文件”菜单，保存文件。

5.3　文字动画

本节介绍文字动画的制作方法。

5.3.1 文字滚动效果制作

下面介绍文字滚动效果的制作方法。

Step 01：打开After Effects软件，新建合成“文字动画”，将“持续时间”设为0:00:05:00，“背景颜色”设为深青色，如图5-33所示。

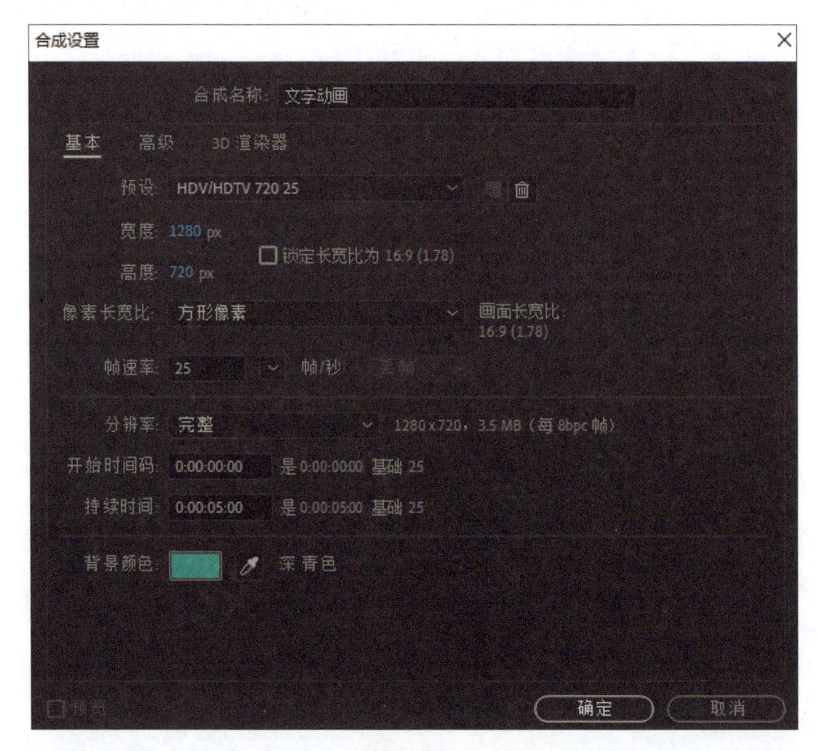

图5-33

Step 02：使用“文字工具”输入文本，在“字符”面板选择字体，将字体大小设为100像素，如图5-34所示。

“合成”面板的效果如图5-35所示。

Step 03：在“时间轴”面板选择文字图层，展开其属性，单击“动画”按钮，弹出快捷菜单，如图5-36所示。

Step 04：添加“不透明度”和“字符位移”属性，如图5-37所示。

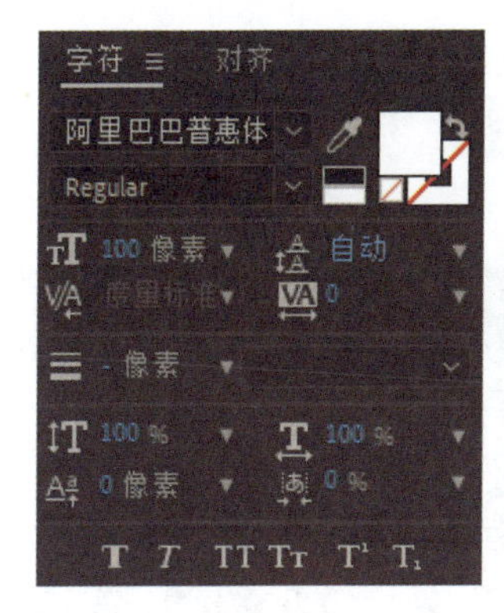

图5-34

图5-35

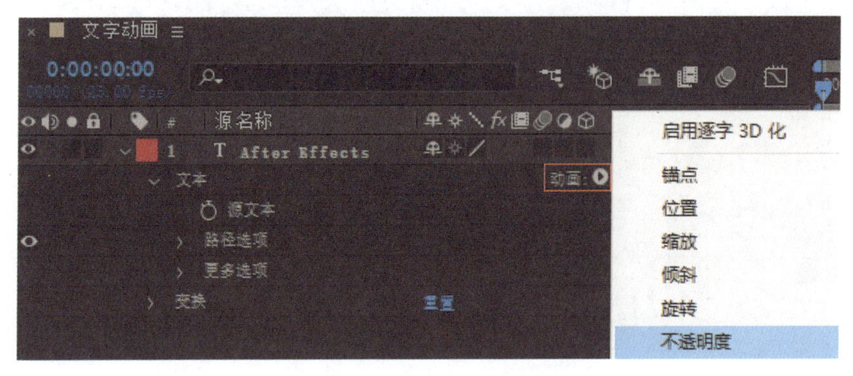

图5-36

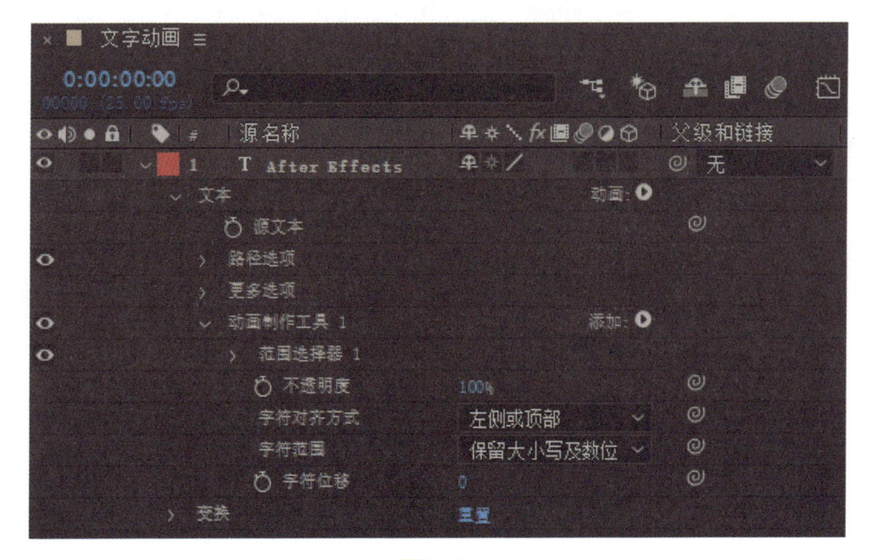

图5-37

Step 05：将“不透明度”设为0%，“字符位移”设为20，将时间线移动到开始帧，展开“范围选择器 1”，单击“起始”前的 “时间变换秒表”按钮，添加关键帧，如图5-38所示。

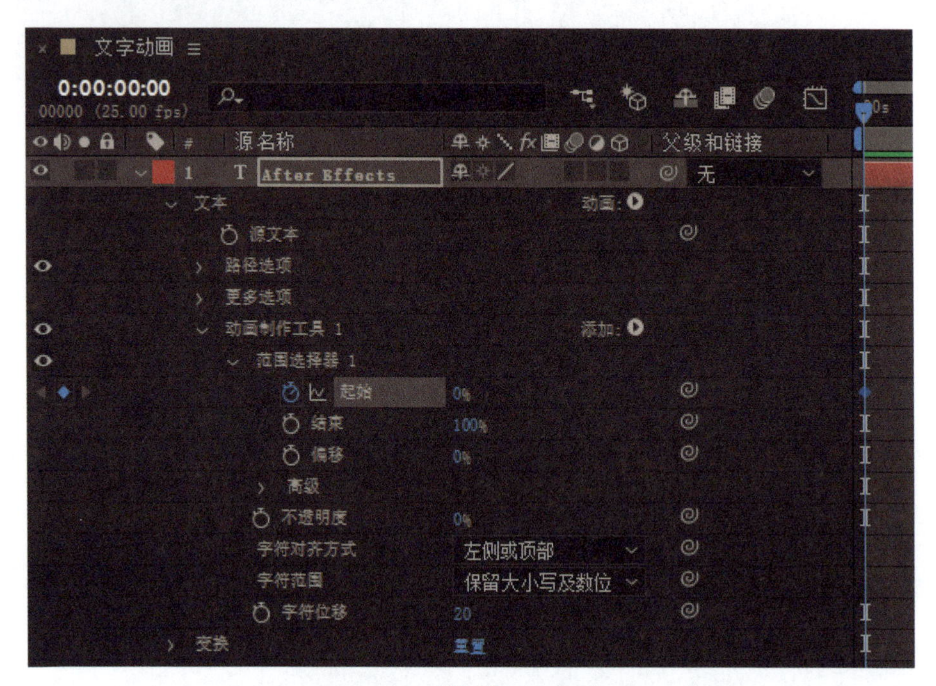

图5-38

Step 06：将时间线移动到0:00:01:00，将“起始”设为100%，自动添加关键帧，如图5-39所示。

图5-39

Step 07：将时间线移动到0:00:03:00，单击“在当前时间添加或移除关键帧”按钮，如图5-40所示。

图5-40

Step 08：将时间线移动到0:00:04:00，将“起始”设为0%。至此，就完成了制作文字滚动效果。

Step 09：按空格键播放动画，文字会慢慢出现，完全出现后停顿1秒，然后文字会慢慢消失，效果如图5-41所示。

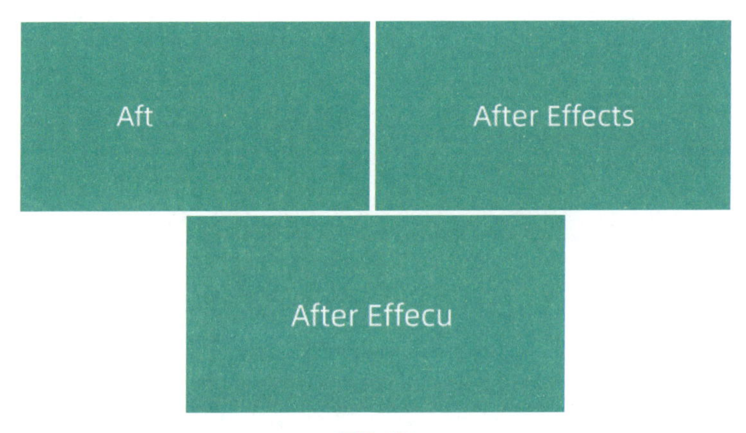

图5-41

5.3.2 制作文字涂写动画

下面介绍文字涂写动画的制作方法，将文字转换成蒙版，并添加“涂写”效果。

Step 01：打开After Effects软件，新建合成“涂写文字”，将“背景颜色”设为深蓝色，“持续时间”设为0:00:05:00，如图5-42所示。

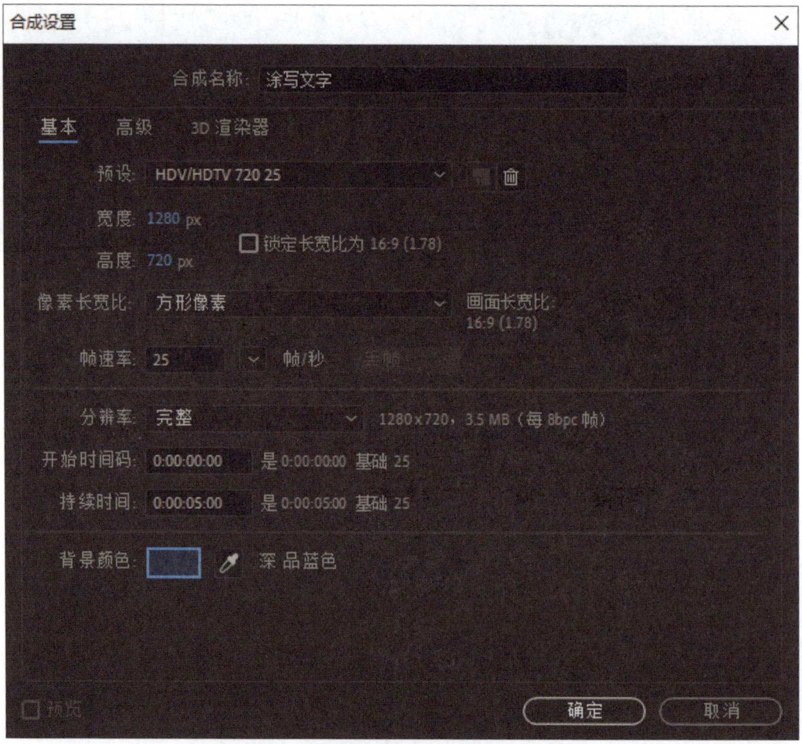

图5-42

Step 02：单击“确定”按钮，使用“文字工具”输入文本，如图5-43所示。

图5-43

Step 03：在时间轴选择文字图层，单击鼠标右键，在弹出的右键菜单中执行“创建”>“从文字创建蒙版”命令，给文字图层创建蒙版，在“时间轴”面板中多了一个蒙版图层，如图5-44所示。

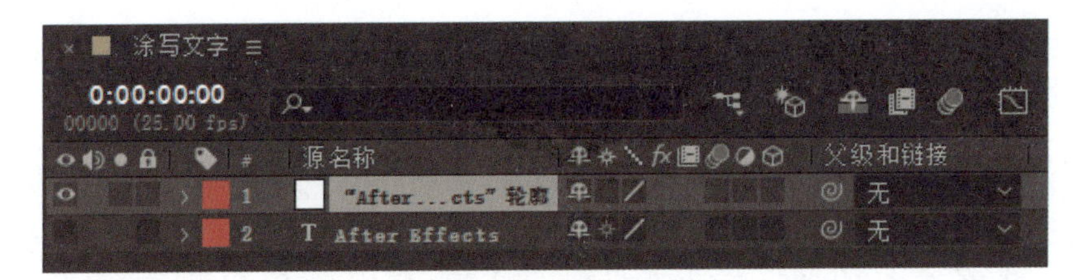

图5-44

Step 04：选择该蒙版图层，在菜单栏中执行“效果”＞“生成”＞“涂写”命令，“合成”面板的效果如图5-55所示。

图5-55

Step 05：在“效果控件”面板调整“涂写”效果的参数，将“涂抹”设为“所有蒙版使用模式”，“描边宽度”设为1，“摆动类型”设为“静态”，如图5-56所示。

图5-56

Step 06：将时间线移动到开始帧，将“结束”设为0%，在“结束”前单击“时间变换秒表”按钮，添加关键帧，如图5-57所示。

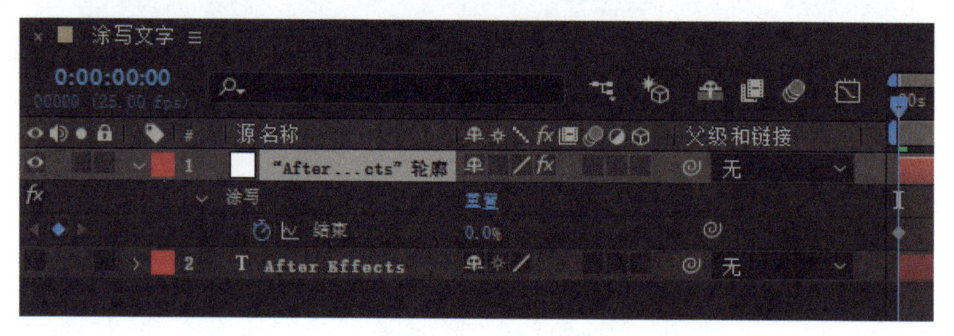

图5-57

Step 07：将时间线移动到0:00:01:00，将“结束”设为100%，将时间线移动到0:00:03:00，为“起始”添加关键帧，如图5-58所示。

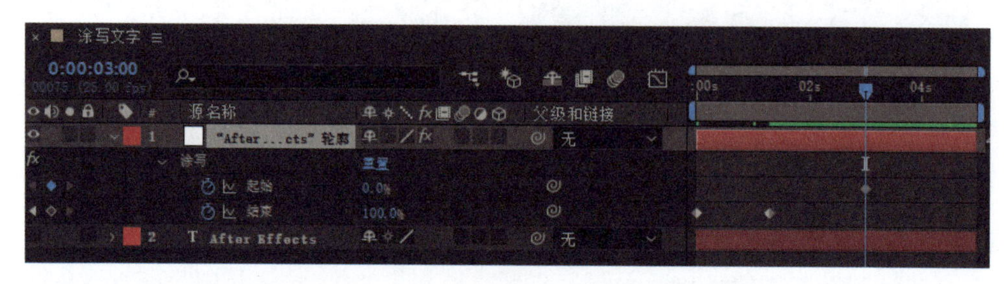

图5-58

Step 08：将时间线移动到0:00:04:00，将“起始”设为100%，如图5-59所示。

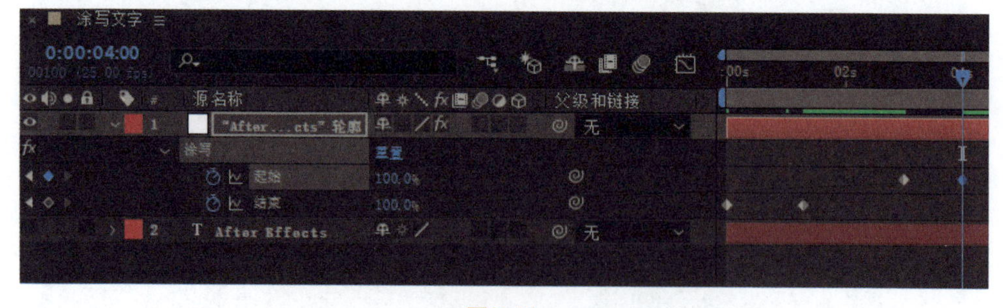

图5-59

Step 09：按空格键播放动画，即可看到文字涂抹动画效果，如图5-60所示。

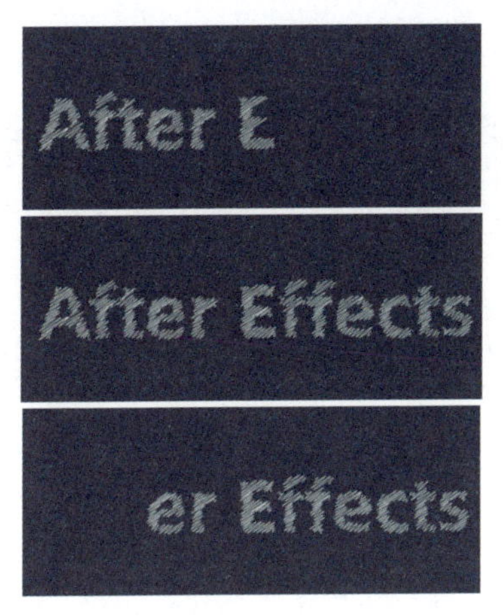

图5-60

5.4 蒙版与路径——人物定格

本节介绍蒙版路径的创建方法和“人物定格”效果的制作方法。

Step 01：打开After Effects软件，在“项目”面板导入素材，如图5-61所示。

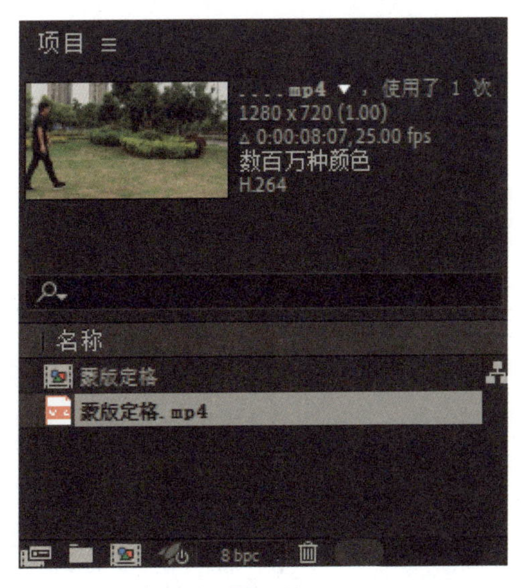

图5-61

Step 02：在“项目”面板选择素材，并将其拖动到 “新建合成”按钮上，创建合成“蒙版定格”，如图5-62所示。

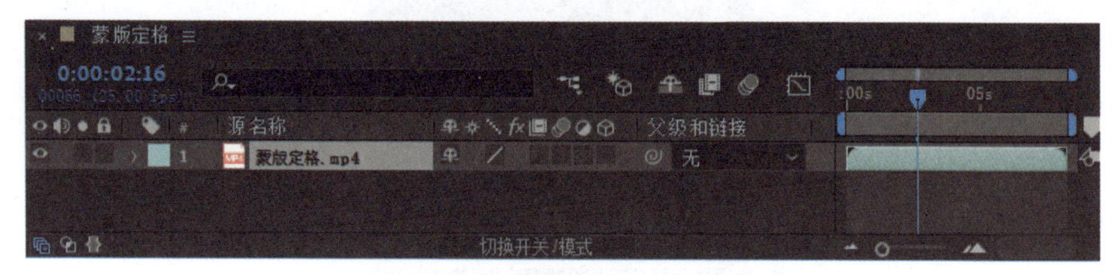

图5-62

Step 03：将时间线移动到0:00:02:16，“合成”面板的效果如图5-63所示。

图5-63

Step 04：在时间轴选择“蒙版定格”，使用“钢笔工具”在“合成”面板绘制人物蒙版，这样可以将人物抠取出来，如图5-64所示。

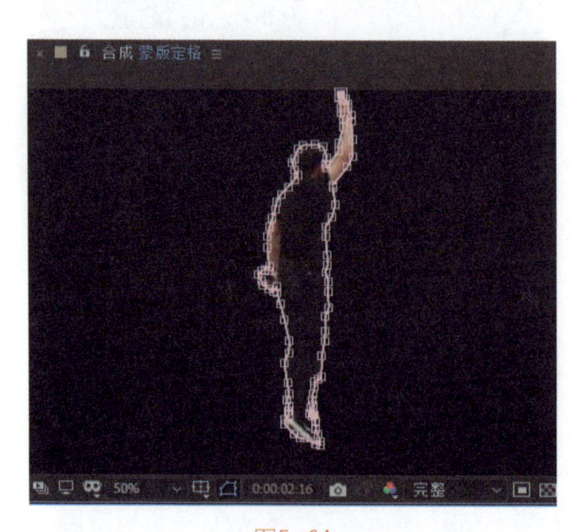

图5-64

Step 05：选择“蒙版定格”，在菜单栏中执行“图层”＞“时间”＞“冻结帧”命令，冻结图层，制作“人物定格”效果。

Step 06：将时间线移动到0:00:02:17，在菜单栏中执行“编辑”＞“拆分图层”命令，将该图层进行拆分，如图5-65所示。

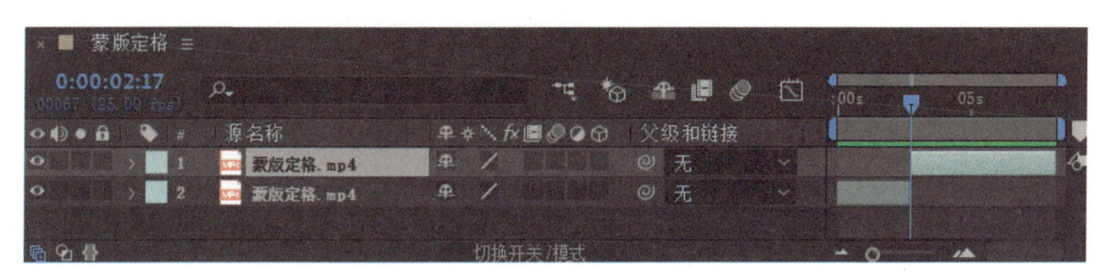

图5-65

Step 07：在时间轴选择图层1，按“Delete”键删除，在“项目”面板将视频素材拖动到时间轴上，如图5-66所示。

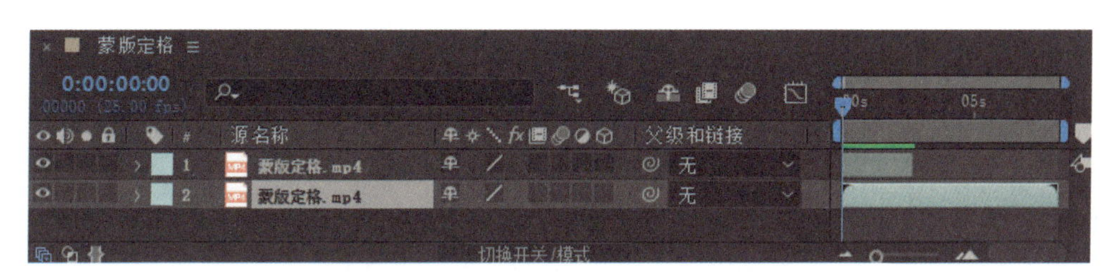

图5-66

Step 08：按空格键播放视频，可以看到人物会走到蒙版定格位置，然后定格人物消失，如图5-67所示。

图5-67

5.5 时间冻结、伸缩和反向

本节介绍时间冻结、伸缩和反向的设置方法。在菜单栏中执行“图层”>“时间”命令，即可展开“时间”菜单，主要包括“启用时间重映射”、“时间反向图层”、“时间伸缩”和“冻结帧”等，如图5-68所示。

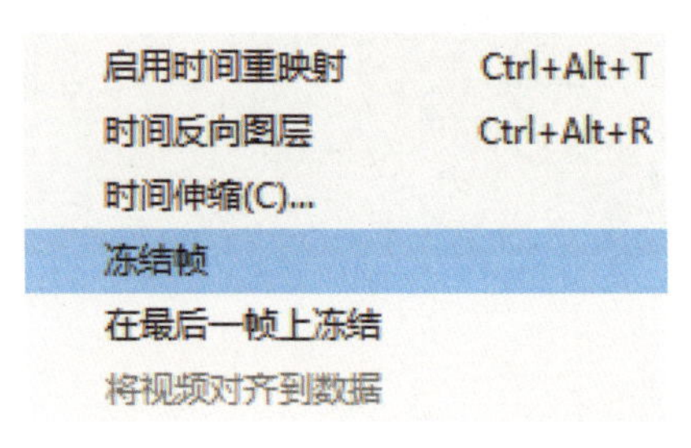

图5-68

5.5.1 时间重映射

下面介绍“时间重映射”命令的使用方法。

Step 01：打开After Effects软件，在“项目”面板导入素材，如图5-69所示。

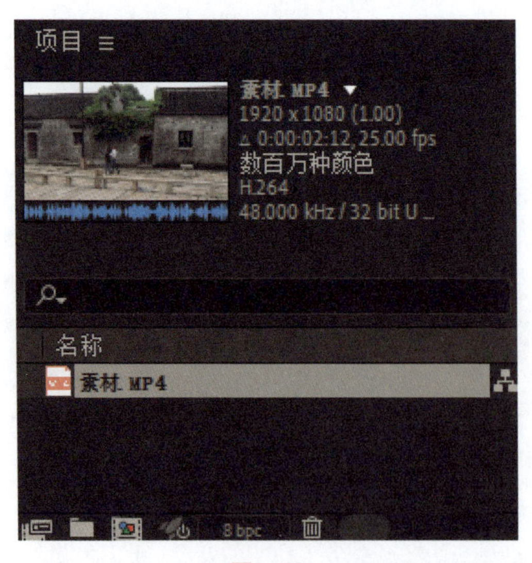

图5-69

Step 02：将素材拖动到 “新建合成”按钮上，创建合成“素材”，如图5-70所示。

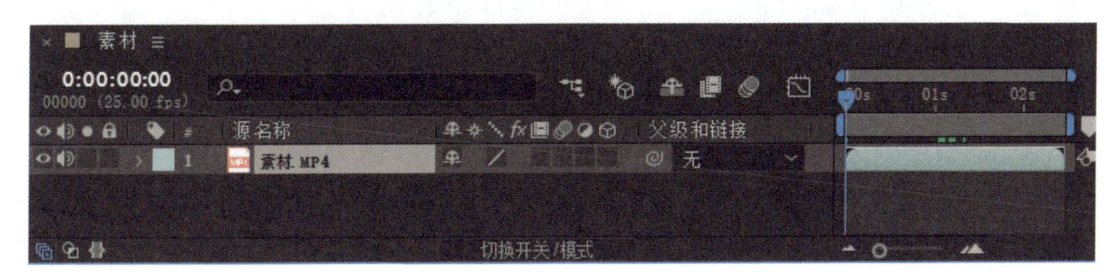

图5-70

“合成”面板的效果如图5-71所示。

图5-71

Step 03：在菜单栏中执行“图层”>“时间”>“启用时间重映射”命令，在时间轴上会自动添加两个关键帧，如图5-72所示。

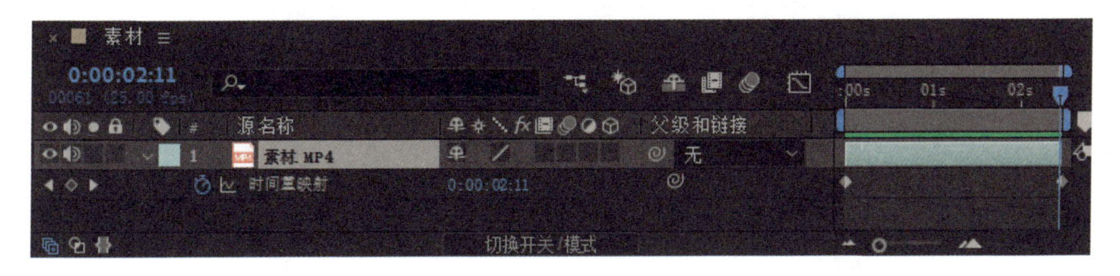

图5-72

Step 04：通过改变关键帧的时间，可以控制行人走路的时间，如图5-73所示。

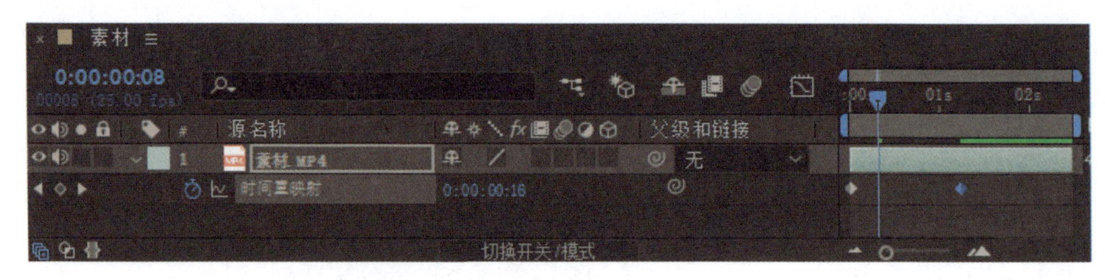

图5-73

5.5.2 时间反向图层

“时间反向图层”相当于反转时间设置，如人物向前行走，设置“时间反向图层”后，人物会变成向后倒退。

Step 01：在“项目”面板将素材拖动到 “新建合成”按钮上，创建合成“素材2”，如图5-74所示。

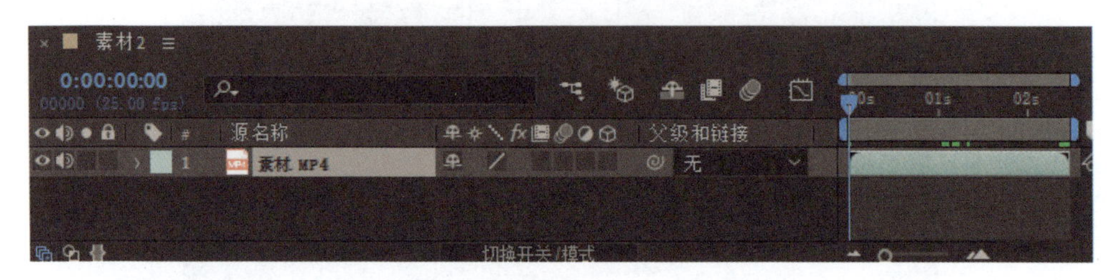

图5-74

Step 02：在“时间轴”面板中选择素材，在菜单栏中执行“图层”>“时间”>“时间反向图层”命令，即可将视频的时间进行反向设置。

Step 03：按空格键播放视频，即可看到人物向后倒退的效果，如图5-75所示。

图5-75

5.5.3 时间伸缩

下面介绍“时间伸缩”命令的使用方法。

Step 01：在“项目”面板将素材拖动到 “新建合成”按钮上，创建合成。

Step 02：在“时间轴”面板中选择素材，在菜单栏中执行“图层”>“时间”>“时间伸缩”命令，会弹出“时间伸缩”窗口，如图5-76所示。

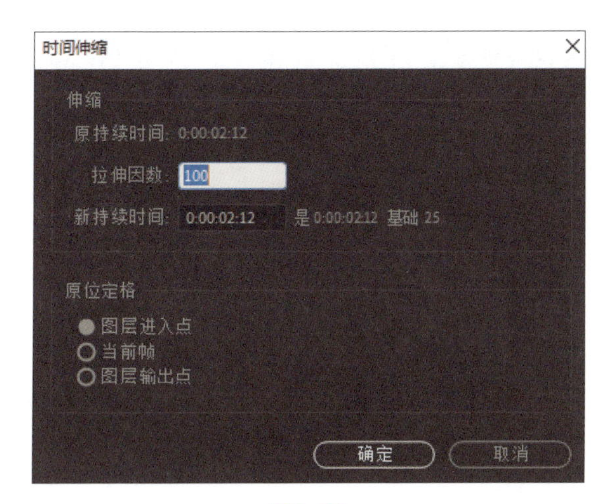

图5-76

Step 03：“拉伸因数”参数用于调整时间的快慢，将其设为150，如图5-77所示。

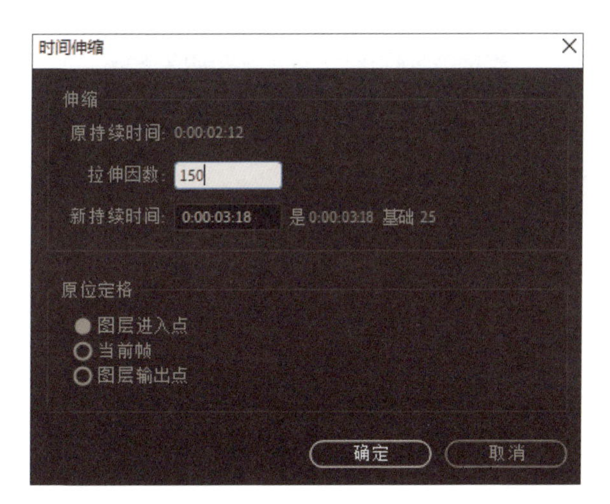

图5-77

Step 04：单击“确定“按钮，按空格键播放视频，人物走路动作会变慢。

反之，将“拉伸因数”调整至100以下，如将其设为50，这样人物行走速度会变快。

5.5.4 冻结帧

冻结帧是指将一段视频可以在某一帧进行冻结，冻结后该视频相当于静态素材。

在时间轴选择要冻结的时间位置，在菜单栏中执行“图层”>“时间”>“冻结帧”命令，即可将视频进行冻结，在“时间轴”面板中将显示冻结的关键帧，如图5-78所示。

图5-78

5.6 Keylight 抠图

Keylight是非常好用的蓝绿屏幕抠图工具，它拥有非常强大的功能，可以轻松完成抠图工作。Keylight操作简单，下面介绍使用Keylight对商品视频进行抠图的方法。

Step 01：打开After Effects软件，在“项目”面板导入素材，如图5-79所示。

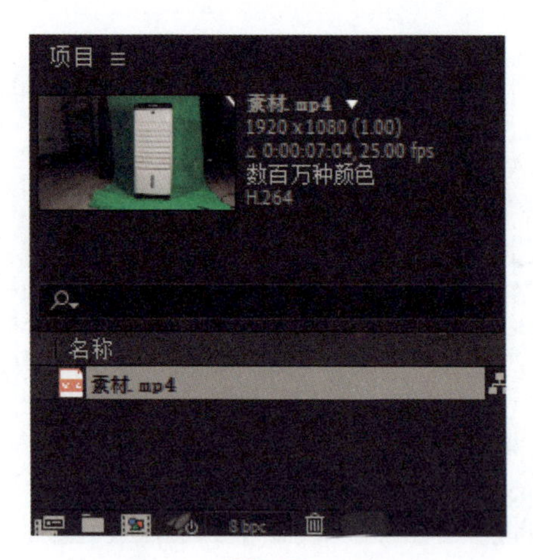

图5-79

Step 02：将素材拖动到 “新建合成”按钮上，创建合成“素材”，如图5-80所示。

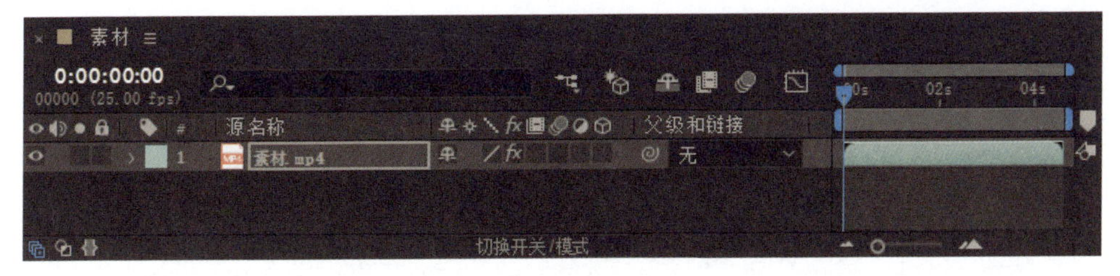

图5-80

Step 03：使用“矩形工具”在“合成”面板绘制矩形遮罩，如图5-81所示。

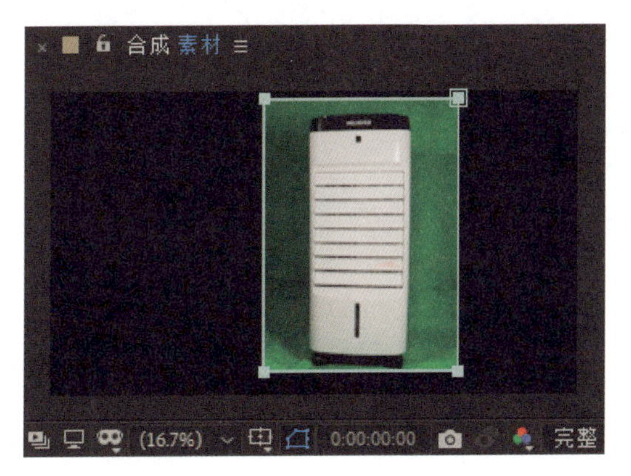

图5-81

Step 04：在“效果与预设”面板，选择“Keylight”效果并将其拖动到“时间轴”面板，如图5-82所示。

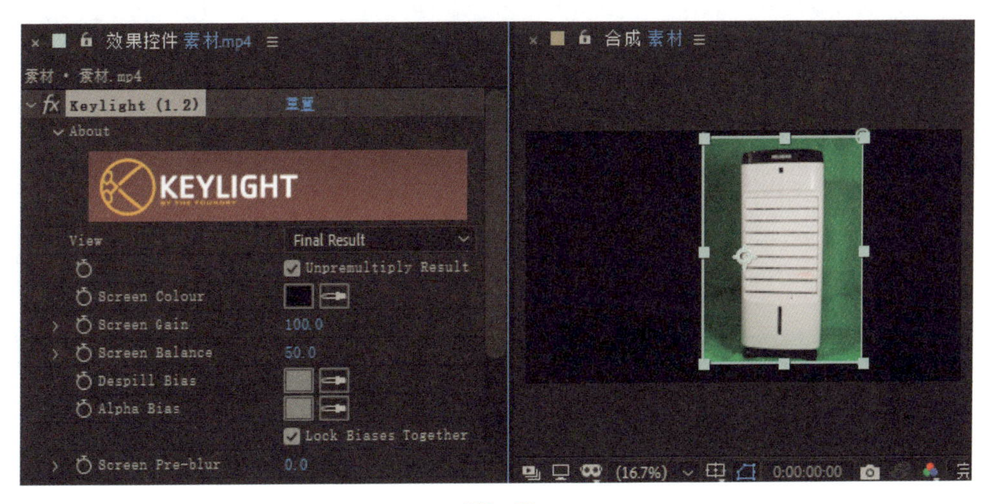

图5-82

Step 05：在“效果控件”面板，使用“Screen Colour”的“吸管工具”吸取“合成”面板中的绿色，如图5-83所示。

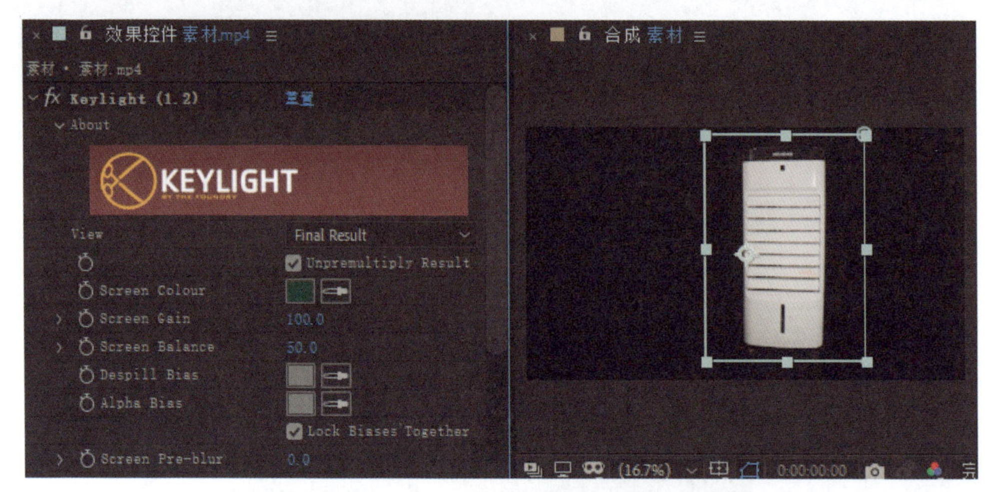

图5-83

Step 06：在“View”下拉菜单选择”Screen Matte”，展开“Screen Matte”属性，将“Clip Black”设为28，“Clip White”设为59，“Screen Shrink/Grow”设为-1，“Screen Softness”设为1，如图5-84所示。

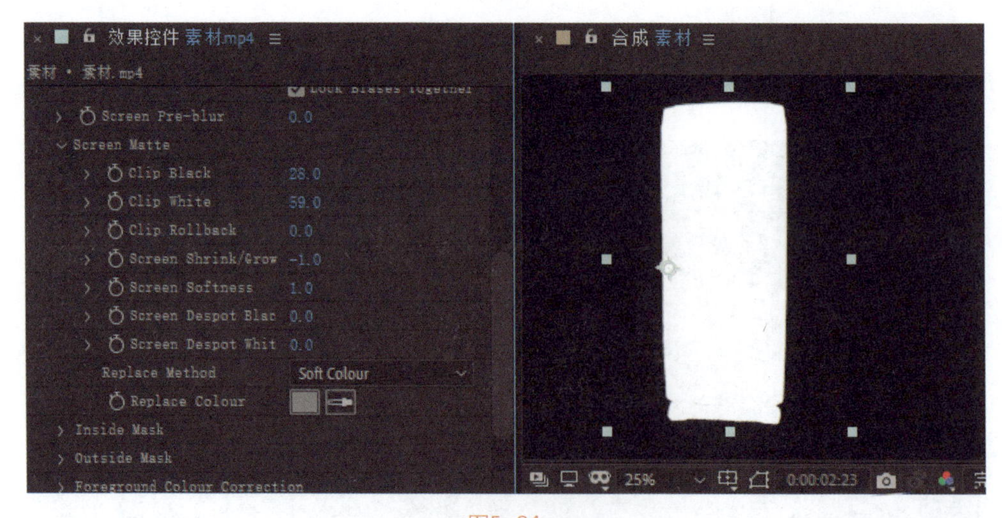

图5-84

Step 07：在“View”下拉菜单中选择“Final Result”，如图5-85所示。

Step 08：在菜单栏中执行“图层”>“新建”>“纯色”命令，新建白色图层，“合成”面板的效果如图5-86所示。

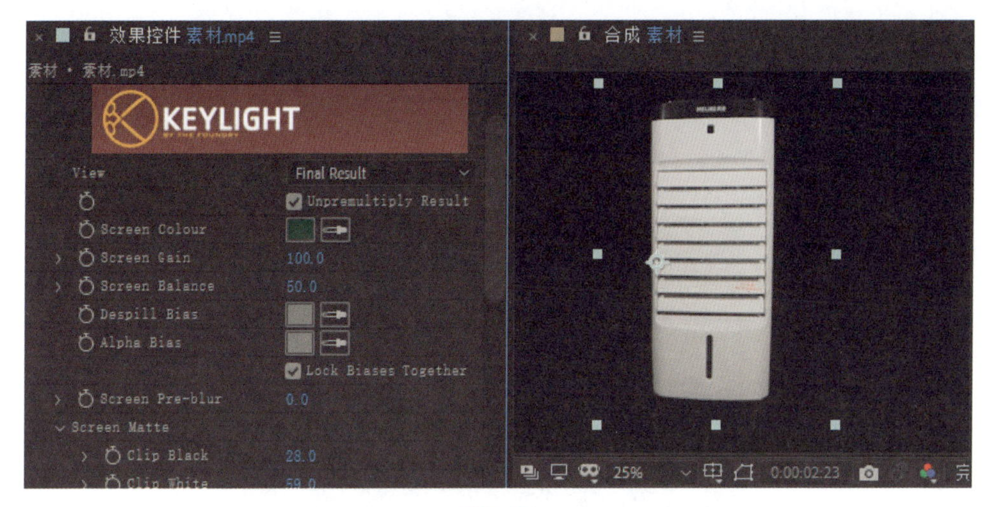

图5-85

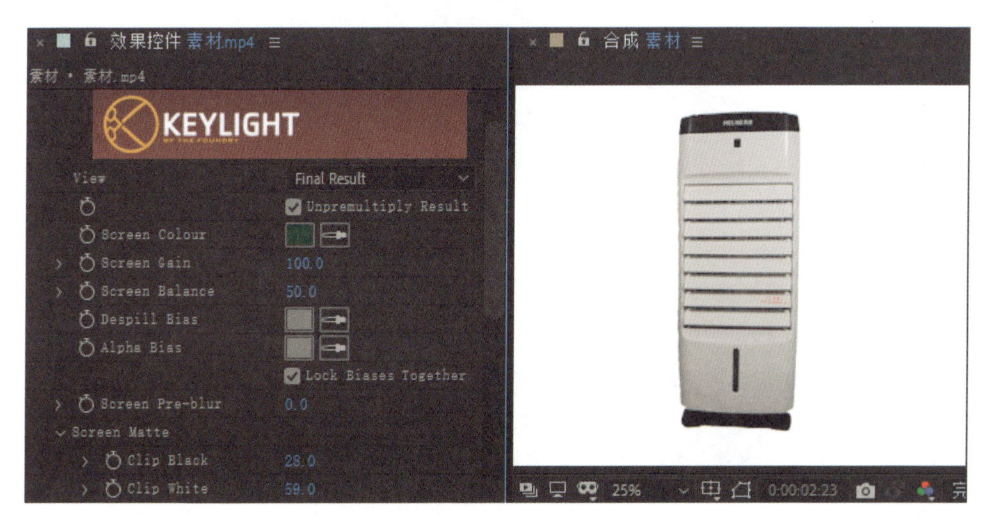

图5-86

这样就完成了对商品视频进行抠图。

5.7 蒙版跟踪

本节介绍对脸部蒙版和脸部数据进行跟踪，以及液化人物脸部，给人物瘦脸的方法。

5.7.1 对人物脸部进行跟踪

下面介绍对视频中的人物脸部进行蒙版跟踪的方法。

Step 01：打开After Effects软件，在“项目”面板导入素材，如图5-87所示。

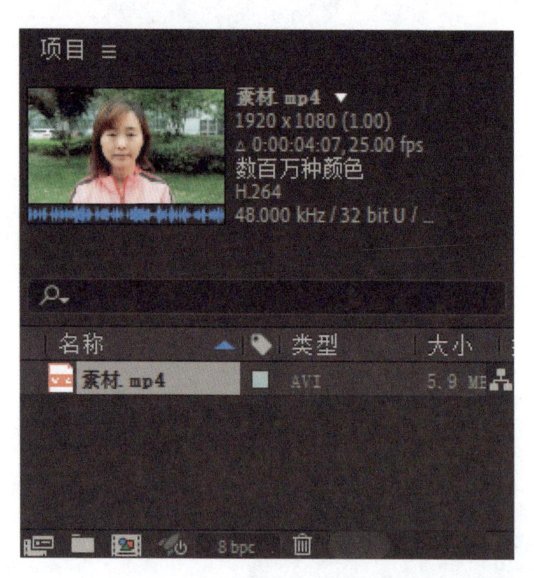

图5-87

Step 02：将素材拖动到 “新建合成”按钮上，创建合成“素材”，如图5-88所示。

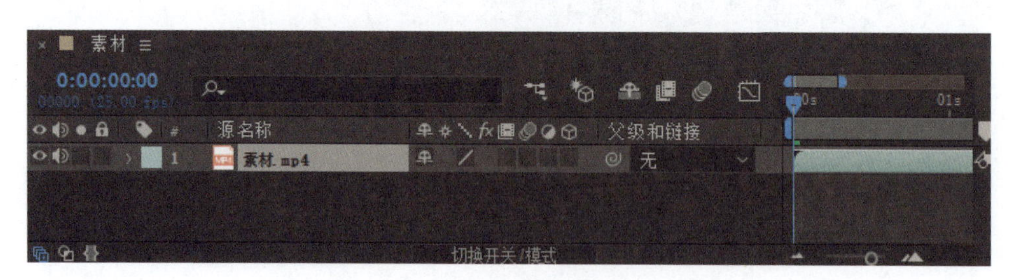

图5-88

Step 03：使用“椭圆工具”在“合成”面板中的脸部绘制一个椭圆形蒙版，如图5-89所示。

Step 04：在“跟踪器”面板，将“方法”设为“脸部跟踪（详细五官）”，如图5-90所示。

Step 05：将时间线移动到开始帧，单击“向前跟踪所选蒙版”按钮，开始跟踪脸部，“合成”面板的效果如图5-91所示。

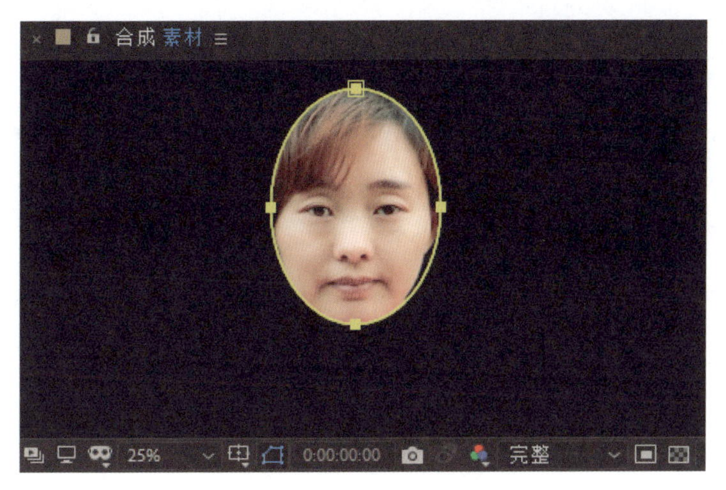

图5-89

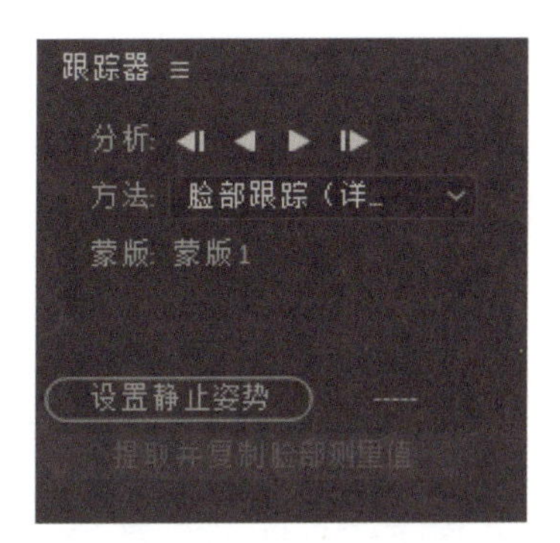

图5-90

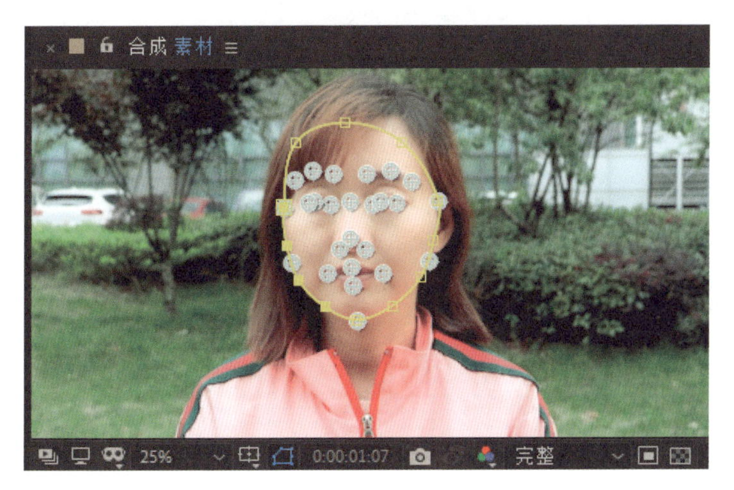

图5-91

Step 06：完成跟踪后，时间轴上将出现跟踪的关键帧，将“蒙版 1”设为“无”，如图5-92所示。

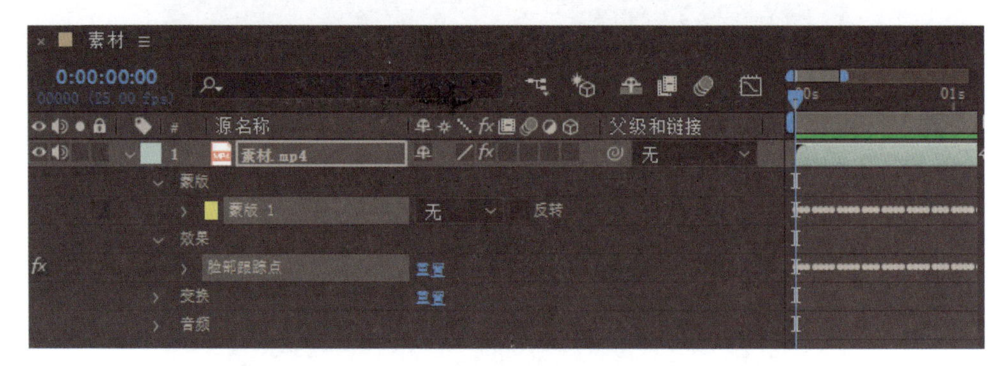

图5-92

这样就完成了对人物脸部进行跟踪，保存文件。

5.7.2 人物瘦脸

下面介绍使用“液化工具”对视频中的人物进行瘦脸的方法。

Step 01：在时间轴单击鼠标右键，在弹出的右键菜单中执行“调整图层”命令，创建“调整图层 1”，如图5-93所示。

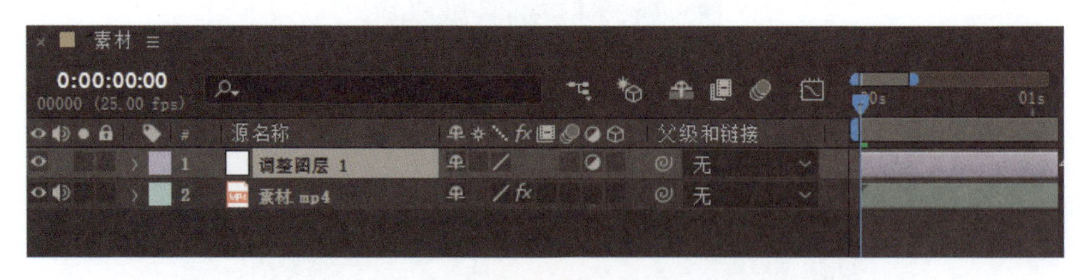

图5-93

Step 02：选择“调整图层 1”，在菜单栏中执行“效果”>“扭曲”>“液化”命令，添加“液化”效果。展开“液化”效果，按“Alt”键并单击“扭曲网格位置”前的“时间变换秒表”按钮，添加关键帧，将“表达式关联器”拖动到人物脸部跟踪点——“鼻尖”上，如图5-94所示。

Step 03：选择“调整图层 1”，在“效果控件”面板选择“液化工具”，调整画笔大小，然后使用“液化工具”在“合成”面板调整脸部形状，调整好后将“扭曲百分比”设为50%，如图5-95所示。

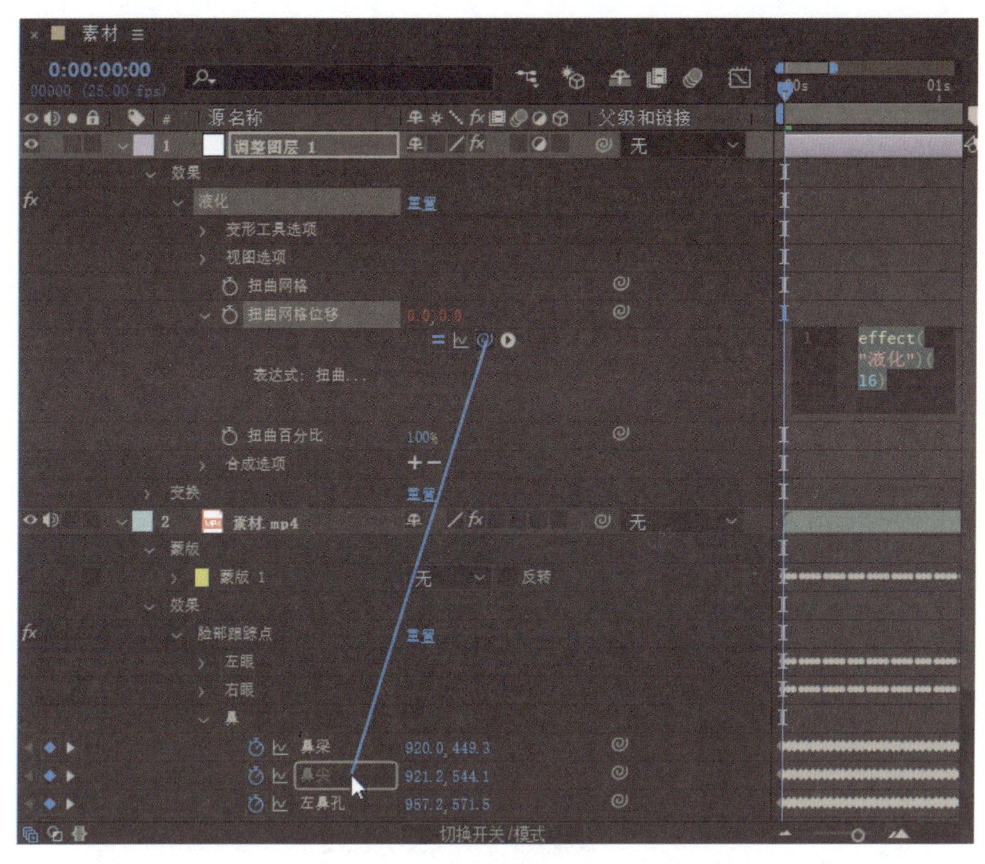
素材
0:00:00:00
源名称
父级和链接
调整图层 1
无
效果
液化
重置
变形工具选项
视图选项
扭曲网格
扭曲网格位移
表达式：扭曲...
effect("液化")(16)
扭曲百分比
100%
合成选项
变换
素材.mp4
蒙版
蒙版 1
反转
脸部跟踪点
左眼
右眼
鼻
鼻梁
920.0, 449.3
鼻尖
921.2, 544.1
左鼻孔
957.2, 571.5
切换开关/模式

图5-94

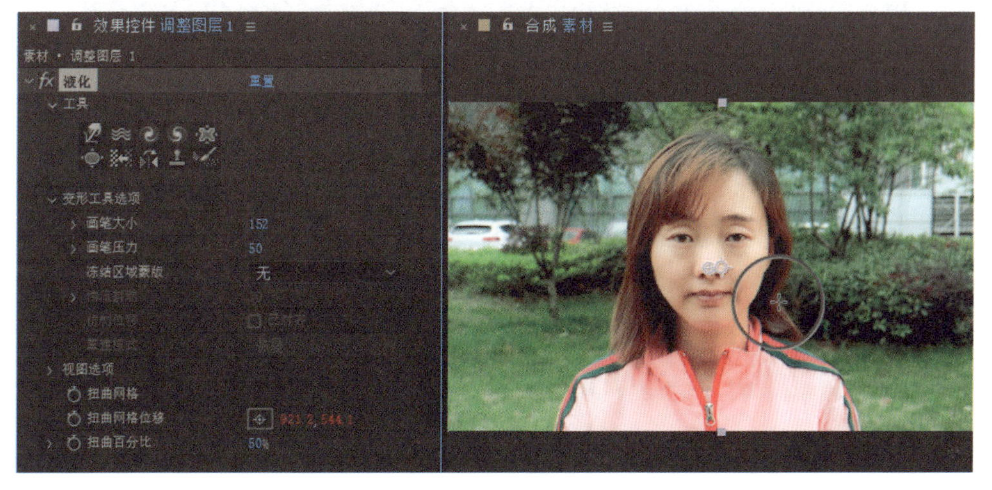
效果控件 调整图层 1
合成 素材
素材・调整图层 1
液化
重置
工具
变形工具选项
画笔大小
152
画笔压力
50
冻结区域蒙版
无
视图选项
扭曲网格
扭曲网格位移
921.2, 544.1
扭曲百分比
50%

图5-95

使用这样的方法可以对人物进行瘦脸，制作好后保存文件即可。

5.8 故障风格文字动画制作

本节介绍故障风格文字动画的制作方法。

Step 01：打开After Effects软件，新建合成“故障风格”，如图5-96所示。

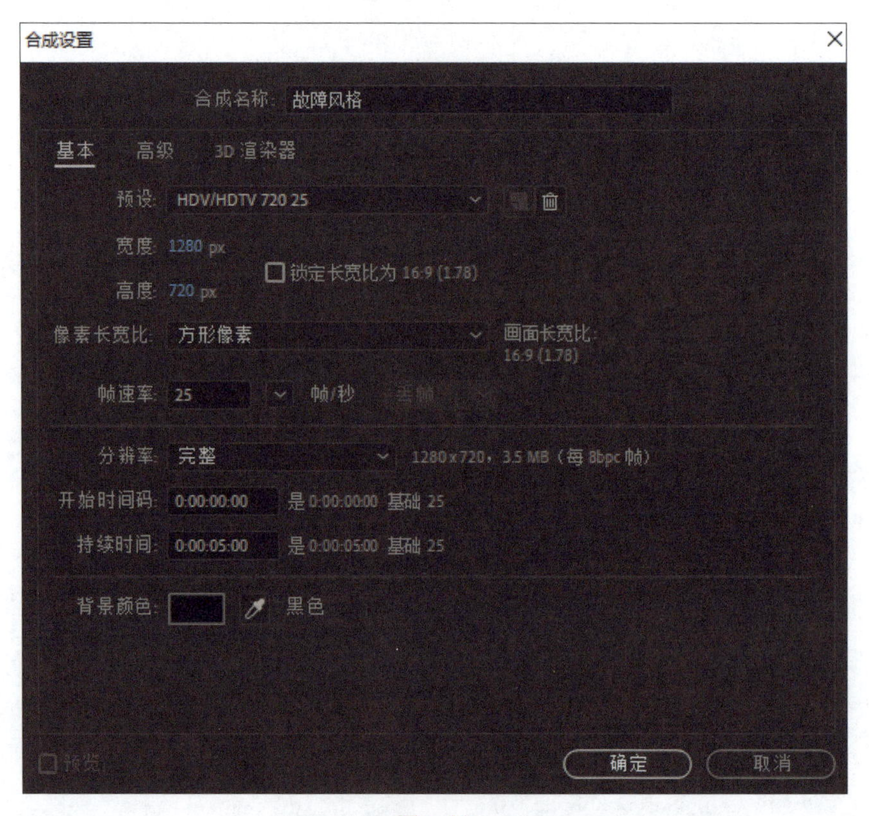

图5-96

Step 02：单击“确定”按钮，使用“文字工具”输入文本，如图5-97所示。

Step 03：选择文字图层，在菜单栏中执行“效果”>“声道”>“设置通道”命令，将“设置通道”添加到文字图层，打开“效果控件”面板，把“将2设置为绿色”设为“关闭”，“将源3设置为蓝色”设为“关闭”，如图5-98所示。

Step 04：在时间轴选择文字图层，按回车键，将“图层名称”命名为“AE 故障风格-红色”，如图5-99所示。

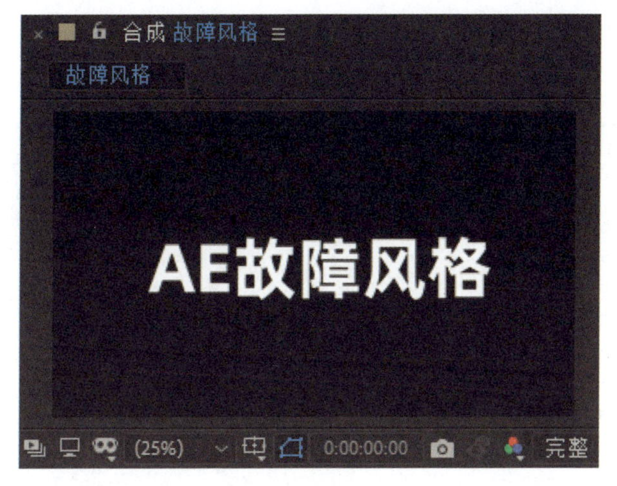

图5-97

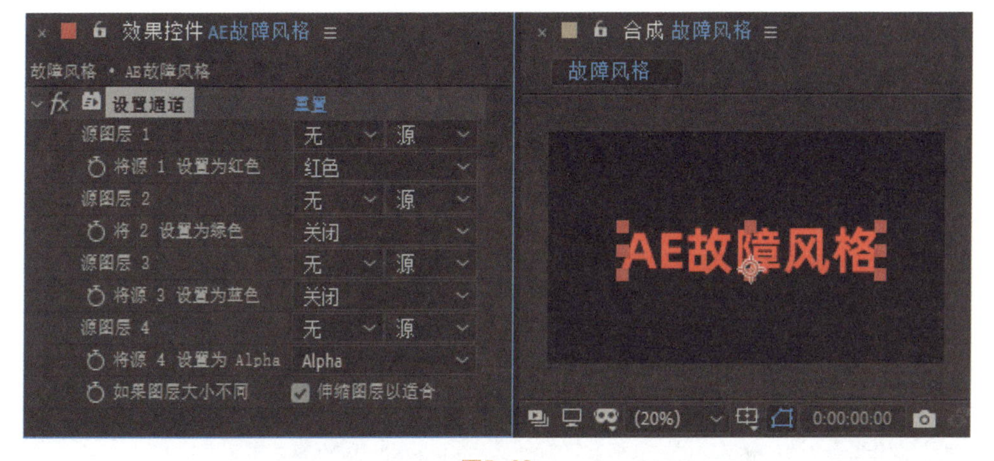

图5-98

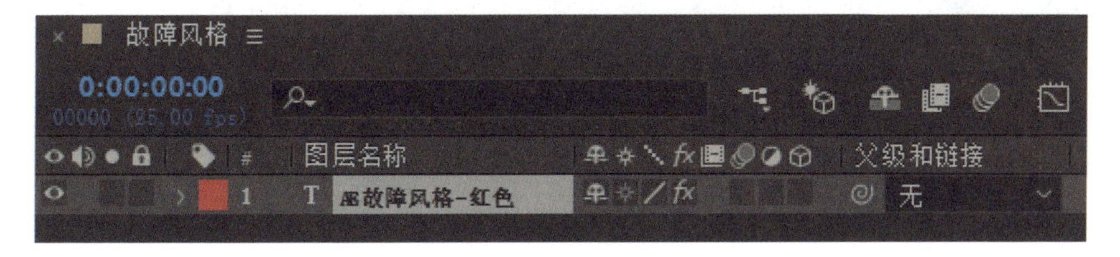

图5-99

Step 05：选择文字图层，按“Ctrl+D”组合键复制图层，将“图层名称”命名为“AE 故障风格-绿色”。选择“AE 故障风格-绿色”图层，在“效果控件”面板调整参数，“将源1设置为红色”设为“关闭”，“将2设置为绿色”设为“绿色”如图5-100所示。

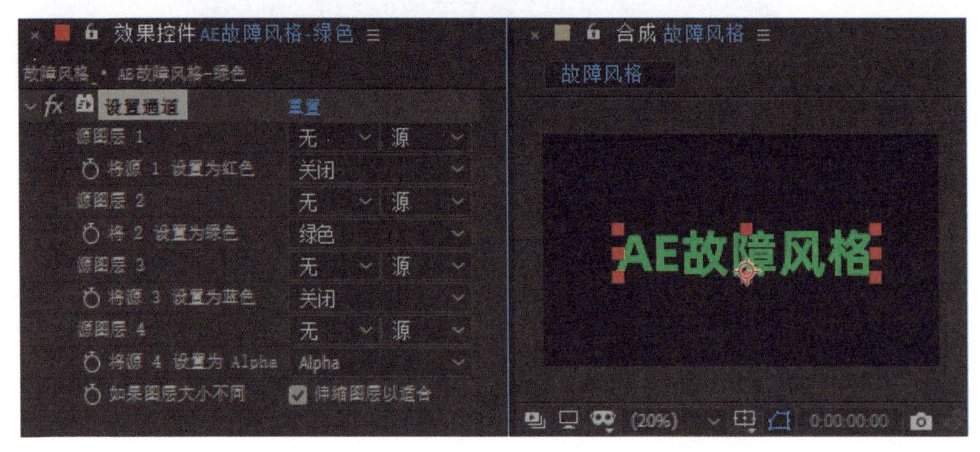

图5-100

Step 06：在时间轴选择文字图层，按“Ctrl+D”组合键复制图层，将“图层名称”命名为“AE 故障风格-蓝色”，选择“AE 故障风格-蓝色”层，在“效果控件”面板调整参数，“将源1设置为红色”选择“关闭”，“将2设为绿色”选择“关闭”，如图5-101所示。

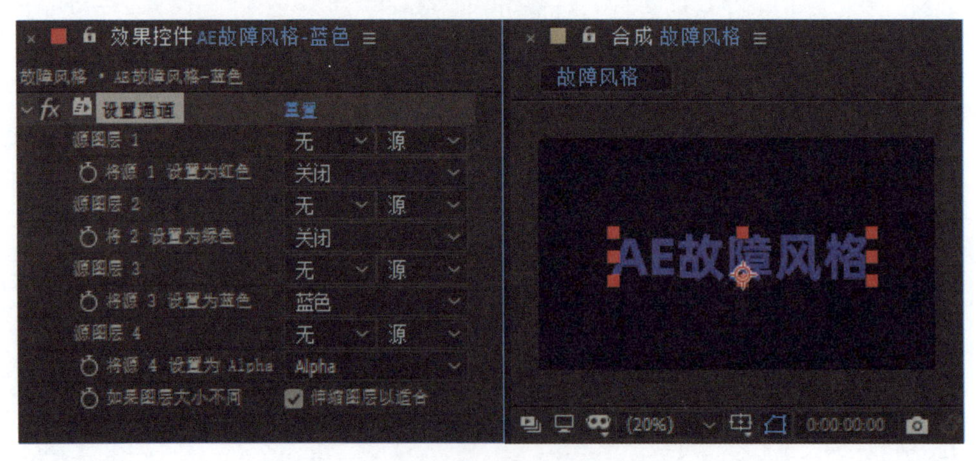

图5-101

Step 07：在“时间轴”面板选择文字图层，然后按“P”键，调整水平位置，将“模式”设为“屏幕”，如图5-102所示。“合成”面板的效果如图5-103所示。

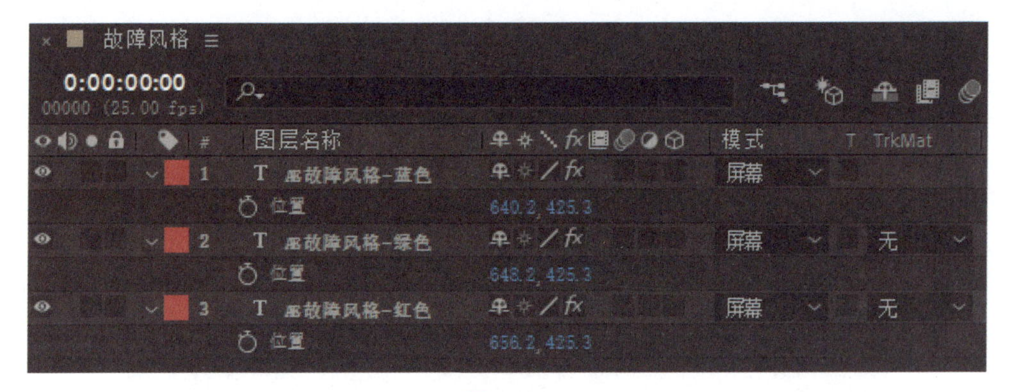

图5-102

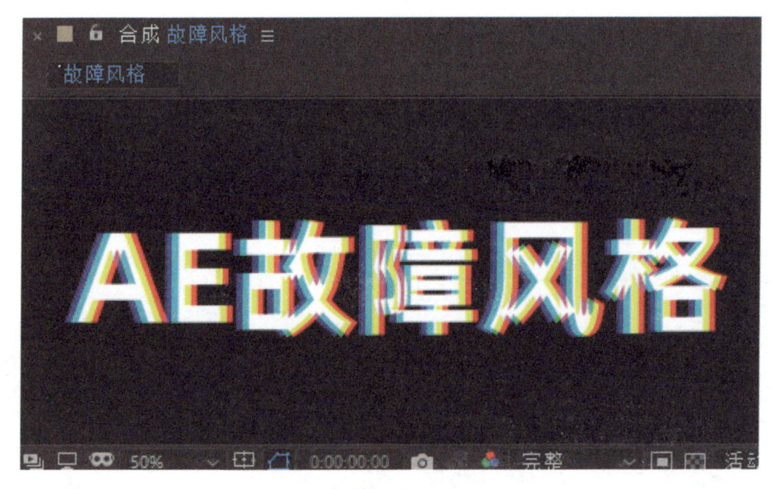

图5-103

Step 08：在“项目”面板导入“背景素材”，并将其拖动到“时间轴”面板，如图5-104所示。

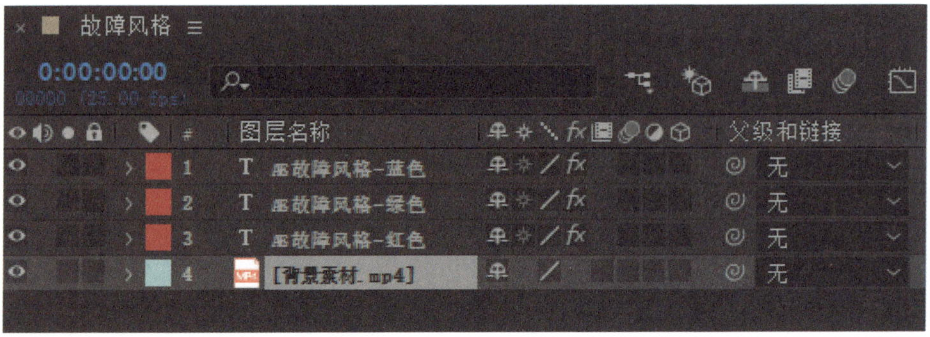

图5-104

Step 09：在“时间轴”面板上单击鼠标右键，在弹出的右键菜单中执行“新建”>“调整图层”命令，新建“调整图层 1”，并将其拖动到图层的最上面，如图5-105所示。

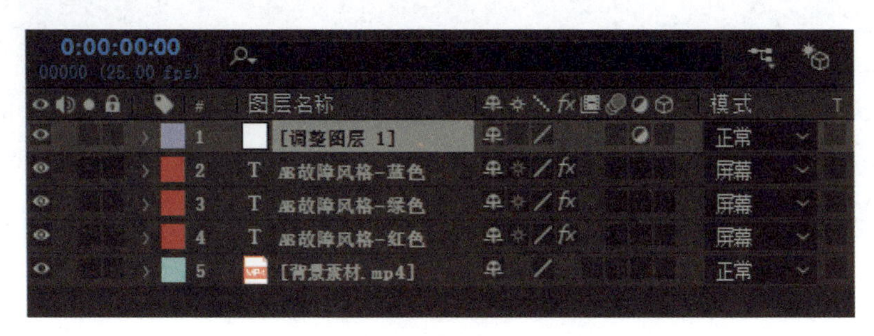

图5-105

Step 10：选择“调整图层 1”，在菜单栏中执行“效果”>“扭曲”>“置换”命令，将“置换”效果添加到该图层上，在“效果控件”面板调整参数，将“置换图层”设为“背景素材”，在时间轴上关闭“背景素材”显示，效果如图5-106所示。

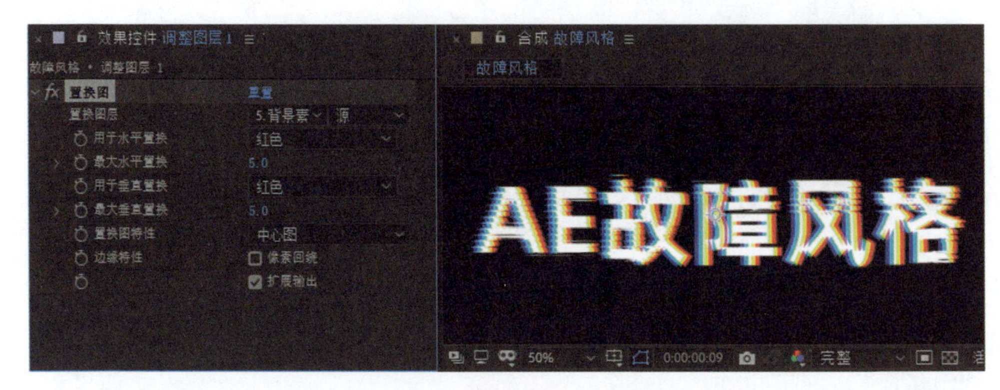

图5-106

Step 11：最后保存文件，这样就完成了故障风格文字动画的制作。这里以文字动画为案例，大家在制作过程中也可以使用视频进行制作。

第6章

B站LOGO片头视频合成

本章介绍使用After Effects软件制作LOGO片头视频、渲染视频并将视频发布到B站的方法。

6.1 LOGO片头视频

本节介绍制作一个LOGO片头视频的方法，将“持续时间”设为0:00:05:00。本案例使用了关键帧动画、合成嵌套、父子关系、摄像机、灯光、3D层等功能，LOGO片头效果如图6-1所示。

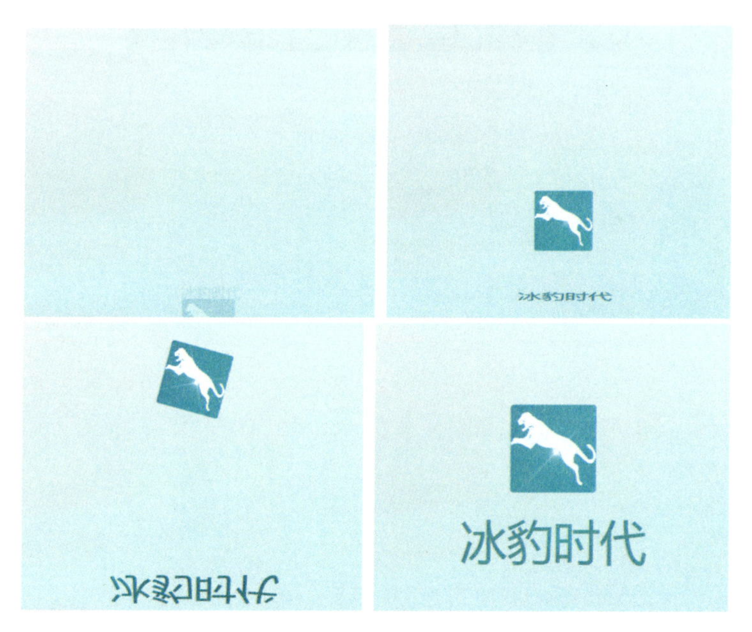

图6-1

6.1.1 合成设置

下面介绍After Effects软件的合成设置，读者可以掌握轨道蒙版遮罩、父子关系、曲线效果和模糊效果的使用方法。

Step 01：打开After Effects软件，导入素材，如图6-2所示。

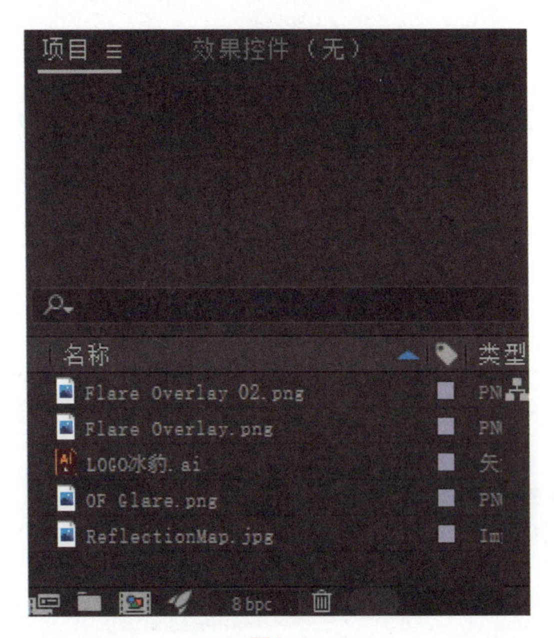

图6-2

Step 02：打开“合成设置”窗口，将“合成名称”命名为“冰豹时代片头”，“预设”设为“HDV/HDTV 720 25”，“持续时间”设为0:00:05:00，单击“确定”按钮，建立新合成，如图6-3所示。

提示：这里选择的是标清尺寸。

Step 03：在“时间轴”面板上单击鼠标右键，在弹出的右键菜单中执行“新建”>“文本”命令，将颜色设为灰色，在“合成”面板上输入文本“冰豹时代”，如图6-4所示。

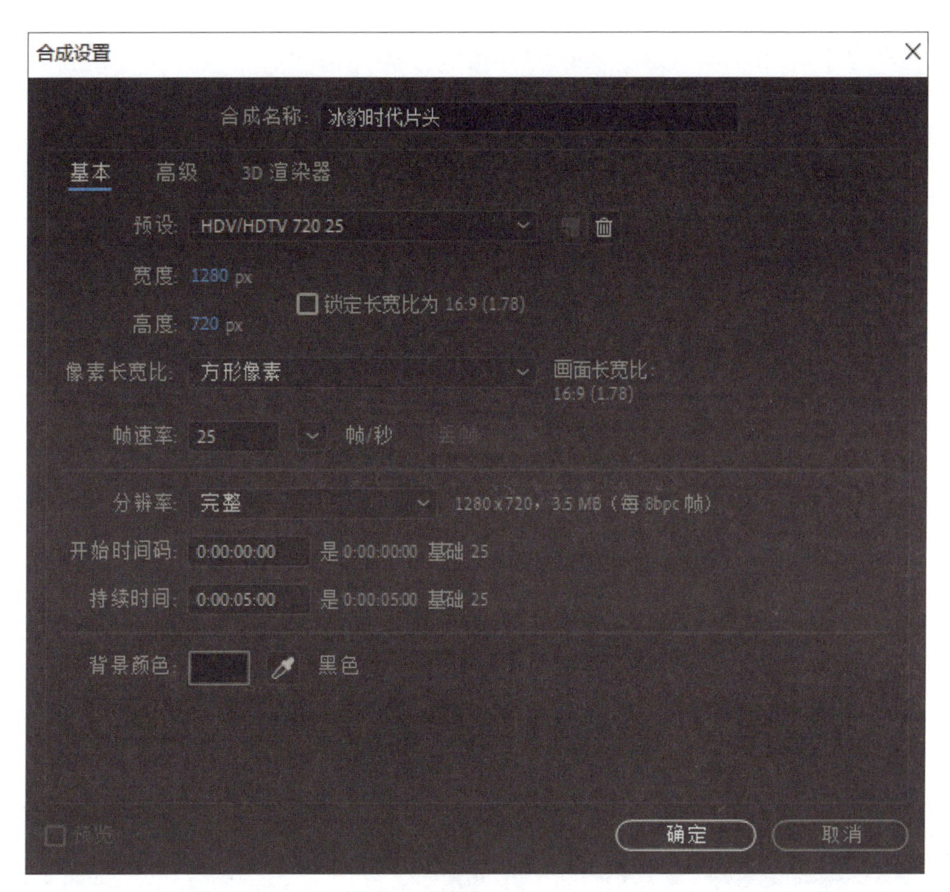
合成设置
合成名称：冰豹时代片头
基本
高级
3D 渲染器
预设：HDV/HDTV 720 25
宽度：1280 px
锁定长宽比为 16:9 (1.78)
高度：720 px
像素长宽比：方形像素
画面长宽比：
16:9 (1.78)
帧速率：25
帧/秒
分辨率：完整
1280 x 720，3.5 MB（每 8bpc 帧）
开始时间码：0:00:00:00
是 0:00:00:00 基础 25
持续时间：0:00:05:00
是 0:00:05:00 基础 25
背景颜色：
黑色
确定
取消

图6-3

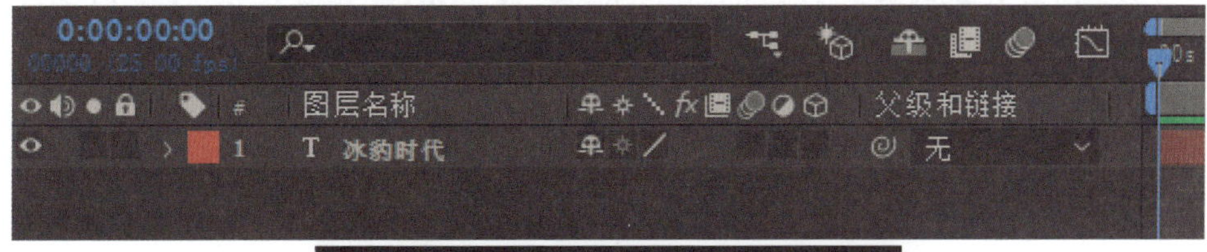
0:00:00:00
图层名称
父级和链接
1
T 冰豹时代
无

冰豹时代

图6-4

Step 04：选择文字图层，单击鼠标右键，在弹出的右键菜单中执行“预合成”命令，会弹出“预合成”窗口，在“新合成名称”中输入“文字合成”，选择“将所有属性移动到新合成”，如图6-5所示。

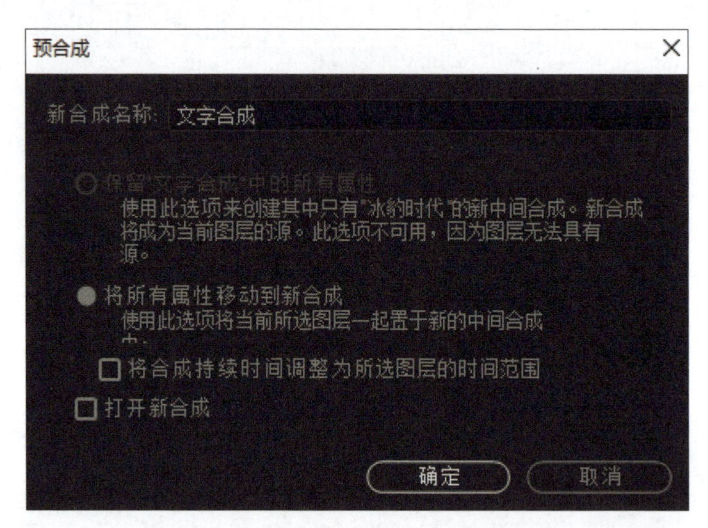

图6-5

“时间轴”面板的效果如图6-6所示。

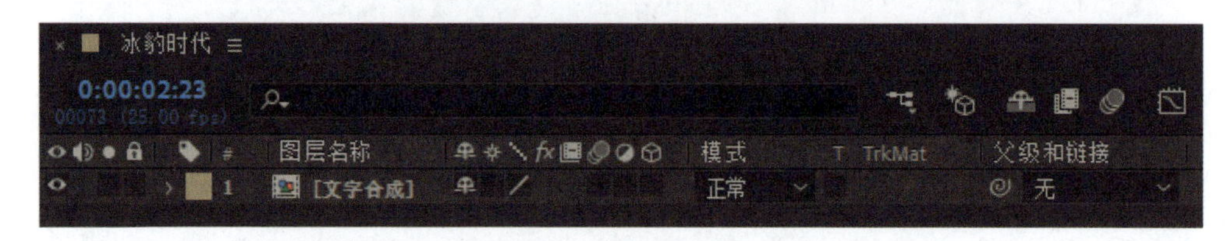

图6-6

Step 05：将“项目”面板中的LOGO素材拖动到“时间轴”面板，选择LOGO素材图层，单击鼠标右键，在弹出的右键菜单中执行“预合成”命令，将其命名为“LOGO合成”，如图6-7所示。

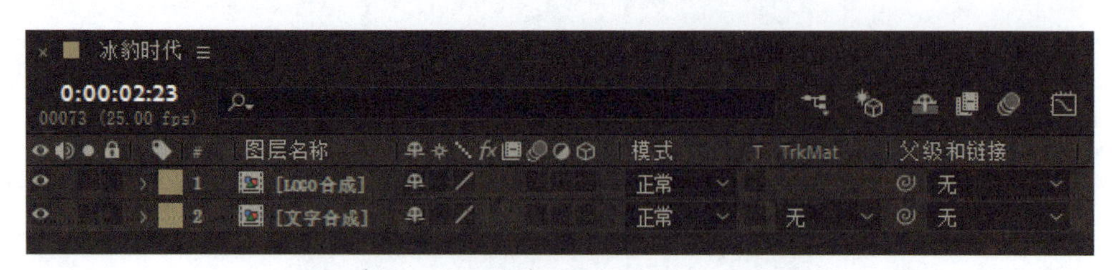

图6-7

Step 06：双击“LOGO合成”，在“LOGO合成”的“时间轴”面板中选择“LOGO冰豹”图层，按“Ctrl+D”组合键复制该图层，将“项目”面板中的反射素材拖动到“时间轴”面板，如图6-8所示。

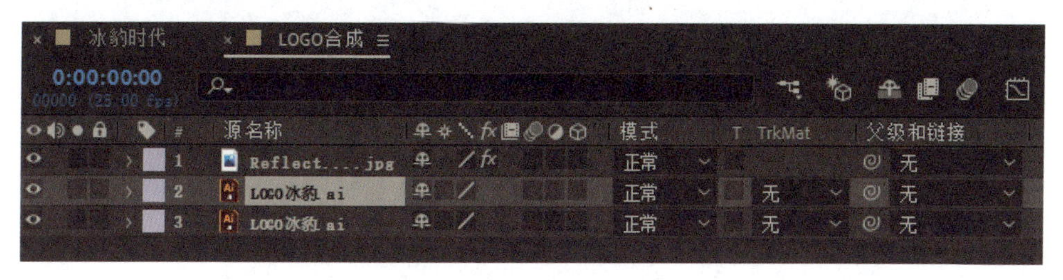

图6-8

Step 07：选择反射素材图层，依次选择“效果”>“颜色校正”>“曲线”，添加“曲线”特效，调整曲线，调整后的图片效果如图6-9所示。

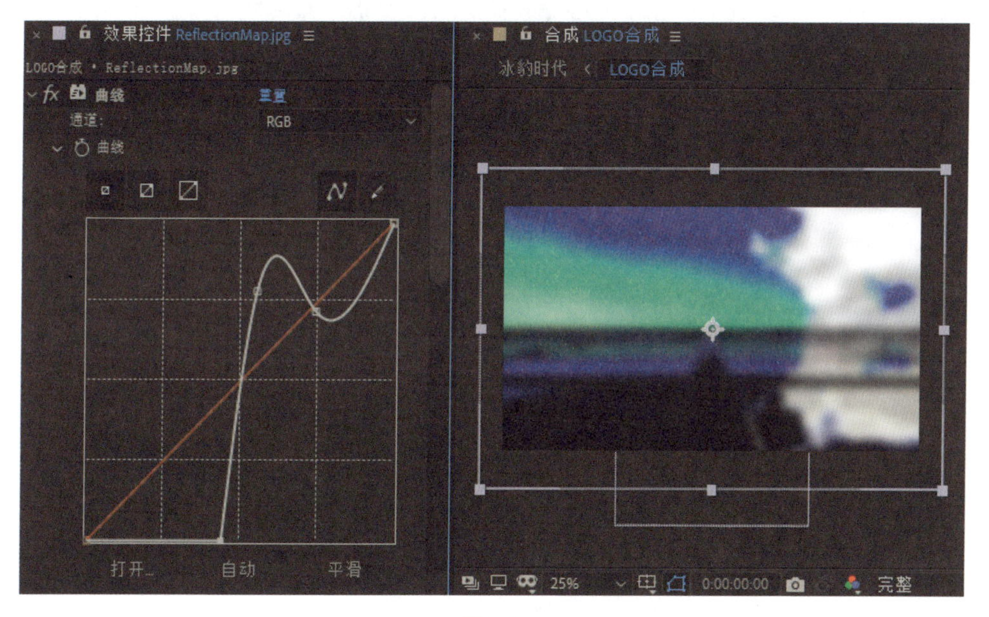

图6-9

Step 08：再添加一个“曲线”效果，调整曲线，调整后的图片效果如图6-10所示。

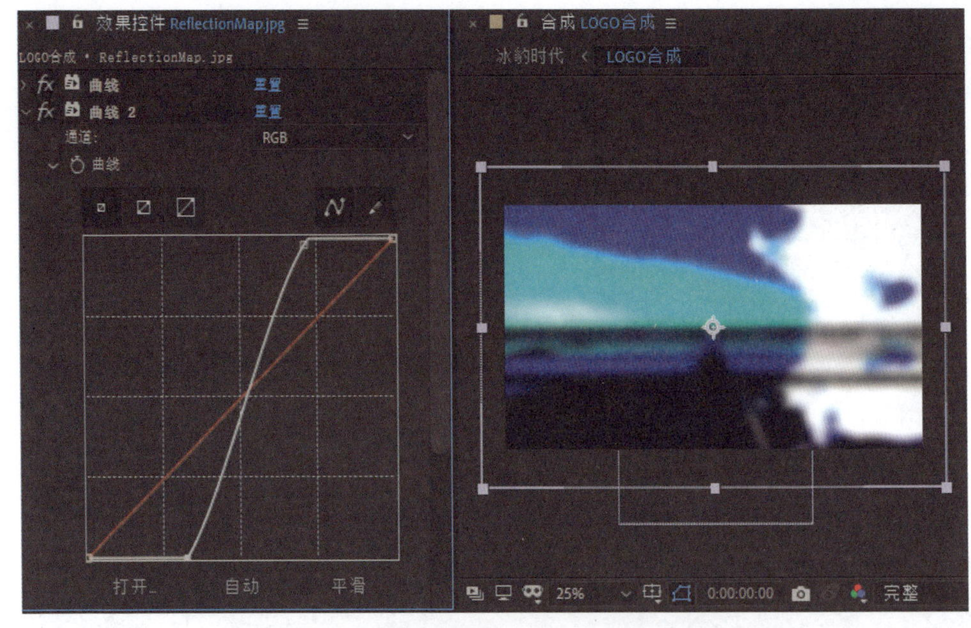

图6-10

Step 09：依次选择“过时的”>“快速模糊”，添加 “快速方框模糊”效果，将“模糊半径”设为9.0，如图6-11所示。

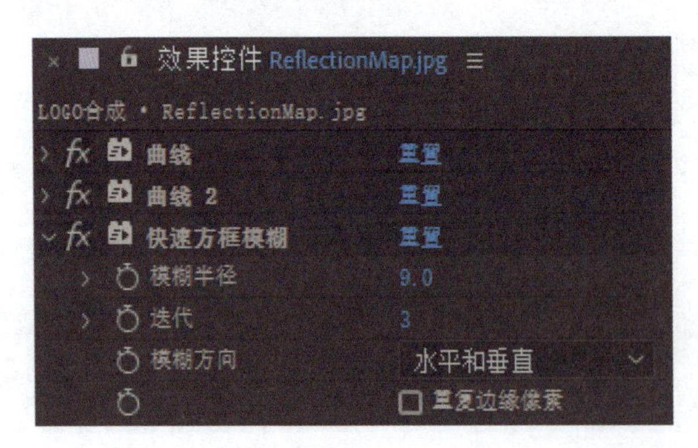

图6-11

Step 10：选择反射素材图层，按“S”键，打开“缩放”属性，将图片放大。选择“LOGO冰豹”图层，将“模式”设为“屏幕”，在“TrkMat”中选择“亮度”遮罩，如图6-12所示。

图6-12

Step 11：将光效素材拖动到“时间轴”面板，按“S”键，打开“缩放”属性，将其“数值”设为25，光效素材图层后面的“父级和链接”选择“2.LOGO合成”，效果如图6-13所示。

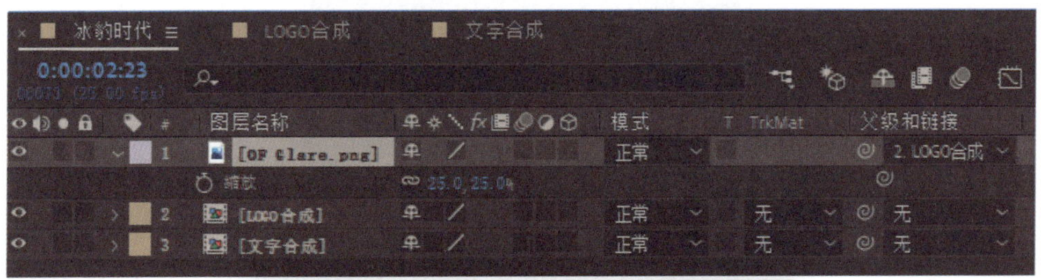

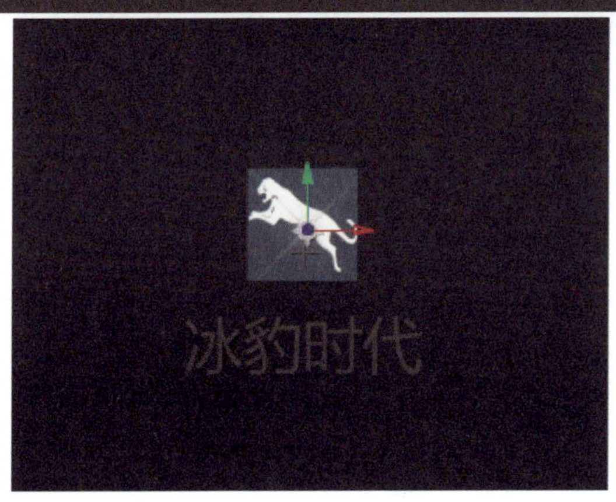

图6-13

Step 12：在“时间轴”面板上单击鼠标右键，在弹出的右键菜单中执行“新建空对象”命令，新建空对象，将其命名为“文字动画”，该图层用于控制文字动画效果。选择“文字合成”，将其后面的“父级和链接”选择“1.文字动画”。在调整“文字动画”后，“文字合成”的效果会跟着变化，将所有图层后面的“3D”图标打开（立方体图标），如图6-14所示。

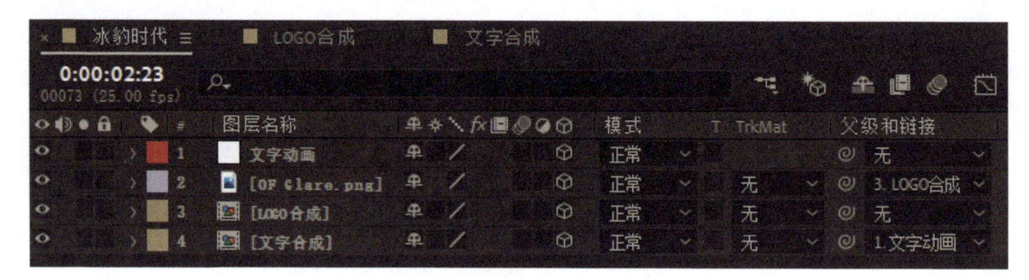

图6-14

Step 13：调整空对象的边框和文字大小，使用“向后平移工具”将空对象的中心移动到文字的中心，如图6-15所示。

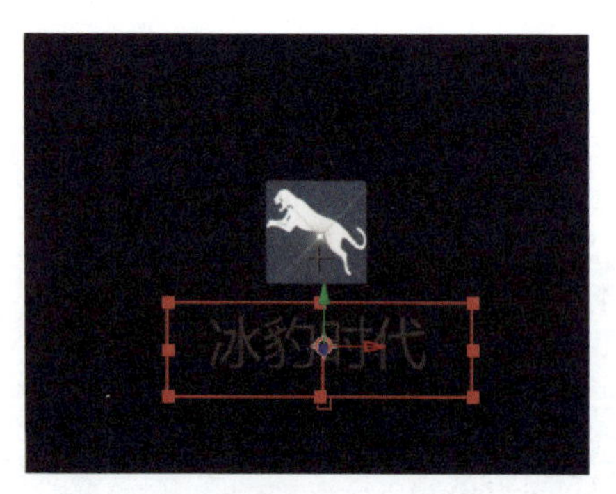

图6-15

6.1.2 设置关键帧

下面介绍使用文字图层的“位置”和“缩放”设置关键帧，制作文字动画。

Step 01：选择“文字动画”图层，按“P”键显示“位置”属性，将其设为（647,545,0），将时间线移动到0:00:00:14，单击“位置”前面的“时间变换秒表”按钮，添加关键帧，如图6-16所示。

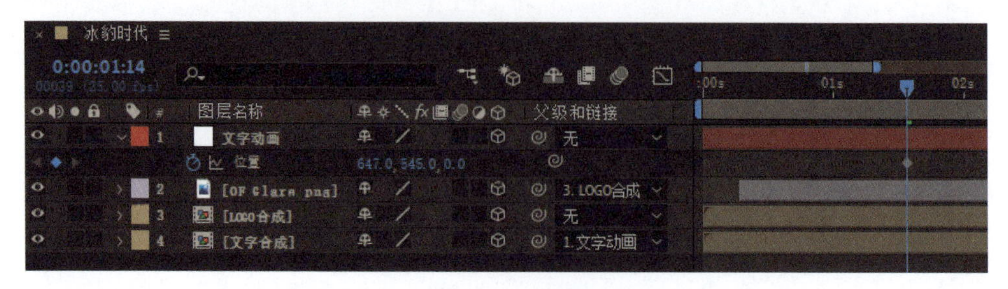

图6-16

Step 02：将时间线移动到0:00:02:08，将“位置”设为（647,470,0），自动添加关键帧，这里设置了文字的上下位移动画。

Step 03：框选两个关键帧，单击鼠标右键，在弹出的右键菜单中执行“关键帧辅助”>“缓动”命令，或者按“F9”键，这样关键帧就变成了“缓动”效果，如图6-17所示。

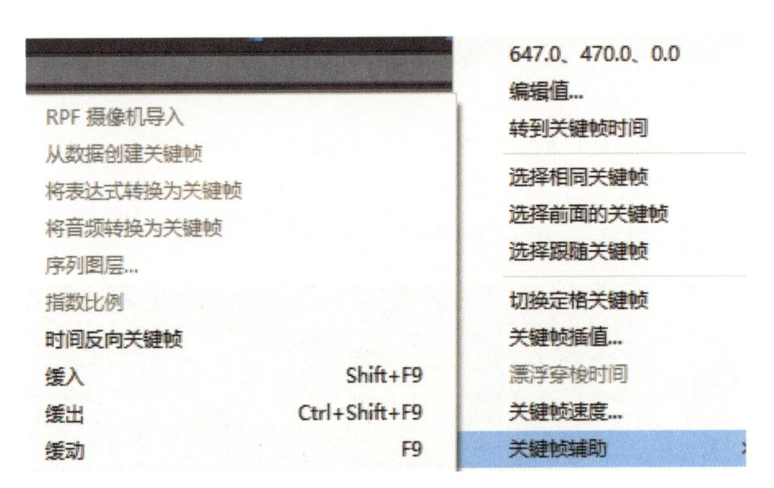

图6-17

Step 04：选择“文字动画”图层，按“S”键，将“缩放”设为（100,100,100%），将时间线移动到0:00:01:14，单击“缩放”前的“时间变换秒表”按钮，添加关键帧，如图6-18所示。

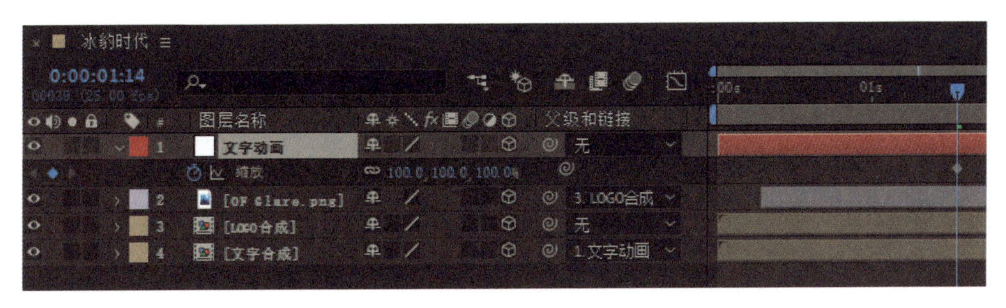

图6-18

Step 05：将时间线移动到0:00:00:16，将“缩放”设为（33,33,33%），自动添加关键帧，这里设置了文字的缩放动画。

Step 06：框选两个关键帧，单击鼠标右键，在弹出的右键菜单中执行“关键帧辅助”>“缓动”命令，这样关键帧就变成了“缓动”效果，如图6-19所示。

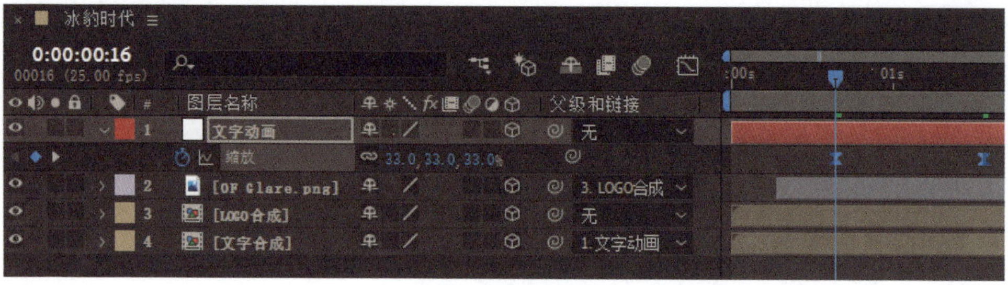

图6-19

Step 07：选择“文字动画”图层，展开“方向”属性，选择“X轴旋转”，用于设置“旋转”动画，将其参数设为（-1X,+0.0°），将时间线移动到0:00:00:16，单击其前面的 “时间变换秒表”按钮，添加关键帧，如图6-20所示。

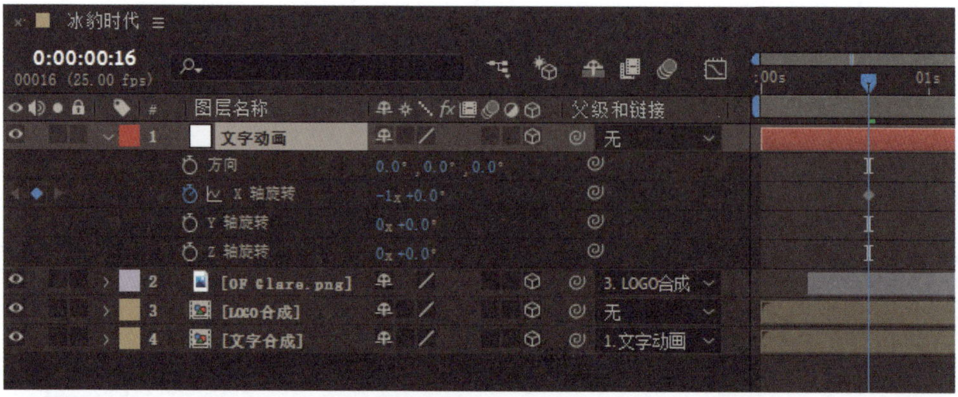

图6-20

Step 08：将时间线移动到0:00:02:00，将“X轴旋转”设为（0x,+0.0°），这里我们设置了文字的X轴旋转动画。然后框选两个关键帧，单击鼠标右键，在弹出的右键菜单中执行“关键帧辅助”>“缓动”命令，这样关键帧就变成了“缓动”效果。

Step 09：选择“文字动画”图层，按“T”键，设置文字的不透明度动画，将“不透明度”设为0%，将时间线移动到0:00:00:14，单击其前面的 “时间变换秒表”按钮，添加关键帧。

Step 10：将时间线移动到0:00:00:24，将“不透明度”设为100%，完成设置文字的不透明度动画，如图6-21所示。

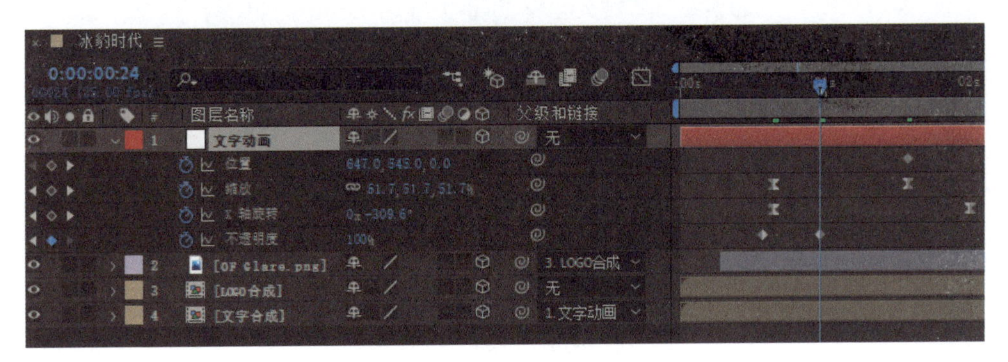

图6-21

Step 11：选择“文字合成”图层，按“T”键，展开“不透明度”，按“Alt”键，会弹出“表达式：不透明度”，单击“表达式关联器”，并将其拖动到“文字动画”图层的“不透明度”上，这样“文字合成”图层的透明效果由上面的“文字动画”图层的透明效果决定，如图6-22所示。

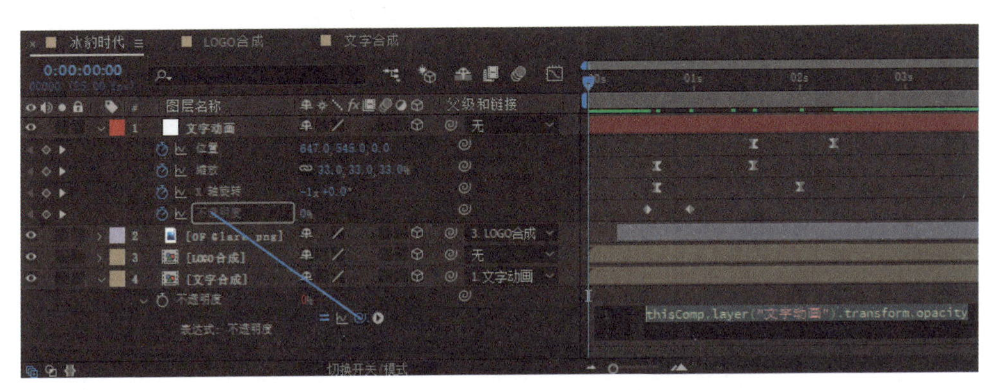

图6-22

Step 12：新建“空对象”图层，将其命名为“LOGO动画”，选择“LOGO合成”图层，将其“父级和链接”设为“1.LOGO动画”。

Step 13：选择“LOGO动画”图层，将时间线移动到0:00:00:14，将“位置”设为（643,610,0），单击“位置”前面的 “时间变换秒表”按钮，添加关键帧。将时间线移动到0:00:00:23，将“位置”设为（643,404,0），自动添加关键帧,如图6-23所示。将时间线移动到0:00:01:02，单击“在当前添加或移除关键帧”按钮。将时间线移动到0:00:01:19，将“位置”设为（643,96,0），自动添加关键帧。将时间线移动到0:00:01:23，单击“在当前添加或移除关键帧”按钮，将“位置”设为（643,325,0），自动添加关键帧。

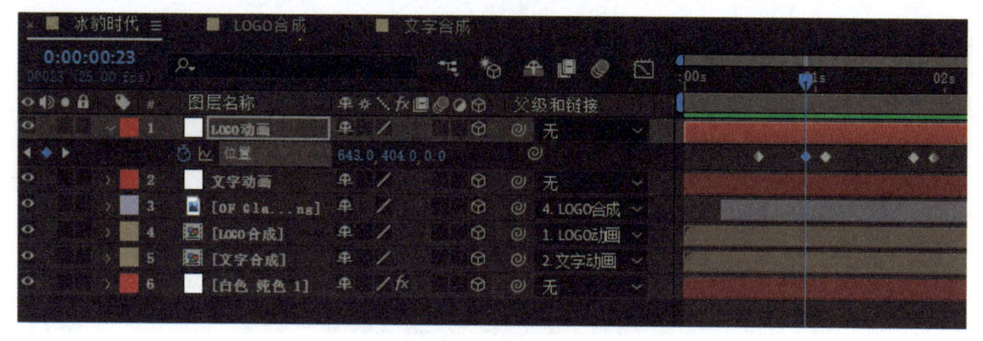

图6-23

Step 14：下面制作LOGO缩放动画，将时间线移动到0:00:00:14，将“缩放”设为（63,63,63%），单击“缩放”前面的“时间变换秒表”按钮，添加关键帧。将时间线移动到0:00:01:19，将“缩放”设为（80,80,80%）。将时间线移动到0:00:02:08，将“缩放”设为（100,100,100%）。将时间线移动到0:00:02:11，将“缩放”设为（137,137,137%）。将时间线移动到0:00:02:16，将“缩放”设为（100,100,100%）。这样就完成了添加“缩放”动画效果。

Step 15：下面制作LOGO的Z轴旋转动画，将时间线移动到0:00:01:05，将“Z轴旋转”设为（0X,+0.0°），单击其前面的“时间变换秒表”按钮，添加关键帧。将时间线移动到第0:00:01:21，将“Z轴旋转”设为（0X,+34°）。将时间线移动到0:00:02:08，将“Z轴旋转”设为（0X,+0.0°）。这样我们就完成了添加“Z轴旋转”动画效果。

Step 16：按“U”键显示所有关键帧，框选“LOGO动画”图层下面的关键帧，按“F9”键，添加“缓动”效果，如图6-24所示。

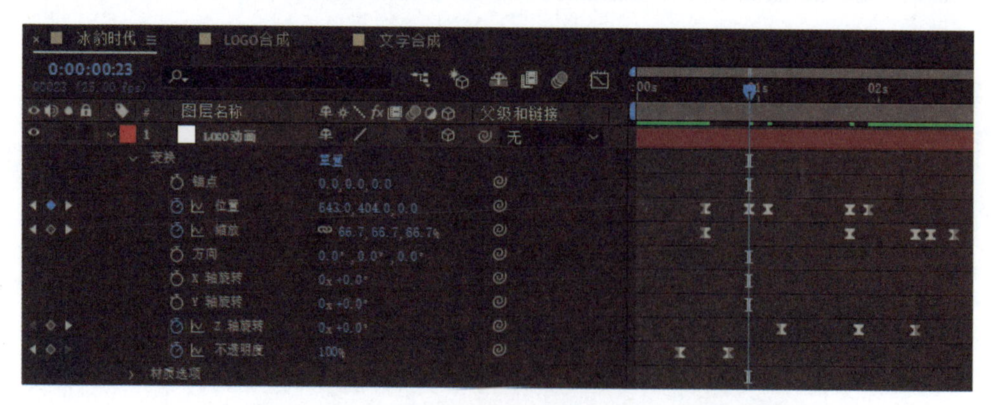

图6-24

6.2 制作背景和整体调色

下面介绍制作LOGO片头的背景和对整个视频进行调色的方法。

Step 01：在“时间轴”面板上单击鼠标右键，在弹出的右键菜单中执行“新建”>“纯色”命令，新建一个白色图层，并将其拖动到最下面，作为背景。

Step 02：选择背景图层，在菜单栏中执行“效果”>“生成”>“梯度渐变”命令，创建一个渐变效果，将“渐变起点”设为（640,0），“起始颜色”设为白色，“渐变终点”设为（656,836），“结束颜色”设为浅灰色，如图6-25所示。

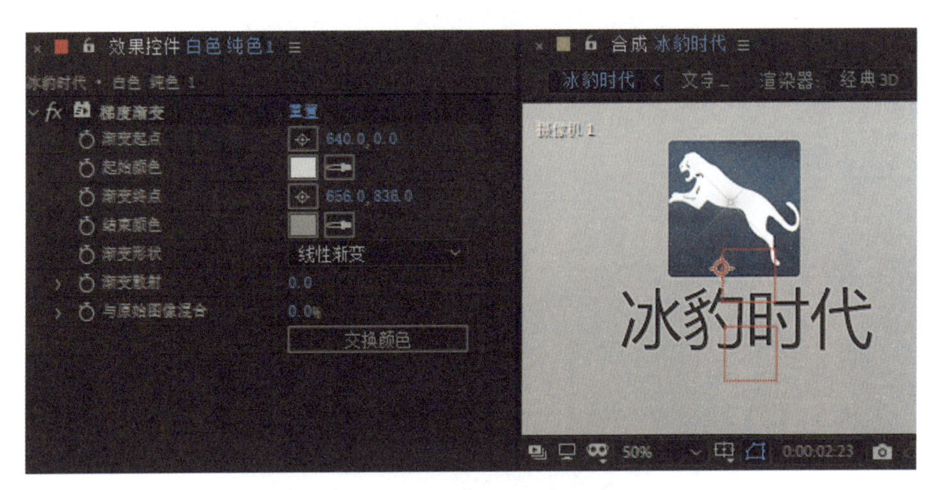

图6-25

Step 03：在“时间轴”面板上单击鼠标右键，在弹出的右键菜单中执行“新建”>“摄像机”命令，会弹出“摄像机设置”窗口，单击“确定”按钮，展开“摄像机 1”的属性，调整“位置”的Z坐标参数，将整个镜头调整到合适的位置，如图6-26所示。

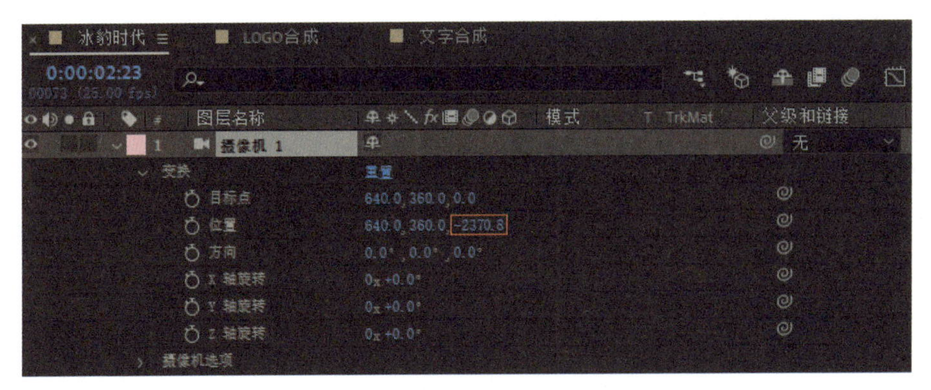

图6-26

Step 04：在“时间轴”面板上单击鼠标右键，在弹出的右键菜单中执行“新建”>“灯光”命令，会弹出“灯光设置”窗口，将“灯光类型”设为“点”光源，“强度”设为122%，单击“确定”按钮，如图6-27所示。

图6-27

Step 05：下面调整画面的整体色调，将素材“Flare Overlay”拖动到“时间轴”面板，在“时间轴”面板将模式选择“叠加”，给素材层添加特效，在菜单栏中执行“效果”>“颜色校正”>“三色调”命令，将“高光”的颜色设为白色，“中间调”的颜色设为淡蓝色，“阴影”的颜色设为黑色。

Step 06：在菜单栏中执行“效果”>“过时”>“快速模糊（旧版）”命令，将“模糊度”设为18。

Step 07：在菜单栏中执行“效果”>“杂色和颗粒”>“杂色”命令，将“杂色数量”设为4%，如图6-28所示。

Step 08：在菜单栏中执行“效果”>“颜色校正”>“曲线”命令，调整曲线，提高颜色亮度，效果如图6-29所示。

图6-28

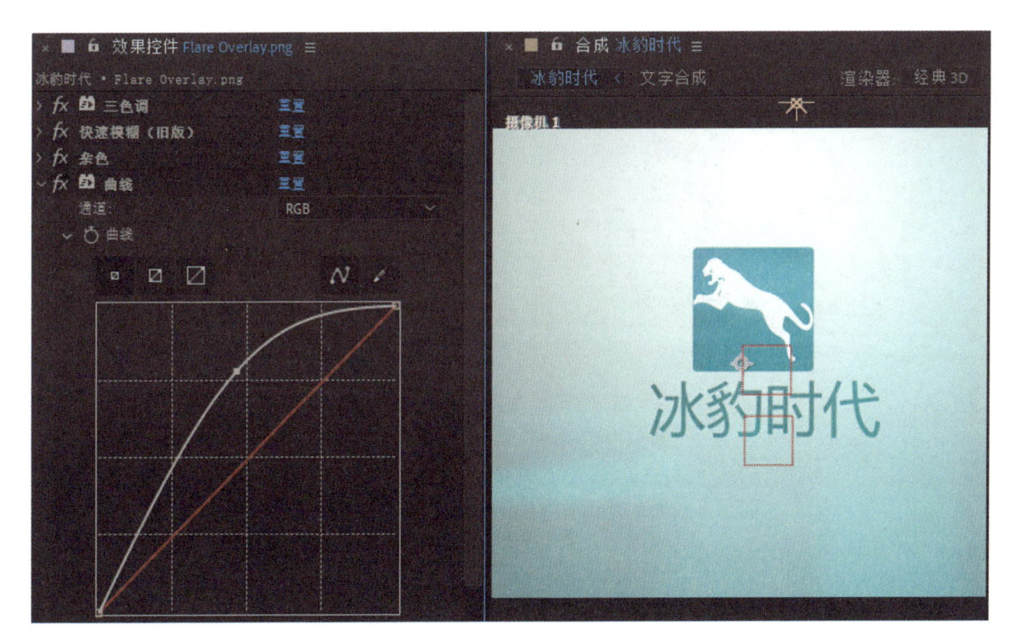

图6-29

Step 09：在“时间轴”面板上单击鼠标右键，在弹出的右键菜单中执行“新建”>“调整图层”命令，创建一个“调整图层 1”，如图6-30所示。

Step 10：在菜单栏中执行“效果”>“模糊锐化”>“锐化”命令，将“锐化量”设为50，如图6-31所示。

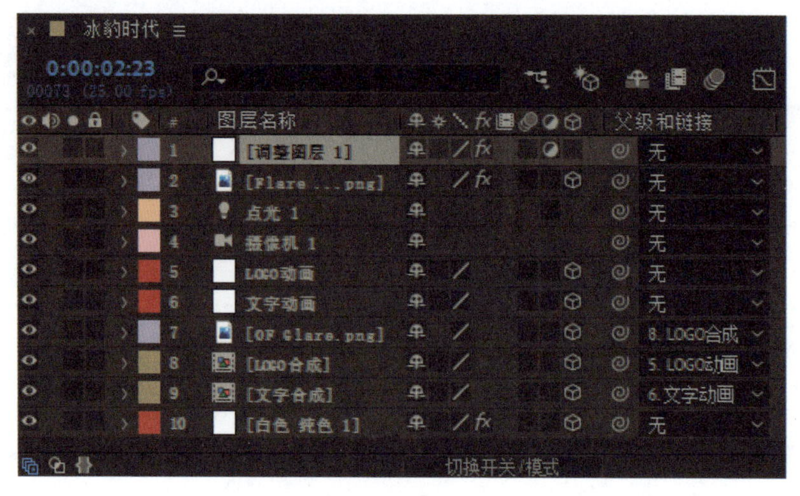

图6-30

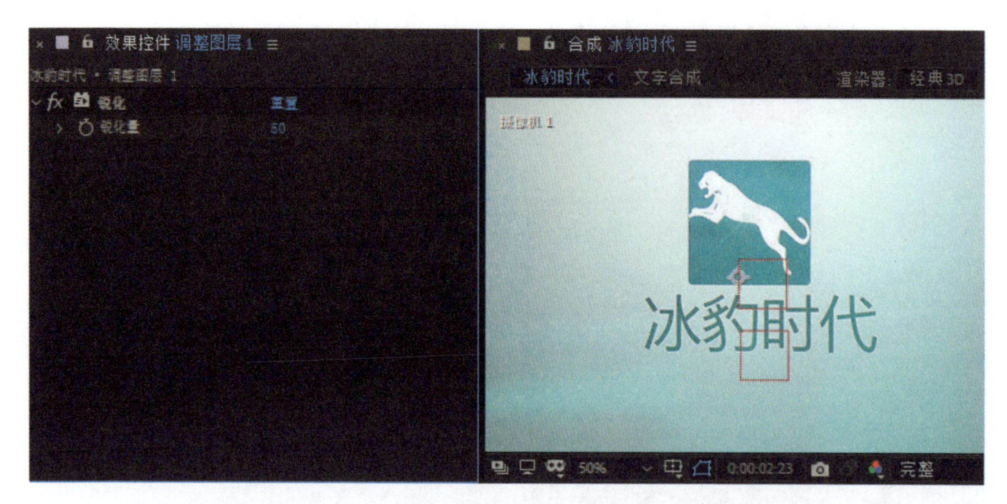

图6-31

Step 10：将音频拖动到“时间轴”面板，按空格键播放视频，查看动画效果。

6.3　渲染视频

下面介绍渲染6.2节制作的视频的方法。

Step 01：在菜单栏中执行“合成”>“添加到Adobe Media Encoder队列”命令，会弹出“Adobe Media Encoder 2020”界面，如图6-32所示。

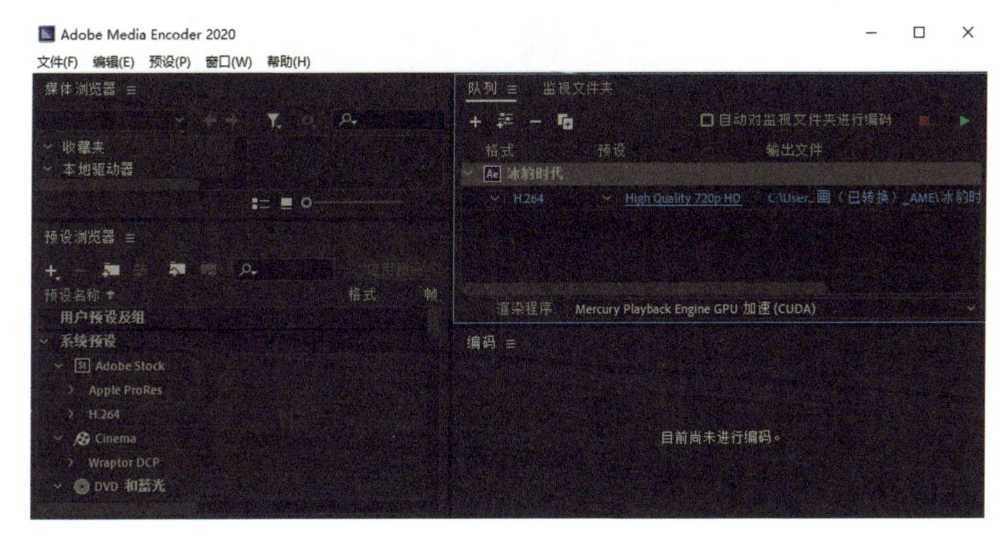

图6-32

Step 02：单击“H.264”，会弹出“导出设置”窗口，在“导出设置”中将“格式”设为H.264，“输出名称”用于设置保存文件的名称和位置，最后单击“确定”按钮，如图6-33所示。

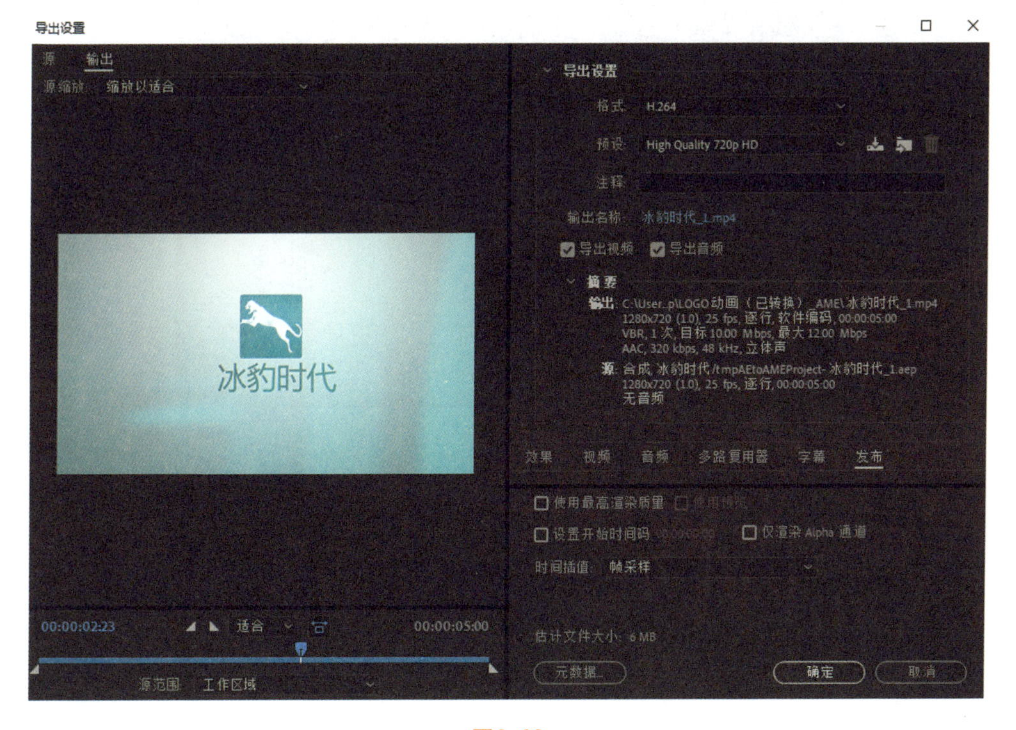

图6-33

Step 03：在“队列”面板上单击 “启动队列”按钮，如图6-34所示。

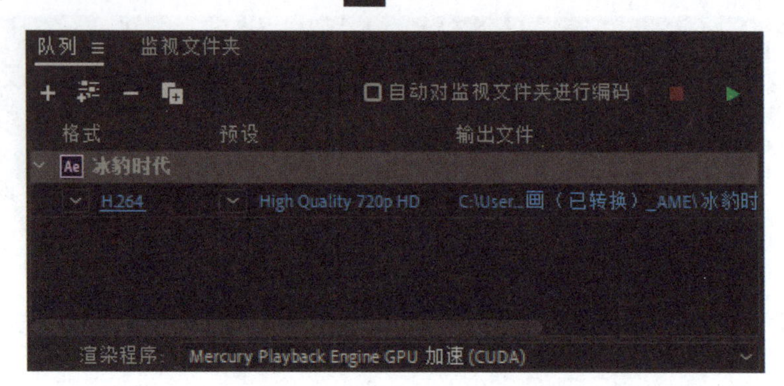

图6-34

Step 04：启动队列后，开始对视频进行渲染，如图6-35所示。

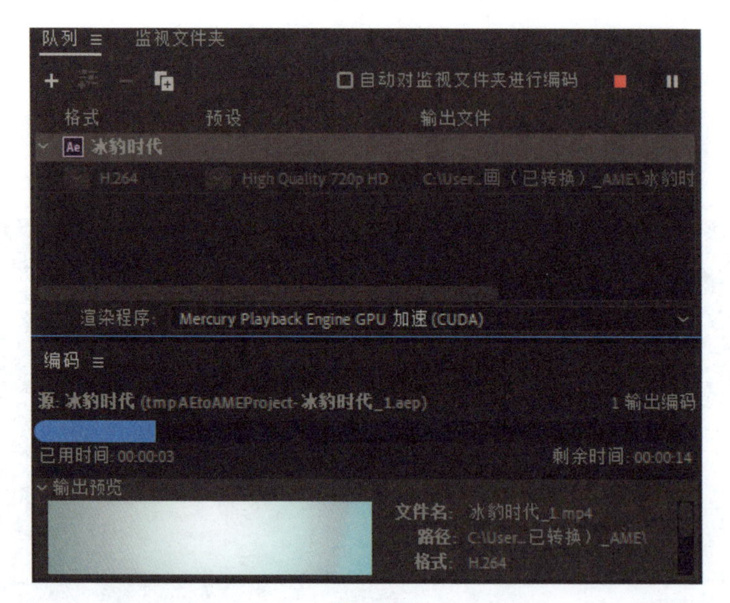

图6-35

渲染完成后，按空格键播放视频。至此，就完成了LOGO片头视频的制作。

6.4　将视频发布到B站

本节介绍将视频发布到B站的方法。

Step 01：打开B站的创作中心，单击“投稿”按钮，进入视频投稿页面，如图6-36所示。

图6-36

Step 02：单击“上传视频”按钮，然后选择视频，如图6-37所示。

图6-37

Step 03：设置视频的标题、分区、标签，设置好后单击“立即投稿”按钮。发布之后即可进入手机端的B站播放视频，效果如图6-38所示。

图6-38

第7章

京东网店主图视频制作

本章介绍使用After Effect软件制作主图视频，然后通过“Adobe Media Encoder”插件渲染视频，最后将视频发布到京东网店。

7.1 主图视频合成

本节介绍主图视频合成的方法。主图视频要求概括如下:

（1）发布主图视频后可同时在手机端和PC端的主图视频位置展现，无须分开发布。

（2）时长：≤60秒，建议9~30秒。

（3）尺寸：建议1：1，方便买家在主图视频位置观看。

（4）内容：突出商品的1~2个核心卖点，不建议电子相册式的图片翻页视频。

下面我们来学习制作钱包的主图视频案例，以下是提前拍摄好的素材，包括2个视频素材和5张图片素材，如图7-1所示。

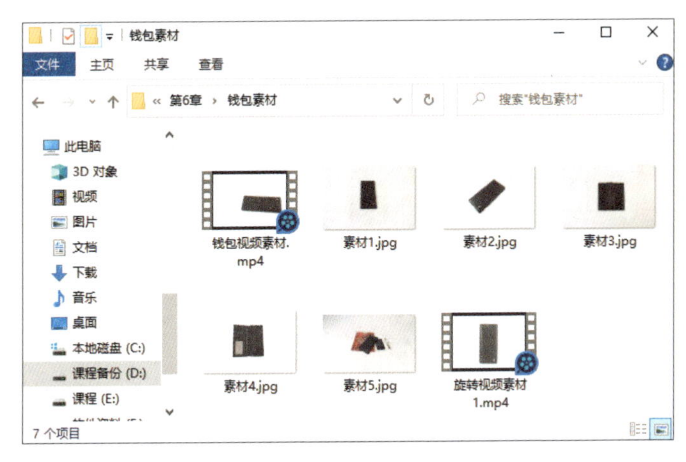

图7-1

镜头动画如图7-2所示。

图7-2

7.1.1 图片动画

下面介绍图片动画的制作方法，这里使用了4张图片素材制作动画效果。After Effects软件没有剪辑工具，这里使用了“拆分图层”命令，将一段素材拆分为两段，以达到剪辑的效果。

Step 01：打开After Effects软件，在“项目”面板上单击鼠标右键，在弹出的右键菜单中执行“导入”>“文件”命令，会弹出“文件夹”窗口，框选素材并将其导入，如图7-3所示。

提示： 导入素材时，在这里我们不需要勾选“序列图片”。

Step 02：在菜单栏中执行“合成”>“新建合成”命令，会弹出“合成设置”窗口，在“合成名称”中输入“镜头动画1”，将“预设”设为“自定义”，不勾选“锁定像素比为1：1（1.00）”复选框，将“宽度”和“高度”都设为800px，“持续时间”设为00:00:20:00，单击“确定”按钮，创建第一个合成，如图7-4所示。

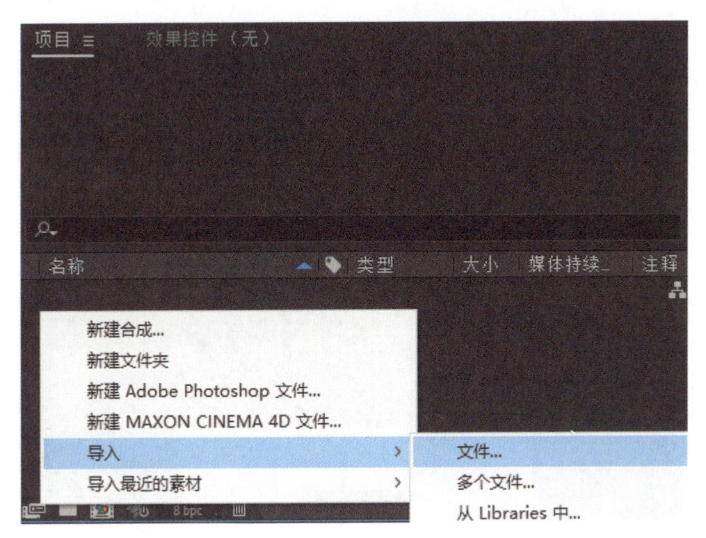
项目
效果控件（无）
名称
类型
大小
媒体持续
注释
新建合成...
新建文件夹
新建 Adobe Photoshop 文件...
新建 MAXON CINEMA 4D 文件...
导入
导入最近的素材
文件...
多个文件...
从 Libraries 中...

图7-3

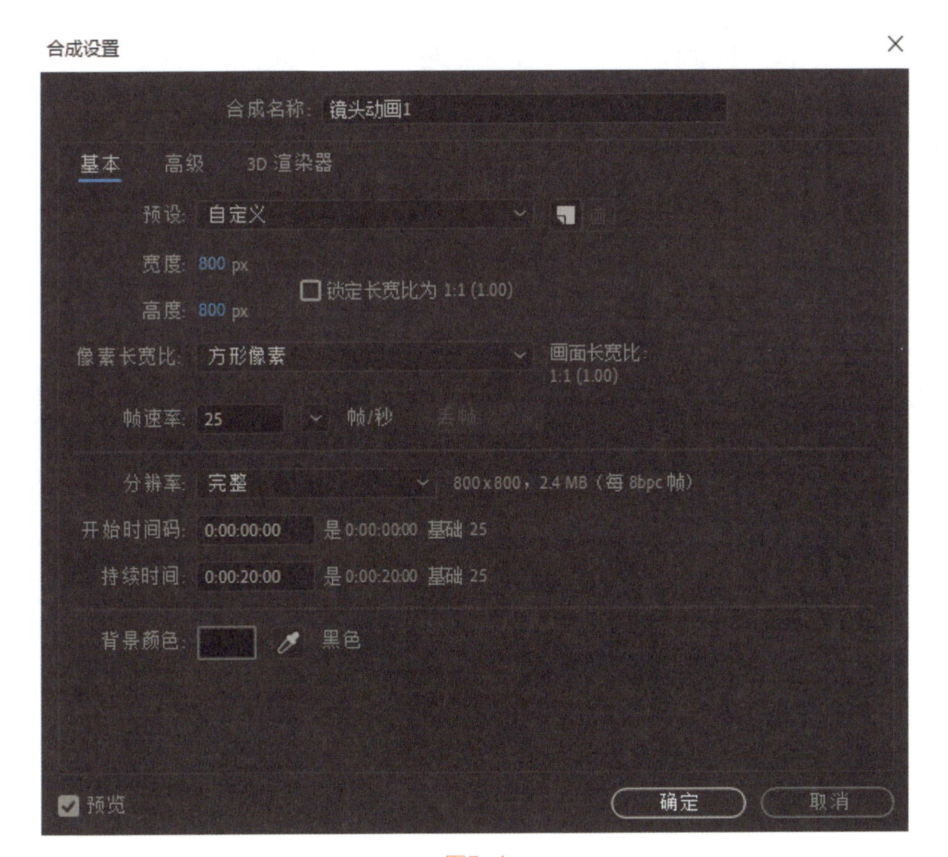
合成设置
合成名称：镜头动画1
基本
高级
3D 渲染器
预设：自定义
宽度：800 px
高度：800 px
锁定长宽比为 1:1 (1.00)
像素长宽比：方形像素
画面长宽比：
1:1 (1.00)
帧速率：25
帧/秒
分辨率：完整
800 x 800，2.4 MB（每 8bpc 帧）
开始时间码：0:00:00:00
是 0:00:00:00 基础 25
持续时间：0:00:20:00
是 0:00:20:00 基础 25
背景颜色：
黑色
预览
确定
取消

图7-4

Step 03：将“素材1”拖动到“时间轴”面板，选择“素材1”图层，按“S”键，打开“缩放”属性，将“缩放”设为50，使图片可以在“合成”面板中显示出来。

Step 04：下面制作图片动画，共需要4张图片素材，每张图片素材的动画时间是5秒。将时间线拖动到0:00:05:00，在菜单栏中执行“编辑”>“拆分图层”命令，将“素材1”图层拆分为2个图层，“合成”面板如图7-5所示，“时间轴”面板如图7-6所示。

图7-5

图7-6

Step 05：拆分后的2个图层，一个图层（图层2）的时间是0秒到5秒，另一个图层（图层1）的时间是5秒到20秒。选中图层1，按“Delete”键删除。这时，在时间轴上就只有一个图层，如图7-7所示。

图7-7

提示：#表示编号，每个图层前面都有个编号，最上面的编号是1，我们可以将其称为图层1，下面的图层按编号顺序排列。

Step 06：将“素材2”拖动到“时间轴”面板，将“素材2”的轨道拖动到0:00:05:00，这样“素材2”的播放时间从0:00:05:00开始，如图7-8所示。

图7-8

将时间线移动到0:00:10:00，选择“素材2”图层，在菜单栏中执行“编辑”>“拆分图层”命令，对“素材2”图层进行拆分，选择后面的一段并进行删除。

Step 07：将“素材3”拖动到“时间轴”面板，将“素材3”图层的轨道拖动到0:00:10:00，这样“素材3”的播放时间从0:00:10:00开始，如图7-9所示。

Step 08：将时间线移动到0:00:15:00，选择“素材3”图层，在菜单栏中执行“编辑”>“拆分图层”命令，将“素材3”图层拆分为2个图层，将时间为第15秒到20秒的图层删除。

图7-9

Step 09：将“素材4”拖动到“时间轴”窗口，将“素材4”图层的轨道拖动到0:00:15:00，这样“素材4”的播放时间从0:00:15:00开始，如图7-10所示。

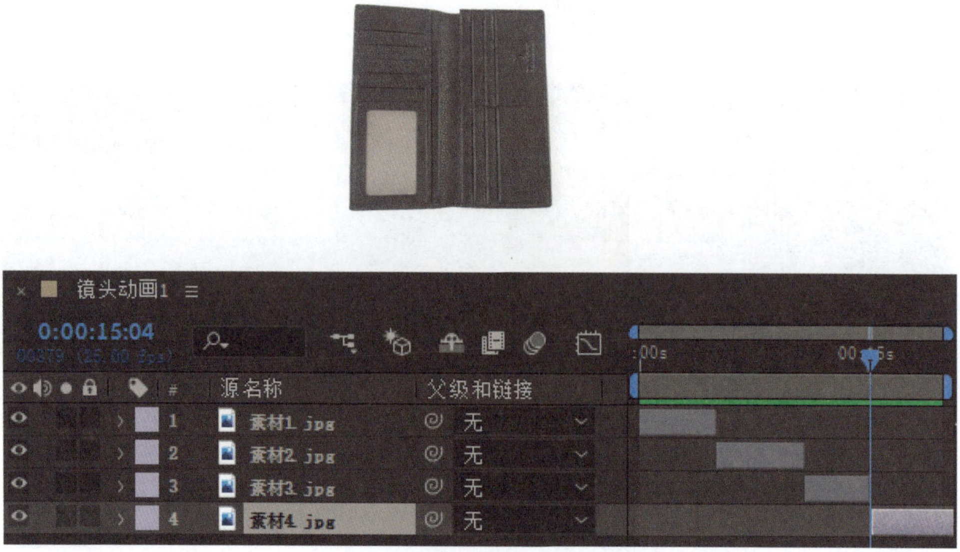

图7-10

至此，就完成了图片动画，按空格键播放动画，可以看到4张图片按顺序进行切换。

7.1.2 关键帧动画

下面使用After Effects软件制作关键帧动画，并为上文的4个素材图层分别制作动画效果。

1. 制作“素材1”动画

Step 01：选择“素材1”图层，单击编号前的“>”按钮，展开属性，如图7-11所示。

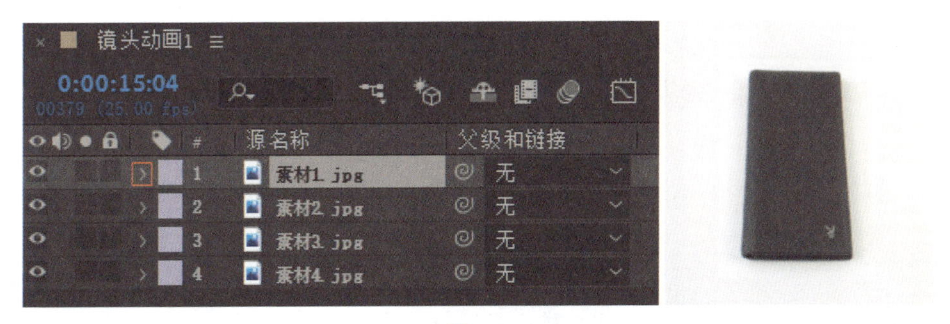

图7-11

Step 02：在“素材1”图层上选择“缩放”属性，将时间线移动到开始帧，将“缩放”设为（53,53%），单击“缩放”前的 “时间变换秒表”按钮，添加关键帧，如图7-12所示。

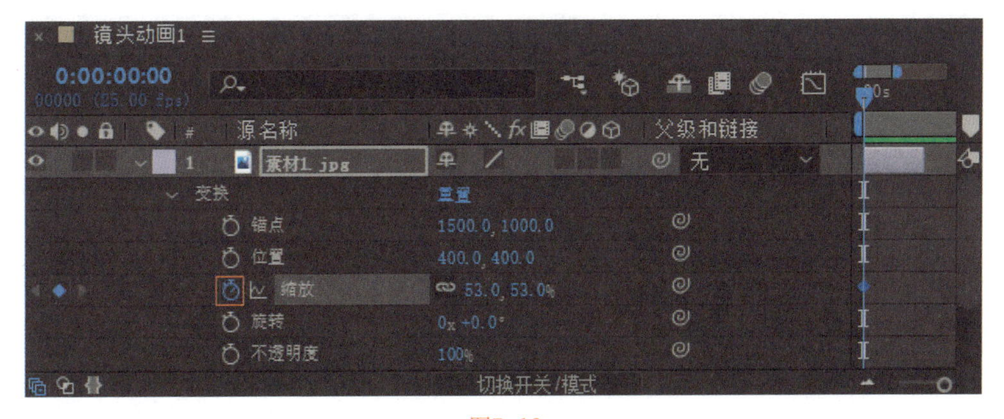

图7-12

Step 03：将时间线移动到0:00:04:20，将“缩放”设为（57,57%），自添加关键帧，这样就制作了“素材1”的缩放动画，如图7-13所示。

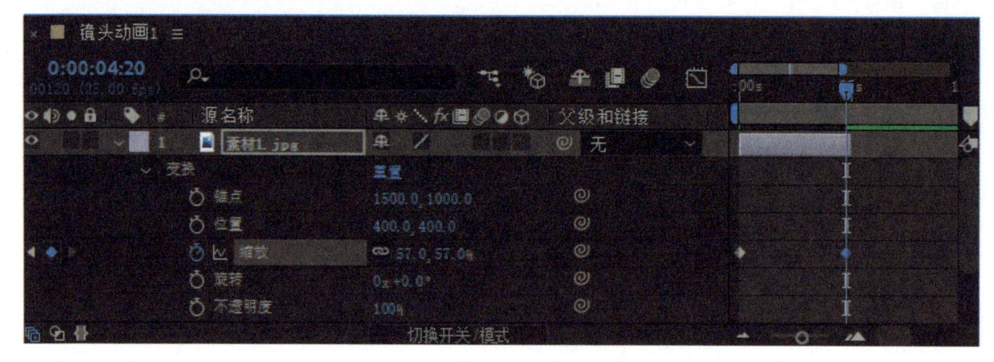

图7-13

2. 制作“素材2”动画

Step 01：选择“素材2”图层，按“P”键展开其“位置”属性，将“位置”设为（109,392），如图7-14所示。

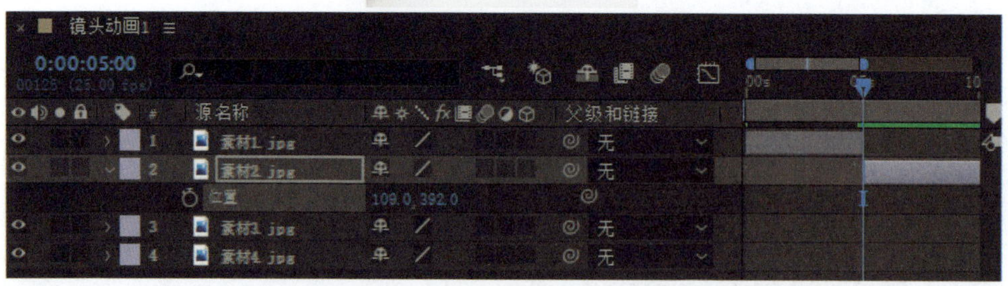

图7-14

Step 02：将时间线移动到0:00:05:00，单击“位置”前的 “时间变换秒表”按钮，添加关键帧，将时间线移动到0:00:10:00，将“位置”设为（308,385），调整移动动画，如图7-15所示。

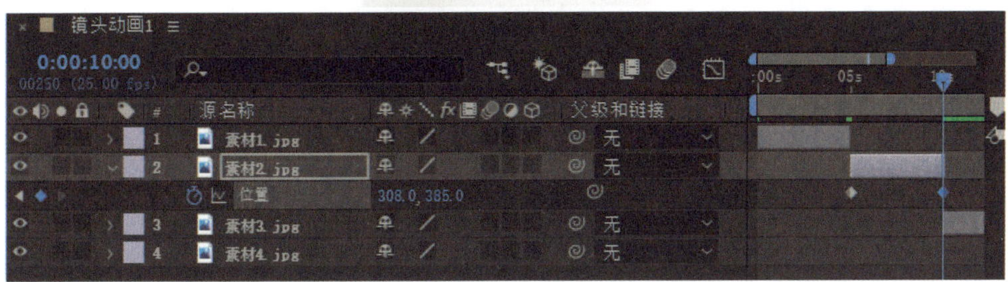

图7-15

Step 03：选择“素材2”图层，按“S”键展开其“缩放”属性，将时间线移动到0:00:05:00，将“缩放”设为（88,88%），单击“缩放”前的⏱“时间变换秒表”按钮，添加关键帧。将时间线移动到0:00:10:00，将“缩放”设为（59,59%），即缩放到终点位置，如图7-16所示。

图7-16

按空格键，播放视频，可以看到钱包以均匀的速度进行移动。

3. 制作“素材3”动画

Step 01：选择“素材3”图层，按“P”键展开其“位置”属性，将“位置”设为（298,395），如图7-17所示。

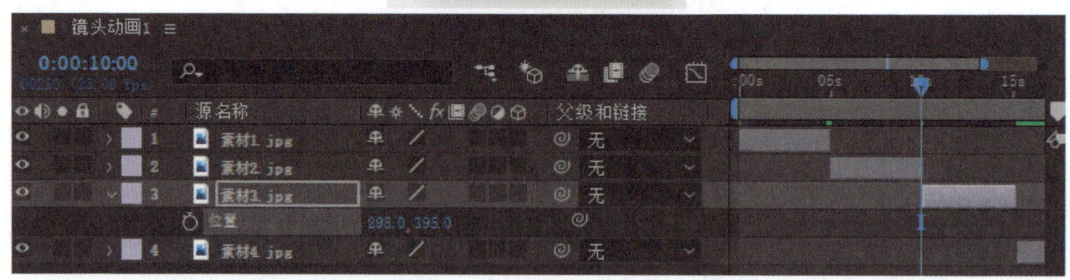

图7-17

Step 02：选择“素材3”图层，按“S”键展开其“缩放”属性，将“缩放”设为（57,57%），将时间线移动到0:00:10:00，单击“缩放”前的“时间变换秒表”按钮，添加关键帧，从0:00:10:00开始缩放。将时间线移动到0:00:15:00，将“缩放”设为（47,47%），即缩放到终点位置，如图7-18所示。

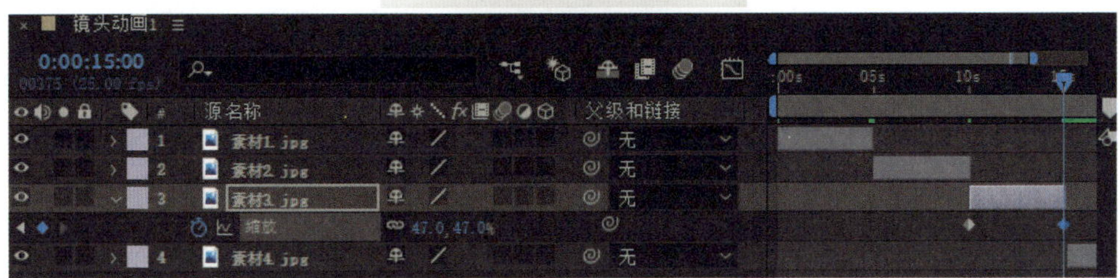

图7-18

4. 制作“素材4”动画

Step 01：选择“素材4”图层，按“S”键展开其“缩放”属性，将“缩放”设为（52,52%），如图7-19所示。

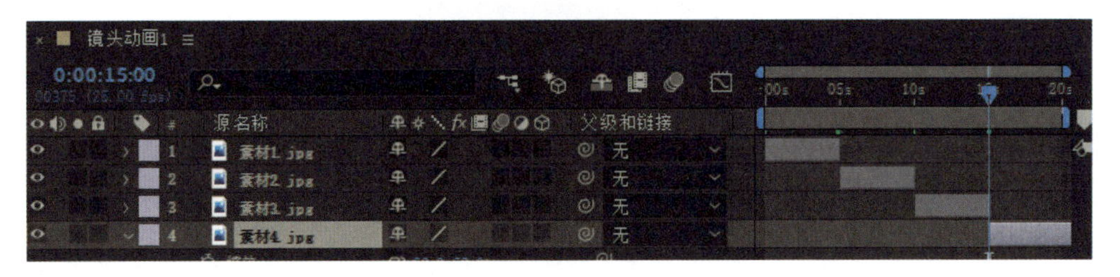

图7-19

Step 02：选择“素材4”图层，按“P”键展开其“位置”属性，将“位置”

设为（262,376），将时间线移动到0:00:15:00，单击“位置”前的“时间变换秒表”按钮，添加关键帧，如图7-20所示。将时间线移动到0:00:20:00，将“位置”设为（397,369）。

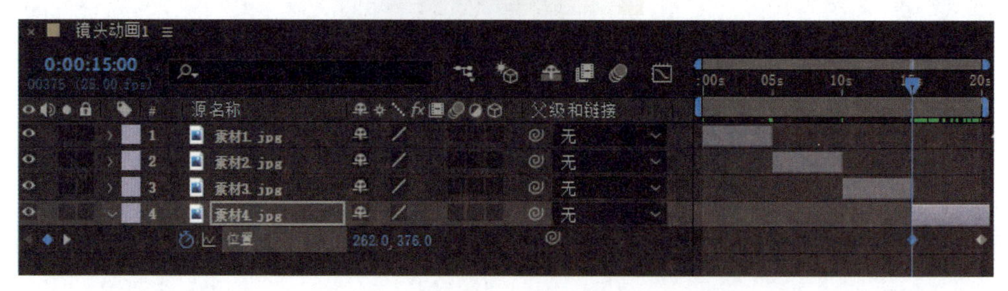

图7-20

按空格键播放视频，此时在“合成”面板中，可以看到4个素材动画按顺序进行播放。至此，我们就完成了第一个镜头的图片动画效果。

7.1.3 文字动画

下面制作文字动画，给第一个镜头添加文字。

1. 文字动画1

Step 01：在菜单栏中执行“图层”>“新建”>“文本”命令，新建一个文本图层。在“合成”面板中输入文字“高档牛皮 长款钱包”。

Step 02：在“字符”面板，将字体设为阿里巴巴普惠体，字体大小设为57像素。使用“移动工具”将文本移动到画面右下角，如图7-21所示。

Step 03：将鼠标指针移动到文本图层的时间轴上，在最右边单击时间轴轨道的边缘，按下鼠标左键可以拖动时间轴轨道，我们将其拖动到0:00:04:00，这样也起到剪辑的作用，如图7-22所示。

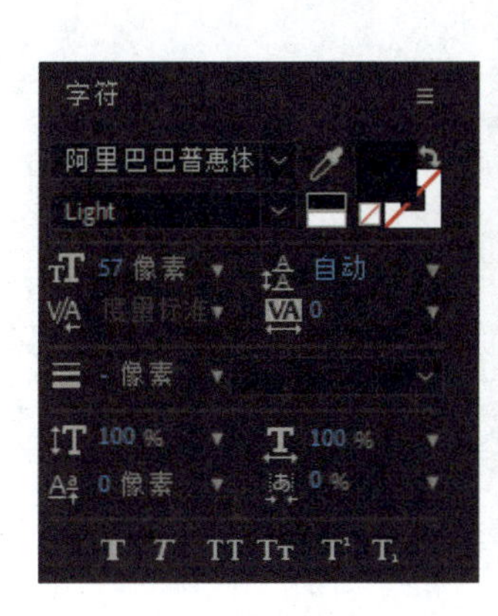

图7-21

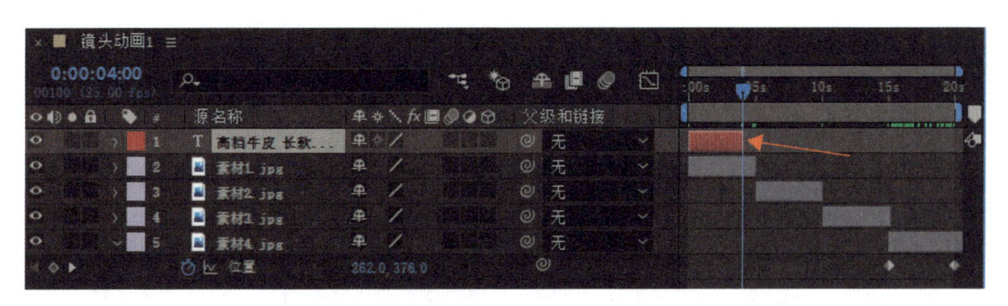

图7-22

Step 04：下面制作文字动画，选择文本图层，展开“文本”属性，单击其右侧的“动画”按钮，在弹出的菜单中执行“位置”命令，这样就添加了一个位置动画属性——“动画制作工具 1”，如图7-23所示。

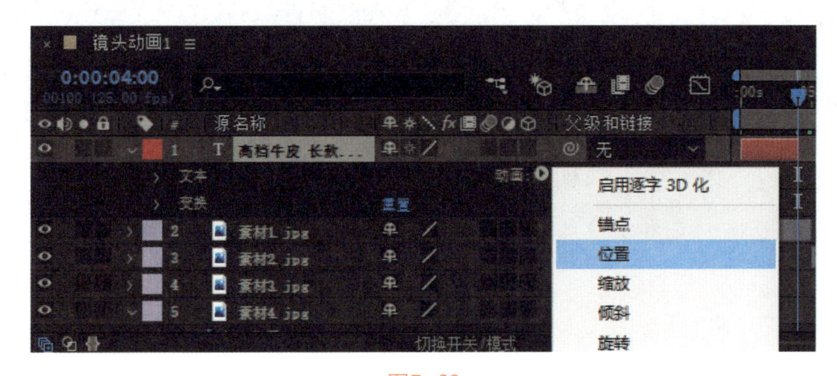

图7-23

Step 05：展开“动画制作工具 1”，将“位置”设为（540,0），这样会将文本移动到“合成”面板外，如图7-24所示。

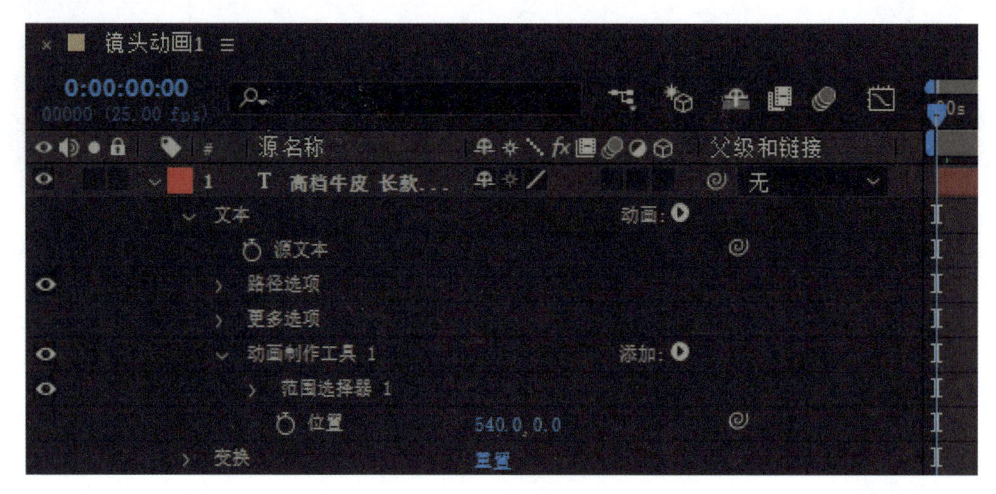

图7-24

Step 06：展开“范围选择器 1”，在开始帧处单击“偏移”前的“时间变换秒表”按钮，添加关键帧，将“偏移”设为0%，即开始位置，如图7-25所示。

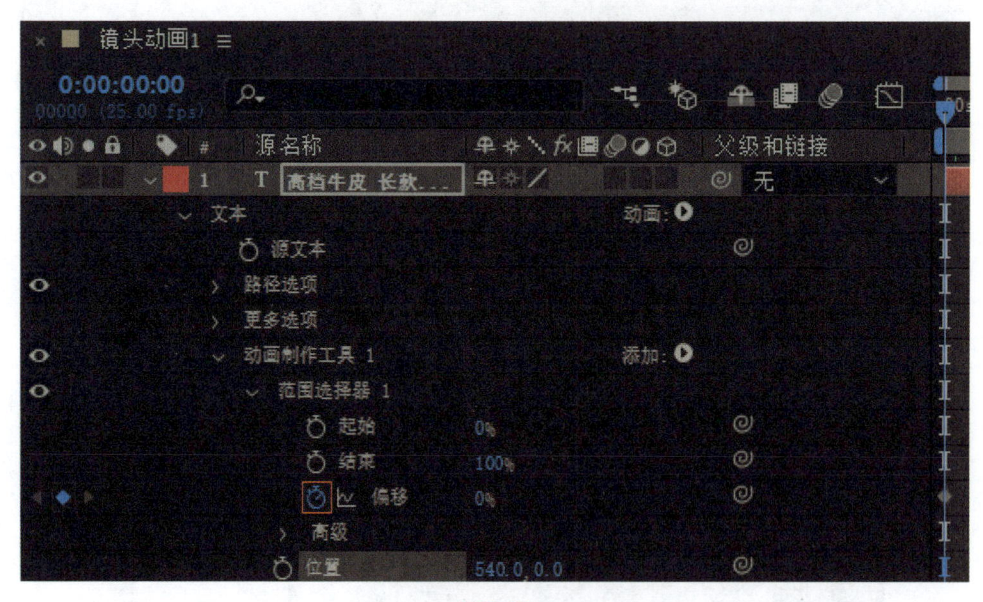

图7-25

Step 07：将时间线移动到0:00:03:23，将“偏移”设为100%，将文本位置偏移到画面中，如图7-26所示。

图7-26

按空格键播放视频，可以看到文字从外面偏移到“合成”面板中。

2. 文字动画2

Step 01：在“时间轴”面板上单击鼠标右键，在弹出的右键菜单中执行“新建”>“文本”命令，新建一个文本图层，在“字符”面板将字体设为阿里巴巴普惠体，字体大小设为57像素，在“合成”面板输入文本“简约设计 品味潮流”。使用“选择工具”将文本移动到画面右下角，如图7-27所示。

图7-27

Step 02：将鼠标指针移动到文本图层的时间轴上，在最左边单击时间轴轨道的边缘，按下鼠标左键可以拖动时间轴轨道，我们将其拖动到0:00:05:00。在最右边单击时间轴轨道的边缘，按鼠标左键可以拖动时间轴轨道，我们将其拖动到0:00:09:00，这样就剪辑了图层，如图7-28所示。

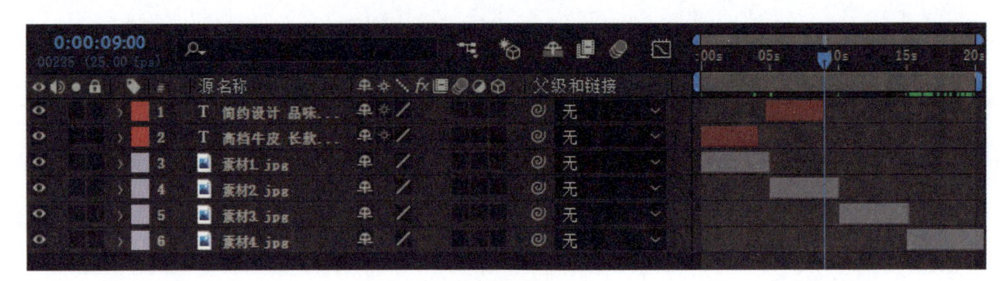

图7-28

Step 03：选择文本图层，将时间线移动到0:00:05:00，在菜单栏中执行“动画”>“浏览预设”命令，打开“预设”面板，在该面板中打开“TEXT”文件夹，其中有很多文字动画效果，再打开“Scale”文件夹，如图7-29所示。

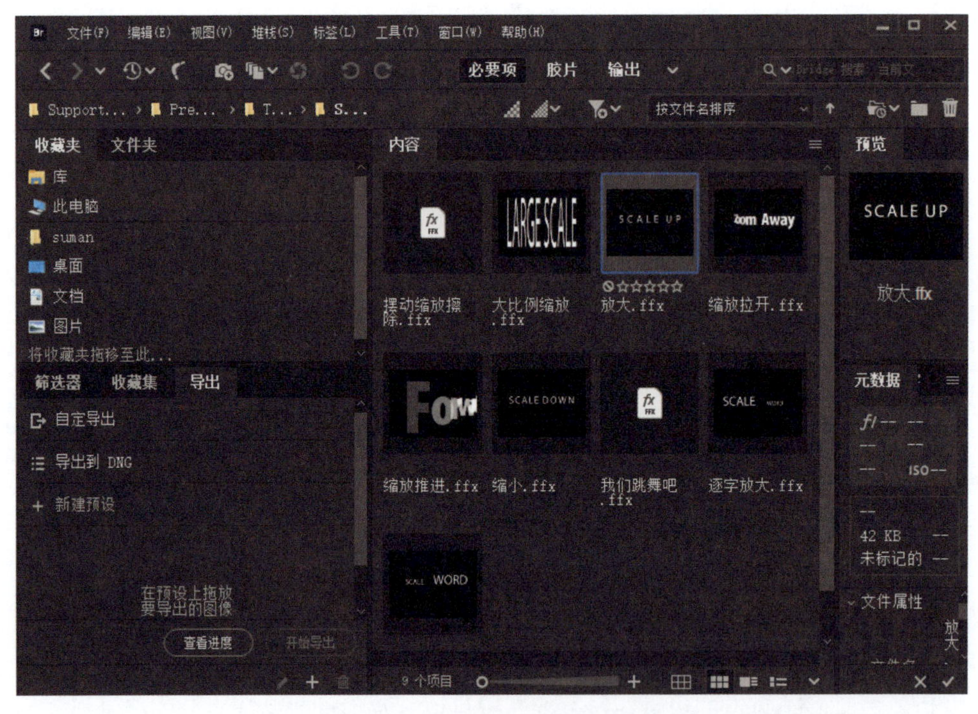

图7-29

Step 04：双击“放大”效果，将跳转到After Effects软件的界面，这样就将“放大”效果添加到了文本图层，按空格键播放视频，将看到文字缩放动画效果，如图7-30所示。在这里，我们通过动画预设直接给文本添加了动画效果。

图7-30

Step 05：选择文本图层，按“U”键显示动画关键帧，我们可以通过拖动关键帧来控制动画播放的时间，如图7-31所示。

图7-31

3. 文字动画3

Step 01：在“时间轴”面板上单击鼠标右键，在弹出的右键菜单中执行“新建”>“文本”命令，新建一个文本图层。在“字符”面板将字体设为阿里巴巴普惠体，字体大小设为57像素，在“合成”面板中输入文本“考究做工 品质如一”。使用“选择工具”将文本移动到画面右下角，如图7-32所示。

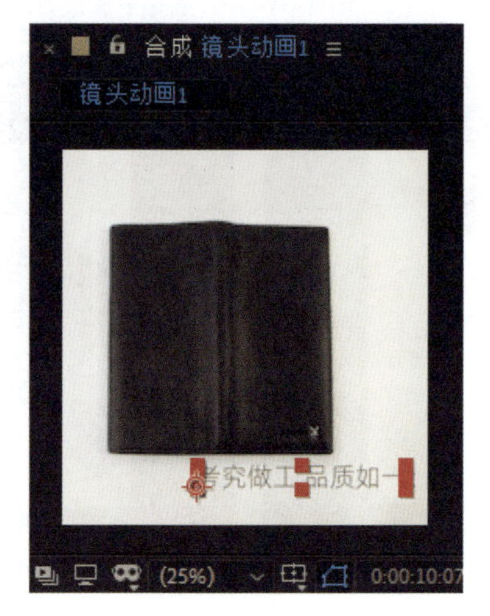

图7-32

Step 02：将鼠标指针移动到文本图层的“时间轴”面板，在最左边单击时间轴轨道的边缘，按鼠标左键可以拖动时间轴轨道，将其拖动到0:00:10:00。在最右边单击时间轴轨道的边缘，按鼠标左键可以拖动时间轴轨道，将其拖动到0:00:14:00，这样就剪辑了图层，如图7-33所示。

图7-33

Step 03：选择文本图层，将时间线移动到0:00:10:00，在菜单栏中执行“动画”>“浏览预设”命令，打开“预设”面板，在该面板中打开“TEXT”文件夹，其中有很多文字动画效果。打开“Scale”文件夹，如图7-34所示。

Step 04：选择“缩放拉开”效果，双击将其应用到文本图层上，按“U”键显示动画关键帧，将后面一个关键帧向后移动，这样就延长了动画的播放时间，如图7-35所示。

Step 05：按空格键可以预览动画效果，如图7-36所示。

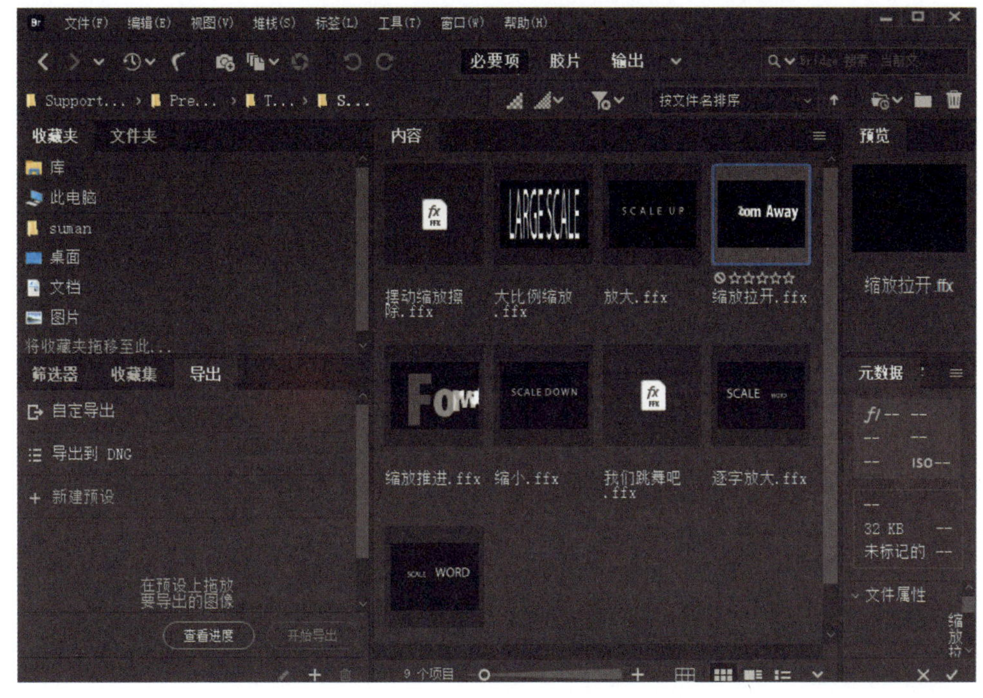

图7-34

图7-35

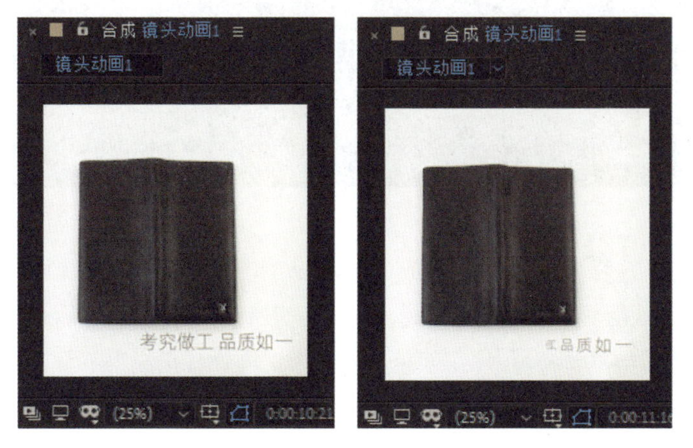

图7-36

4. 文字动画4

Step 01：在“时间轴”面板上单击鼠标右键，在弹出的右键菜单中执行“新建”>“文本”命令，新建一个文本图层，在“字符”面板中将字体设为阿里巴巴普惠体，字体大小设为57像素，在“合成”面板中输入文本“多卡位 大钞位 随意装”。使用“选择工具”将文本移动到画面右下角，如图7-39所示。

图7-37

Step 02：将鼠标指针移动到文本图层的时间轴上，在最左边单击时间轴轨道的边缘，按鼠标左键可以拖动时间轴轨道，将其拖动到0:00:15:00，在最右边单击时间轴轨道的边缘，按鼠标左键可以拖动时间轴轨道，将其拖动到0:00:19:00，这样就剪辑了图层，如图7-38所示。

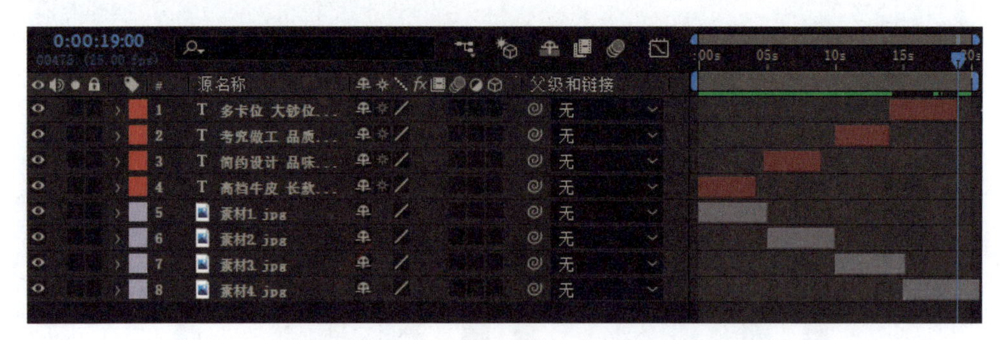

图7-38

Step 03：选择文本图层，将时间线移动到0:00:15:00，在菜单栏中执行“动画”>“浏览预设”命令，打开“预设”面板，在该面板中打开“Text”文件夹，其中有很多文字动画效果。打开“Scale”文件夹，选择“摆动缩放插除”效果，双击将其应用到文本图层上，效果如图7-39所示。

至此，就完成了文字动画效果的制作，保存文件，文件名称为“钱包视频制作”。

合成 镜头动画1
镜头动画1
多卡位 大钞位
(25%)
0:00:17:06

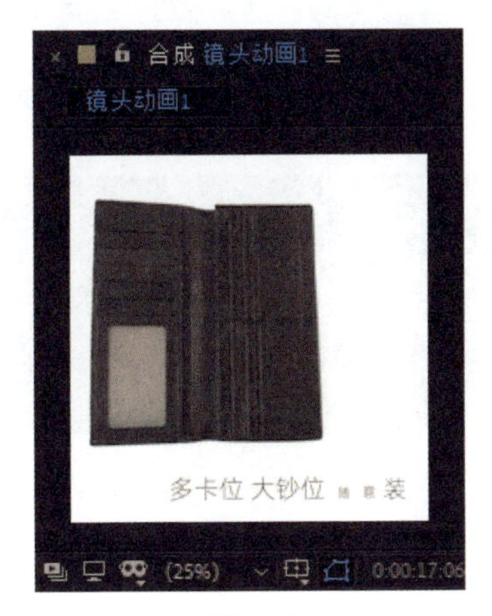

图7-39

7.1.4 图片动画制作

下面制作最后一个镜头的动画效果。

Step 01：打开“合成设置”窗口，将“合成名称”命名为“图片镜头4”，将“宽度”和“高度”设为800px，“持续时间”设为0:00:05:00，如图7-40所示。

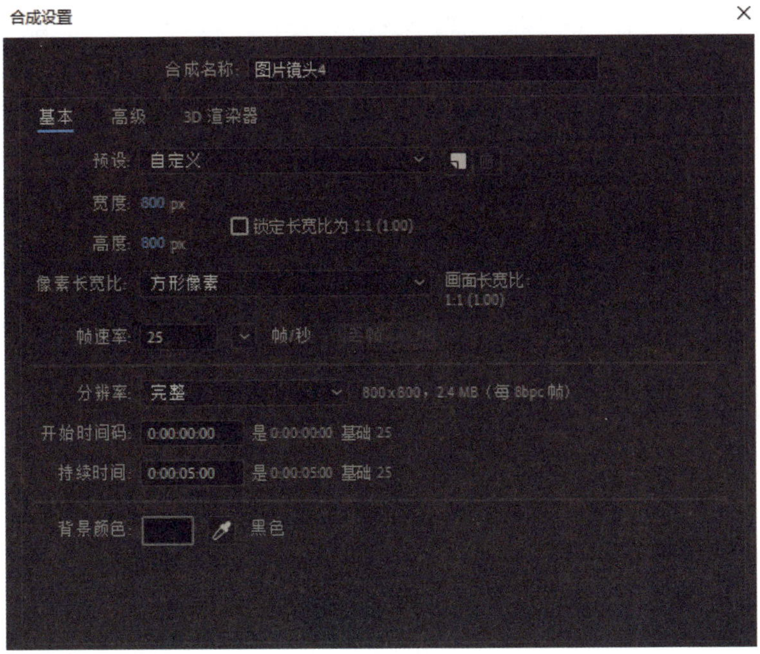
合成设置
合成名称: 图片镜头4
基本
高级
3D 渲染器
预设: 自定义
宽度: 800 px
高度: 800 px
锁定长宽比为 1:1 (1.00)
像素长宽比: 方形像素
画面长宽比: 1:1 (1.00)
帧速率: 25
帧/秒
分辨率: 完整
800x800，2.4 MB（每 8bpc 帧）
开始时间码: 0:00:00:00 是 0:00:00:00 基础 25
持续时间: 0:00:05:00 是 0:00:05:00 基础 25
背景颜色:
黑色

图7-40

Step 02：单击“确定”按钮，新建合成，将“素材5”拖动到“时间轴”面板，按“S”键并将“缩放”设为（20,20%），如图7-41所示。

图7-41

Step 03：下面制作图片缩放动画，将时间线移动到开始帧，单击“缩放”前的“时间变换秒表”按钮，添加关键帧，这里是钱包开始缩放的时间。

Step 04：将时间线移动0:00:04:00，将“缩放”设为（25,25%），这样就完成了图片缩放动画，如图7-42所示。

图7-42

Step 05：在时间轴上单击鼠标右键，在弹出的右键菜单中执行“新建”>“文本”命令，新建文本图层，在“合成”面板中输入文本“15天包退承诺”，如图7-43所示。

图7-43

Step 06：将文本图层的时间轴末端拖动到0:00:02:20，如图7-44所示。

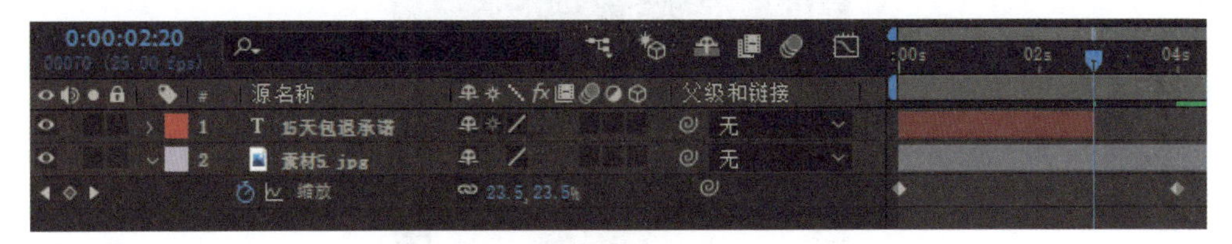

图7-44

Step 07：在菜单栏中执行“动画”>“浏览预设”命令，打开“Text”文件夹，再打开“Blurs”文件夹，如图7-45所示。

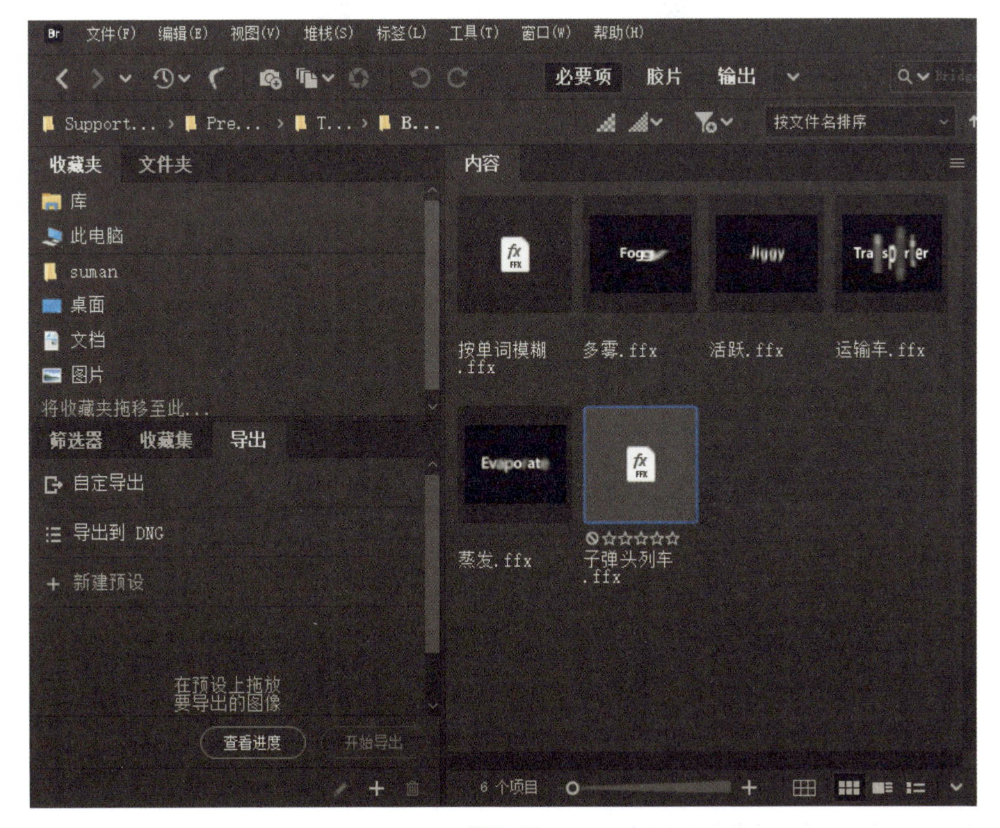

图7-45

Step 08：双击“子弹头列车”效果，并将其应用到文本图层上，按空格键播放动画，如图7-46所示。

图7-46

Step 09：使用同样的方法制作另外一个效果，将时间轴单击鼠标右键，在打开的右键菜单中执行“新建”>“文本”命令，新建文本图层，在“合成”面板输入文字“让您购物无后顾之忧”，如图7-47所示。

图7-47

Step 10：选择文本图层，将其开始位置拖动到0:00:03:00，如图7-48所示。

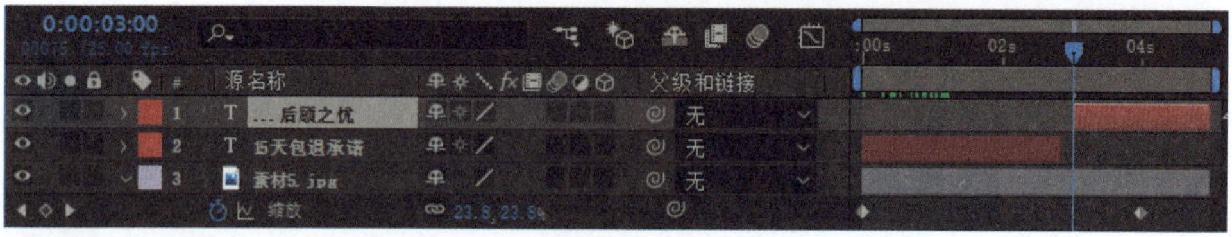

图7-48

Step 11：在菜单栏中执行“动画”>“浏览预设”命令，打开“Text”文件夹，再打开“Blurs”文件夹，双击“子弹头列车”效果，将其应用到文本图层上，按空格键播放动画，如图7-49所示。

图7-49

至此，就完成了镜头4的图片动画。

7.1.5 视频处理

下面介绍如何处理拍摄好的视频。

1. 旋转视频处理

先看一下钱包的旋转视频，在该视频中，钱包有倾斜问题，如图7-50所示。我们可以通过“旋转”属性来改变角度，解决视频中钱包的倾斜问题。

Step 01：在菜单栏中执行“合成”>“新建合成”命令，打开“合成设置”窗口。将“合成名称”命名为“旋转镜头”，“宽度”和“高度”设为800px，“持续时间”设为0:00:32:00，如图7-51所示。

图7-50

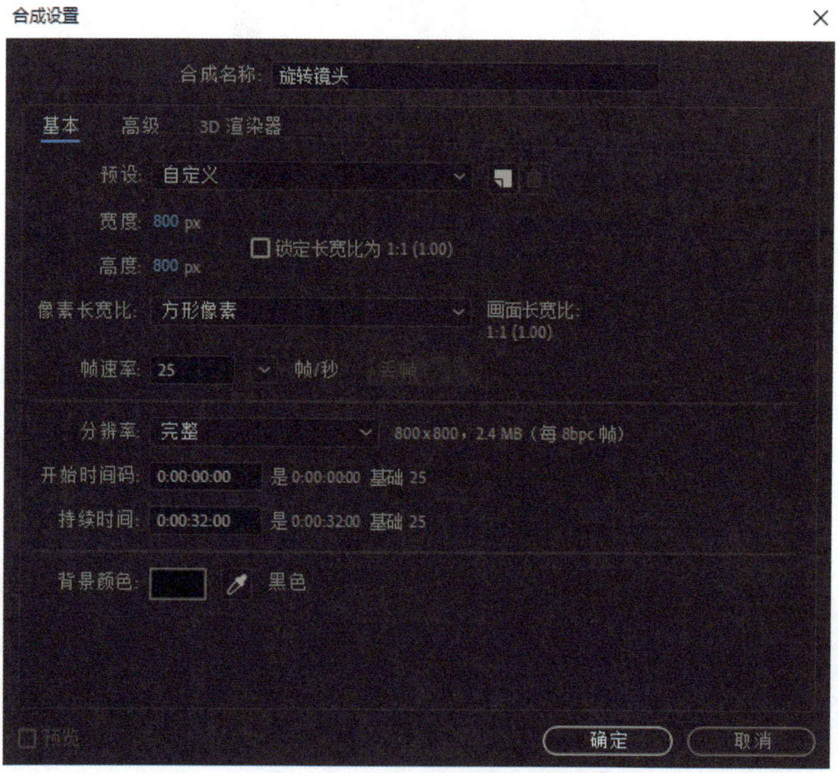

合成设置
合成名称：旋转镜头
基本 高级 3D 渲染器
预设：自定义
宽度：800 px
高度：800 px
锁定长宽比为 1:1 (1.00)
像素长宽比：方形像素
画面长宽比：1:1 (1.00)
帧速率：25 帧/秒
分辨率：完整 800 x 800，2.4 MB（每 8bpc 帧）
开始时间码：0:00:00:00 是 0:00:00:00 基础 25
持续时间：0:00:32:00 是 0:00:32:00 基础 25
背景颜色：黑色
预览
确定 取消

图7-51

（1）单击“确定”按钮，创建合成，然后将“旋转视频素材 1”拖动到“旋转镜头”合成中，该素材比较大，按“S”键进行缩放，将“缩放”设为（81,81%），如图7-52所示。

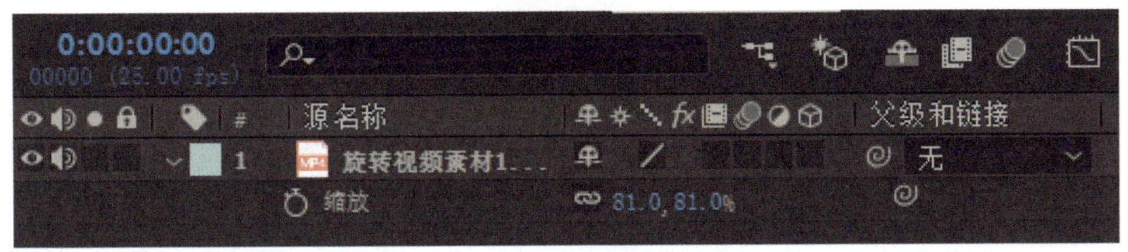

图7-52

Step 03：将时间线移动到0:00:16:11，选择“旋转视频素材 1”图层，按“R”键显示“旋转”属性，单击“旋转”前的 “时间变换秒表”按钮，添加关键帧，将“旋转”设为（0x,-0.0°），这里是钱包开始倾斜的时间。

Step 04：将时间线移动到0:00:19:17，将“旋转”设为（0x,-3.0°），把钱包旋转到正面。

Step 05：将时间线移动到0:00:26:06，单击“旋转”前的 “时间变换秒表”按钮，自动添加一个关键帧，如图7-53所示。

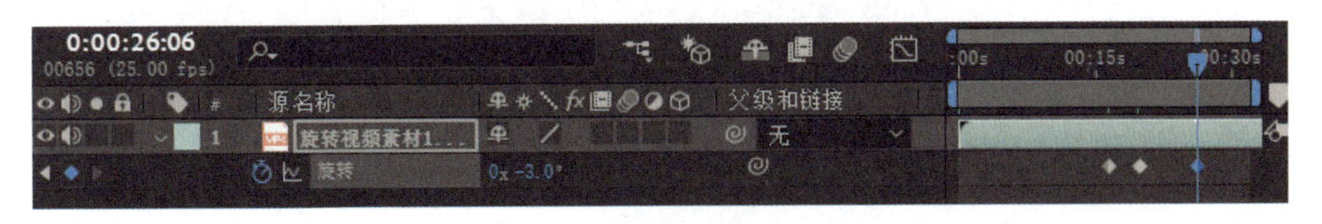

图7-53

Step 06：将时间线移动到0:00:31:24，将“旋转”设为（0x,-0.0°）。至此，就完成了旋转视频素材的调整。

2. 手拿钱包视频素材处理

下面处理手拿钱包视频素材，该视频的时间为32秒，我们需要将该视频处理成快速播放，将视频的时间缩放到10秒，如图7-54所示。

图7-54

Step 01：打开“合成设置”窗口，将“合成名称”命名为“钱包合成”，“宽度”和“高度”设为800px，“持续时间”设为0:00:32:00，如图7-55所示。

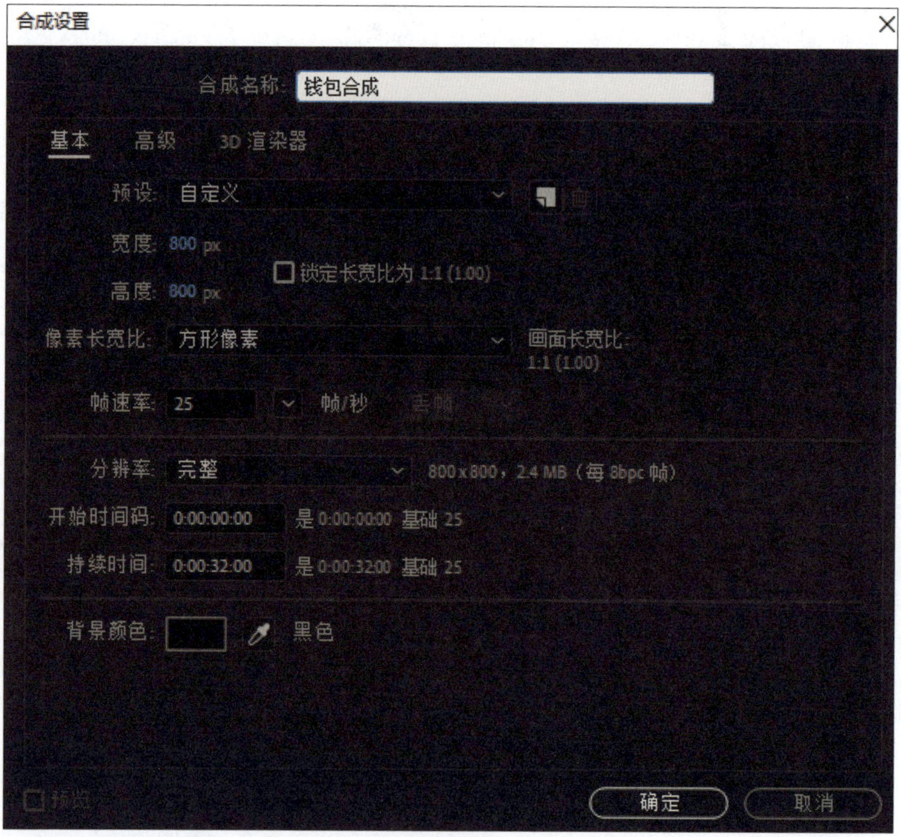

合成设置

合成名称：钱包合成

基本　高级　3D 渲染器

预设：自定义

宽度：800 px

锁定长宽比为 1:1 (1.00)

高度：800 px

像素长宽比：方形像素　画面长宽比：1:1 (1.00)

帧速率：25　帧/秒

分辨率：完整　800 x 800，2.4 MB（每 8bpc 帧）

开始时间码：0:00:00:00　是 0:00:00:00　基础 25

持续时间：0:00:32:00　是 0:00:32:00　基础 25

背景颜色：黑色

预览　确定　取消

图7-55

Step 02：将“钱包视频素材”拖动到“合成”面板，按“S”键进行缩放，将“缩放”设为（74,74%），如图7-56所示。

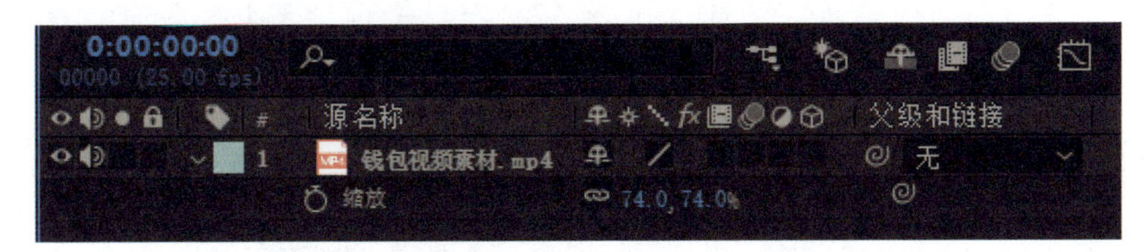

图7-56

Step 03：选择“钱包视频素材”图层，在菜单栏中执行“图层”>“时间”>“时间伸缩”命令，会弹出“时间伸缩”窗口，将“拉伸因数”设为30，这样把“持续时间”缩放到0:00:10:04，如图7-57所示。

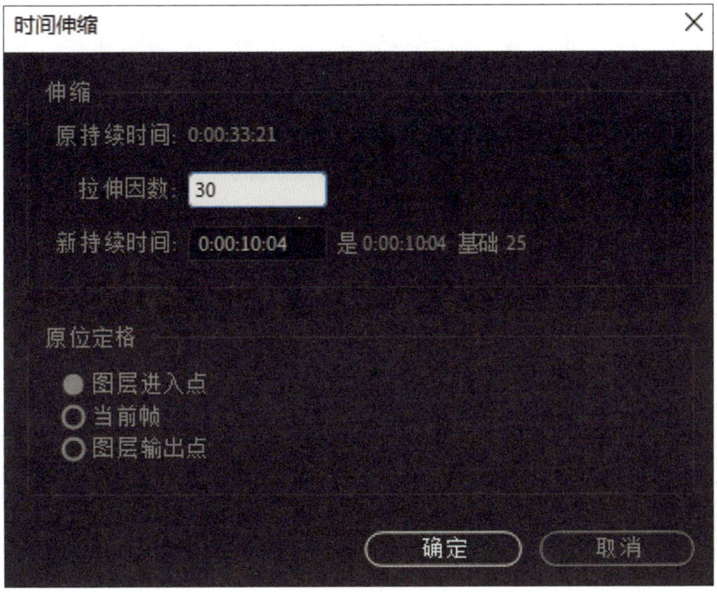

时间伸缩

伸缩

原持续时间：0:00:33:21

拉伸因数：30

新持续时间：0:00:10:04 是 0:00:10:04 基础 25

原位定格

图层进入点

当前帧

图层输出点

确定 取消

图7-57

Step 04：缩放后在时间轴上的钱包视频的时间如图7-58所示。

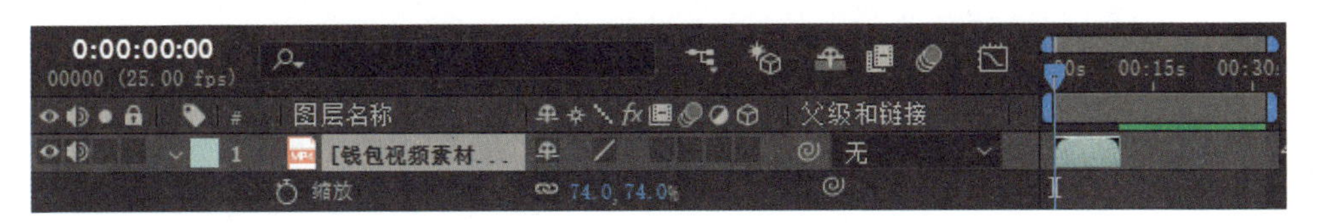

图7-58

Step 05：按空格键播放视频，可以看到视频在加速播放。下面将该视频调整为前一部分加速播放，后一部分减慢播放。选择“钱包视频素材”图层，在菜单栏中执行“图层”>“时间”>“启用时间映射”命令，会在时间轴上添加“时间重映射”关键帧，如图7-59所示。

图7-59

Step 06：将时间线移动到0:00:08:15，单击“在当前时间添加或移除关键帧”按钮，这样就可以在这里自动添加关键帧，如图7-60所示。

图7-60

Step 07：将时间线移动到0:00:06:05，将中间关键帧移动到0:00:06:05，这样在该关键帧前面的视频是加速播放的，在该关键帧后面的视频是减慢播放的，如图7-61所示。

图7-61

Step 08：在菜单栏中执行“合成”>“合成设置”命令，会弹出“合成设置”窗口，在“持续时间”中输入1000，这样就把“持续时间”设为0:00:10:00。单击“确定”按钮，如图7-62所示。

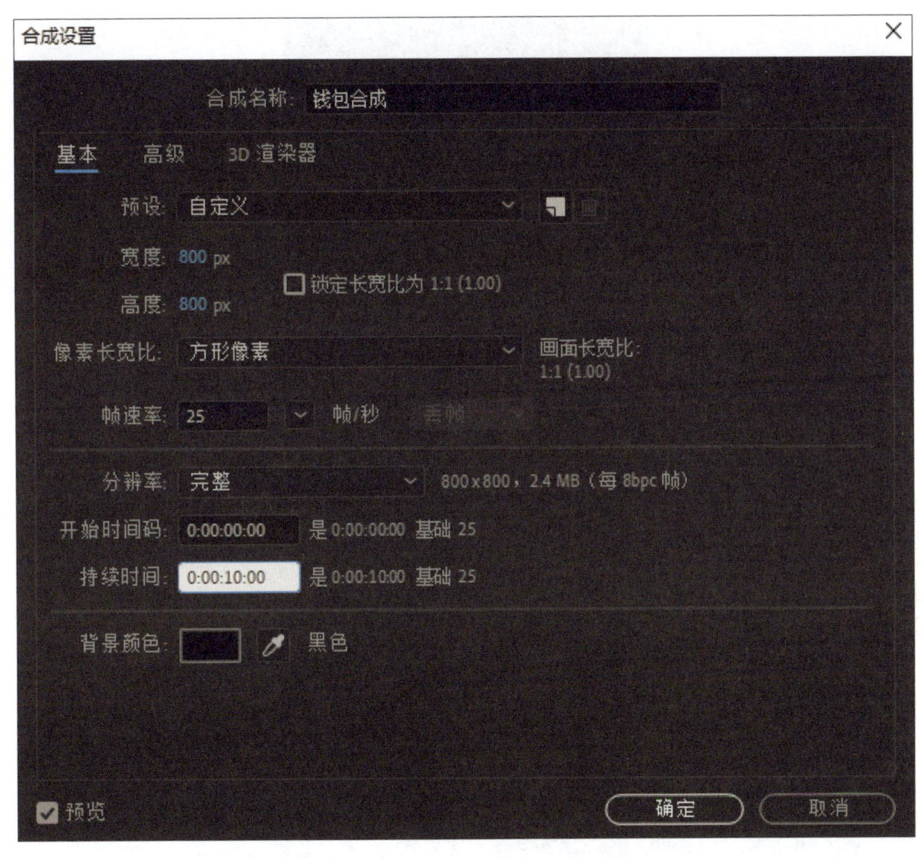

图7-62

7.2 镜头合成

下面将这些制作好的镜头合成在一个镜头里。

Step 01：新建合成视频，将其命名为“最终合成”，将“持续时间”设为0:00:55:00。

Step 02：将“旋转镜头”拖动到“时间轴”面板，将时间线移动到0:00:03:20，在菜单栏中执行“编辑”>“拆分图层”命令，将“旋转镜头”图层拆分为2个图层，如图7-63所示。

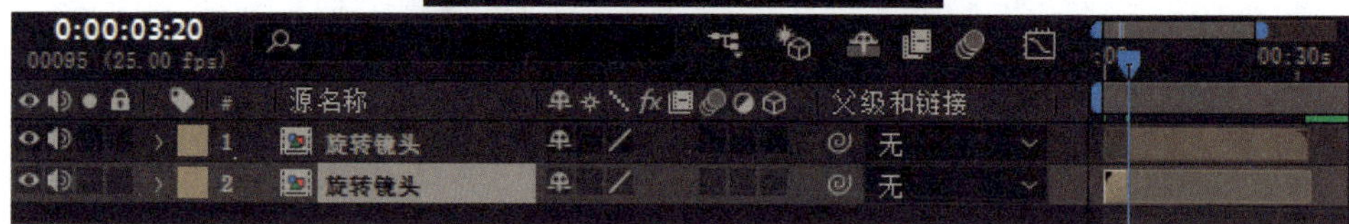

图7-63

Step 03：将图层1的开始位置移动到0:00:23:10，如图7-64所示。

图7-64

Step 04：在菜单栏中执行“图层”>“时间”> “启用时间映射”命令，“时间轴”面板如图7-65所示。

图7-65

Step 05：将时间线移动到0:00:23:10，再将第一个关键帧移动到该时间点。然后将时间线移动到0:00:39:20，再将后面的关键帧移动到该时间点，如图7-66所示。

图7-66

Step 06：将“镜头动画1”合成拖动到“时间轴”面板，将开始位置移动到0:00:03:19，如图7-67所示。

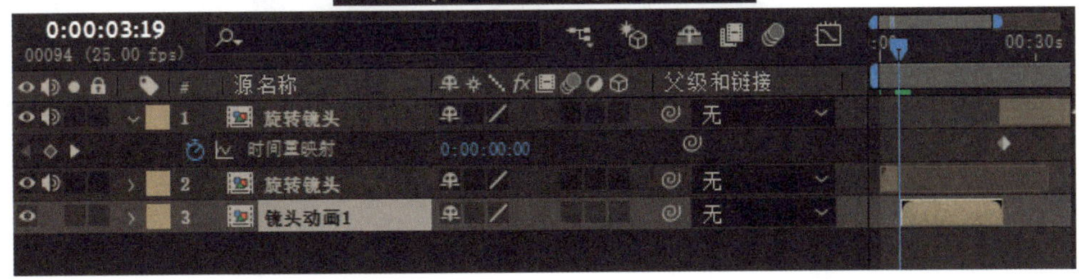

图7-67

Step 07：将“钱包镜头”拖动到“时间轴”面板，将开始位置移动到0:00:40:08，如图7-68所示。

Step 08：将“图片镜头4”拖动到“时间轴”面板，将开始位置移动到0:00:49:20，如图7-69所示。

合成 最终合成
最终合成 < 钱包合成
(25%)
0:00:41:13

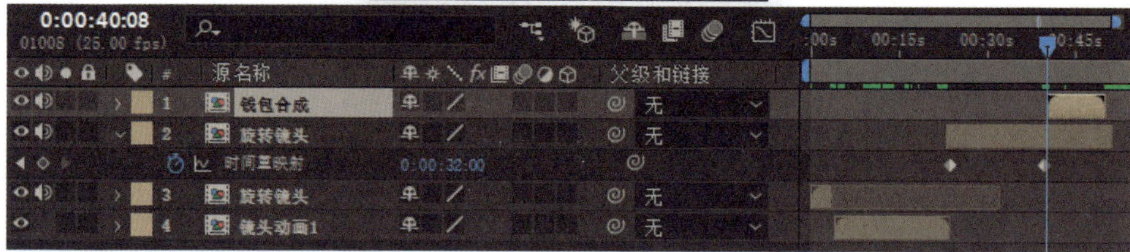
0:00:40:08
01008 (25.00 fps)
源名称
父级和链接
钱包合成
旋转镜头
时间重映射
0:00:32:00
旋转镜头
镜头动画1
无

图7-68

合成 最终合成
图层（无）
最终合成 < 合成镜头3 < 钱包合成
十五天包退承诺
50%
0:00:50:15
完整

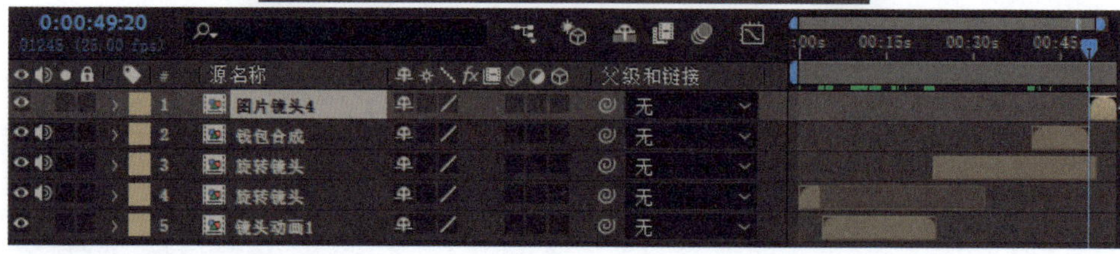
0:00:49:20
源名称
父级和链接
图片镜头4
钱包合成
旋转镜头
旋转镜头
镜头动画1
无

图7-69

这样就完成了镜头的合成。将音频拖动到“时间轴”面板，保存文件。至此，就完成了视频合成的制作。

7.3　渲染视频

下面介绍将制作好的合成渲染成视频。

Step 01：在菜单栏中执行“合成”>“添加到Adobe Media Encoder队列”命令，打开“Adobe Media Encoder 2020”界面，如图7-70所示。

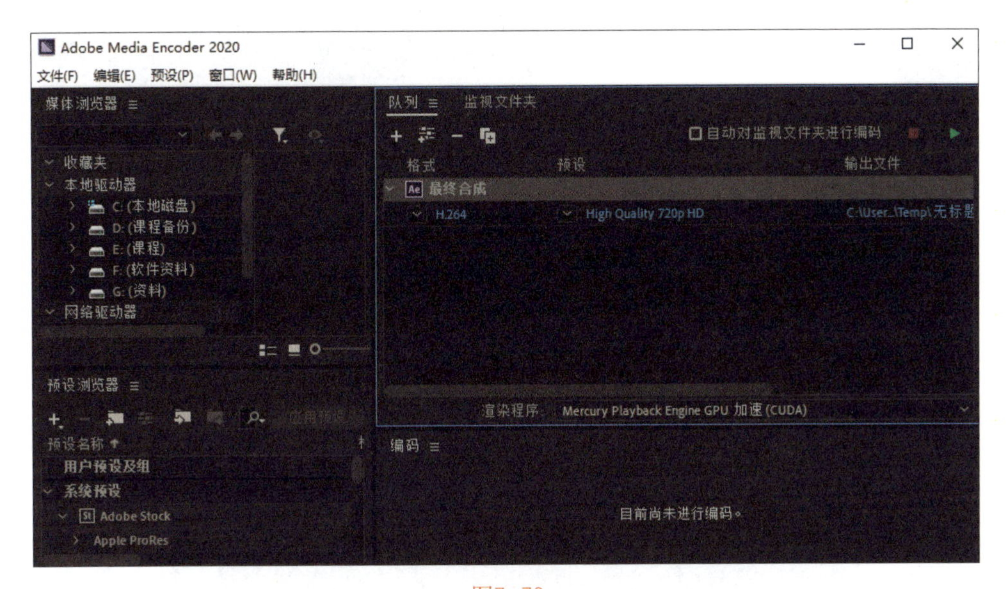

图7-70

Step 02：单击“H.264”，会弹出“导出设置”窗口，将“格式”设为H.264，“预设”设为“自定义”，如图7-71所示。

Step 03：单击“确定”按钮，完成导出设置。

Step 04：单击“输出文件”下的位置，设置文件的保存位置。单击“启动队列”按钮，进行视频导出，如图7-72所示。

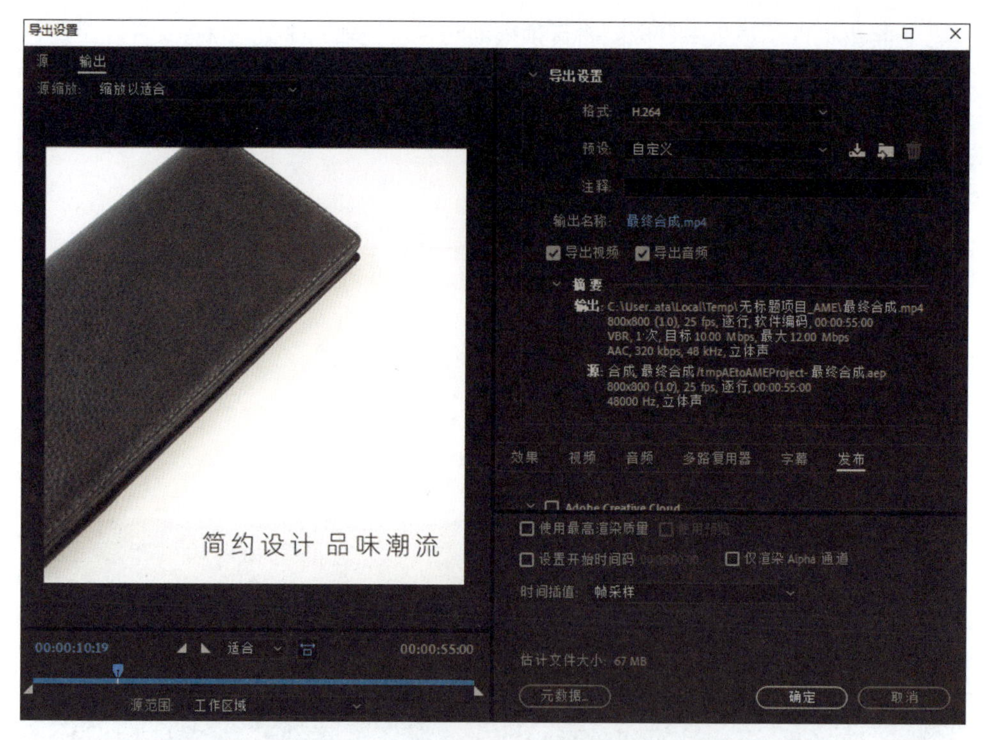
导出设置
源
输出
源缩放：缩放以适合
导出设置
格式：H.264
预设：自定义
注释：
输出名称：最终合成.mp4
导出视频
导出音频
摘要
输出：C:\User...ata\Local\Temp\无标题项目_AME\最终合成.mp4
800x800 (1.0), 25 fps, 逐行, 软件编码, 00:00:55:00
VBR, 1 次, 目标 10.00 Mbps, 最大 12.00 Mbps
AAC, 320 kbps, 48 kHz, 立体声
源：合成, 最终合成/tmpAEtoAMEProject-最终合成.aep
800x800 (1.0), 25 fps, 逐行, 00:00:55:00
48000 Hz, 立体声
效果
视频
音频
多路复用器
字幕
发布
使用最高渲染质量
设置开始时间码
仅渲染 Alpha 通道
时间插值：帧采样
估计文件大小：67 MB
元数据...
确定
取消
简约设计 品味潮流
00:00:10:19
适合
00:00:55:00
源范围：工作区域

图7-71

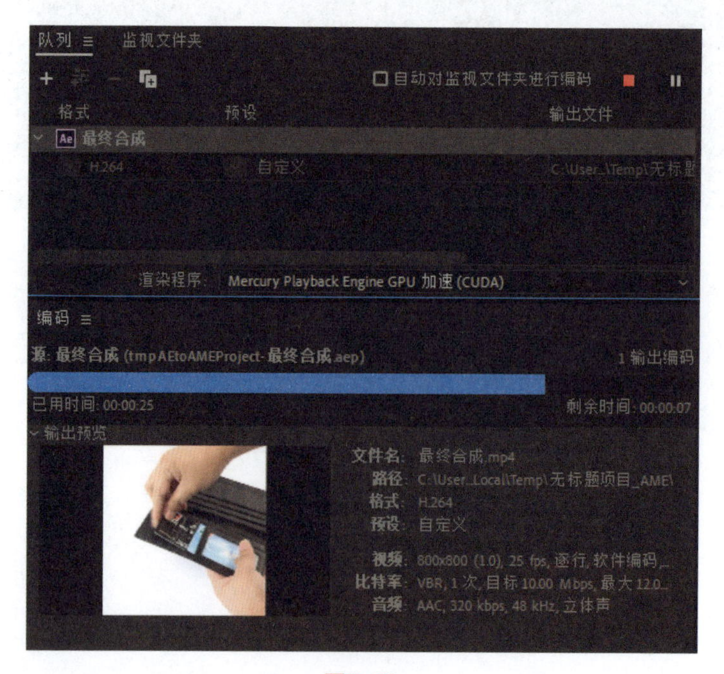
队列
监视文件夹
自动对监视文件夹进行编码
格式
预设
输出文件
最终合成
H.264
自定义
C:\User...\Temp\无标题
渲染程序：Mercury Playback Engine GPU 加速 (CUDA)
编码
源：最终合成 (tmpAEtoAMEProject-最终合成.aep)
1 输出编码
已用时间：00:00:25
剩余时间：00:00:07
输出预览
文件名：最终合成.mp4
路径：C:\User...Local\Temp\无标题项目_AME\
格式：H.264
预设：自定义
视频：800x800 (1.0), 25 fps, 逐行, 软件编码...
比特率：VBR, 1 次, 目标 10.00 Mbps, 最大 12.0...
音频：AAC, 320 kbps, 48 kHz, 立体声

图7-72

Step 05：渲染完成之后可以打开视频，如图7-73所示。

图7-73

7.4 将视频发布到京东店铺

本节介绍将制作好的短视频上传到京东的店铺，并将短视频关联到商品。

Step 01：打开京东的商家后台，在“商品管理”中选择“媒体资源管理中心”，如图7-74所示。

Step 02：在“媒体资源管理中心”窗口，单击“视频管理”选项卡，如图7-75所示。

Step 03：单击“视频管理”选项卡下面的“上传视频”按钮，进入上传视频页面，填写相关信息并上传视频，如图7-76所示。

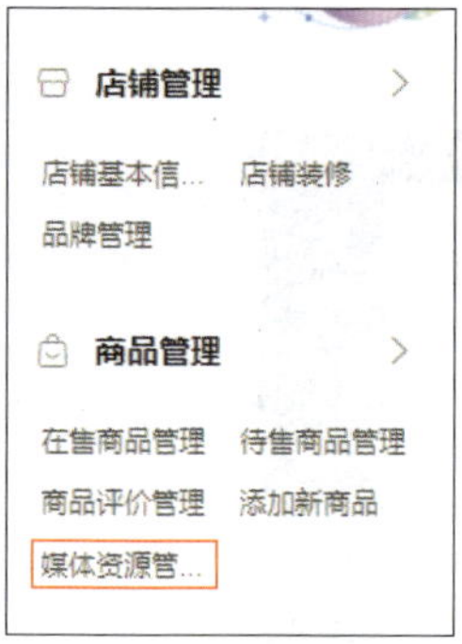

图7−74

图7−75

图7−76

提示：（1）请勾选要上传的“媒体类型”，单击“本地视频上传”按钮，选择要上传的视频文件；（2）“视频名称”必填（前端不展示），视频简介选填（前端不展示），“视频封面”选填（前端不展示）。

Step 04：勾选“同意《上传服务协议》”，单击页面下方的“确定上传”按钮，视频上传完成后，当视频状态从“转码中”变成“转码完成”后，将鼠标指针移动到视频上，之后单击“关联商品”按钮，将商品与视频关联，如图7-77所示。

Step 05：进入关联商品页面，可以搜索商品编号、商品名称来查询具体关联的商品。

Step 06：勾选商品或SKU，单击“关联”按钮，即可完成关联；单击“取消关联”按钮，即可删除已经关联的商品或SKU。

Step 07：关联商品后，视频会自动进入到审核阶段。在视频列表中可以看到该视频对应的状态为“审核中”，当审核通过后，视频状态变为“审核通过”，在对应商品的单品页即可展示出主图视频。

Step 08：在视频管理页面单击“添加标签”按钮，如图7-78所示。

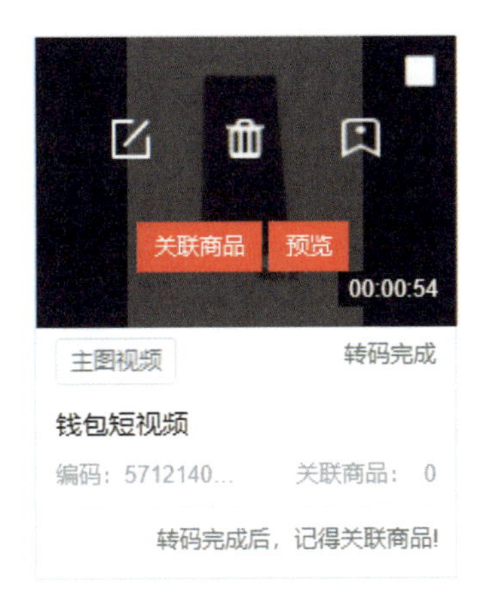

图7-77

图7-78

Step 09：进入添加标签页面，最多可以添加3个标签，最少可以添加2个标签，并且标签的显示时间不能小于5秒，如图7-79所示。

Step 10：单击时间轴上的“标签”按钮，打开标签栏，可以选择标签并进行添加，如图7-80所示。

Step 11：选择好标签后，单击“确定”按钮，拖动视频的时间轴后，可以再次添加标签，添加好标签之后单击“提交”按钮，会弹出“提示”对话框，如图7-81所示。

Step 12：单击“确定”按钮，完成视频编辑。

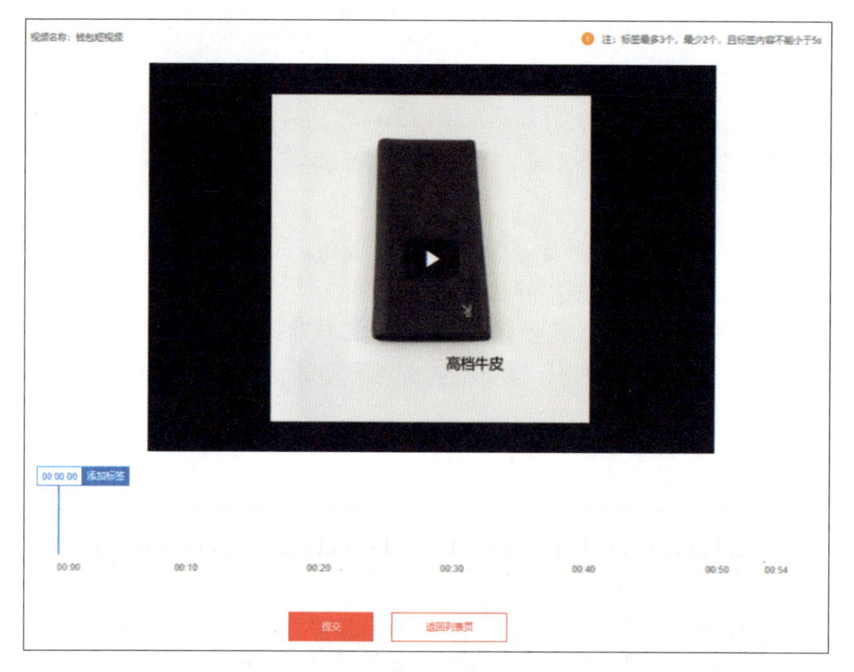

图7-79

起始时间　00:00.00

标签

外观	开箱	功能	试用	测试
尺寸	型号	彩蛋	穿搭	搭配
上手	款式	亮点	特色	颜色
设计	工艺	材质	技术	产地

添加或合并标签请反馈至jdv@jd.com

取消　确定

图7-80

提示

确定完成视频编辑?

确定　取消

图7-81

第8章

拼多多商品视频制作

本章介绍拼多多商品视频的制作方法，效果如图8-1所示。拍摄的视频采用了绿色背景，然后使用After Effects软件进行抠像，然后将其与背景素材进行结合，制作一个视频合成，最后使用Premiere Pro软件将视频合成和素材剪辑在一起。视频总时长为52秒，同时在制作过程中要挑选背景音乐。

图8-1

8.1 抠像基础

演员首先在蓝色背景或者绿色背景下进行表演，然后使用After Effects软件将拍摄的视频进行抠像，如图8-2所示。使用After Effects软件将背景颜色调整为透明，会产生一个Alpha通道，这样可以识别图像中的透明度信息，然后将其与使用计算机制作的场景或者素材进行叠加合成。之所以使用这两种背景颜色，是因为人的身体表面不含这两种颜色。

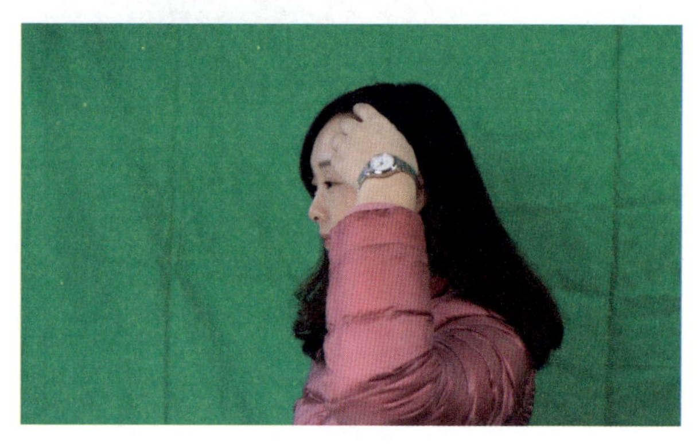

图8-2

一个功能强大的抠像工具也是实现完美抠像效果的先决条件，After Effects软件提供了优秀的技术，例如集成在After Effects软件中的Keylight插件。使用它可以轻易地剔除视频中的背景，对阴影、半透明效果都可以完美地再现出来。

下面通过一个实例分别介绍使用After Effects软件进行抠像的方法，本节有3个素材需要进行抠像。

Step 01：打开After Effects软件，在“项目”面板上单击鼠标右键，在弹出的右键菜单中执行“导入”>“多个文件”命令，然后选择配套的素材。

Step 02：新建合成，将“合成名称”命名为“抠像镜头1”，“宽度”和“高度”设为800 px，“持续时间”设为0:00:06:00，如图8-3所示。

Step 03：单击“确定”按钮，将素材“watch01”拖动到“时间轴”面板上，按“S”键打开“缩放”属性，将“缩放”设为（76,76%），如图8-4所示。

Step 04：选择时间轴上的“watch01”图层，在菜单栏中执行“效果”>“键控”>“Keylight”命令，打开“Keylight”面板，如图8-5所示。

Step 05：在“Screen Colour”栏选择“吸管工具”，在“合成”面板中绿色部分单击，抠除背景颜色。

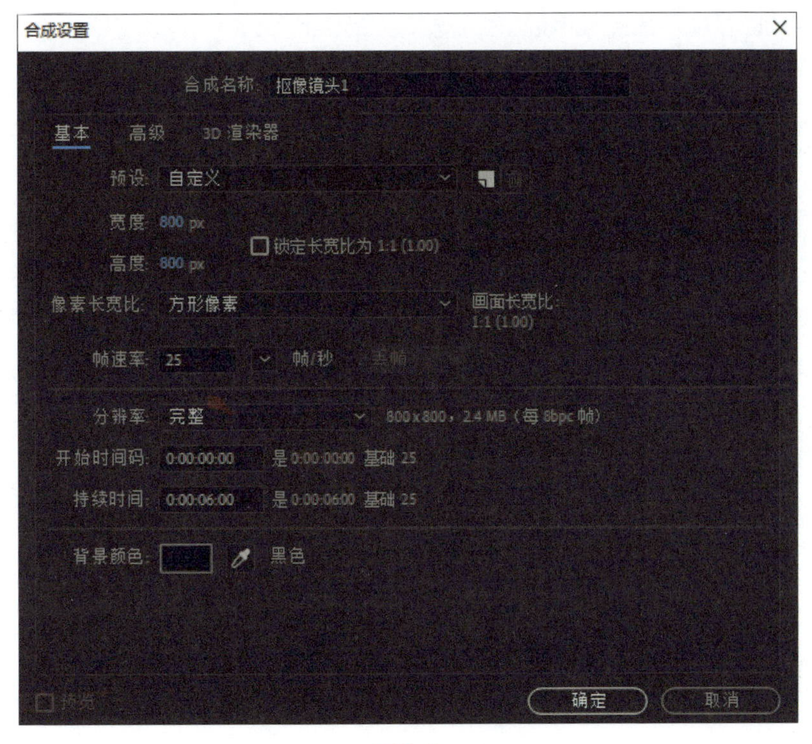
合成设置
合成名称：抠像镜头1
基本
高级
3D 渲染器
预设：自定义
宽度：800 px
高度：800 px
锁定长宽比为 1:1 (1.00)
像素长宽比：方形像素
画面长宽比：
1:1 (1.00)
帧速率：25
帧/秒
分辨率：完整
800 x 800，2.4 MB（每 8bpc 帧）
开始时间码：0:00:00:00
是 0:00:00:00 基础 25
持续时间：0:00:06:00
是 0:00:06:00 基础 25
背景颜色：
黑色
确定
取消

图8-3

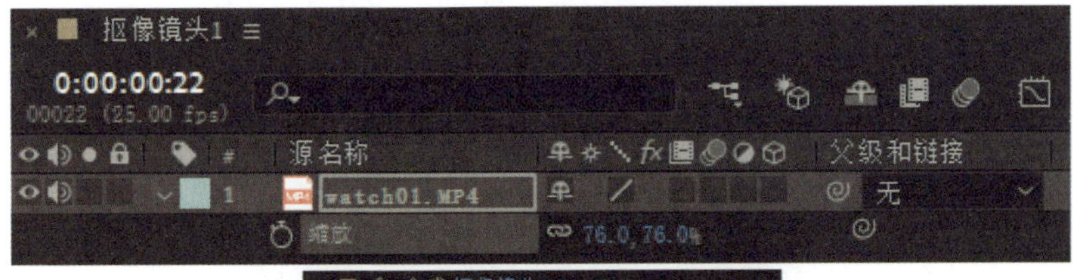
抠像镜头1
0:00:00:22
00022 (25.00 fps)
源名称
父级和链接
watch01.MP4
无
缩放
76.0, 76.0%

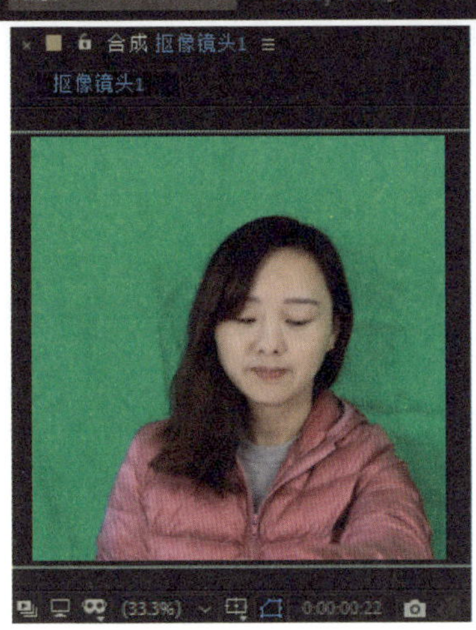
合成 抠像镜头1
抠像镜头1
(33.3%)
0:00:00:22

图8-4

Step 06：在“View”下拉列表中选择“Screen Matte”，以遮罩的方式显示图像，这样有利于查看抠像的细节效果，如图8-6所示。

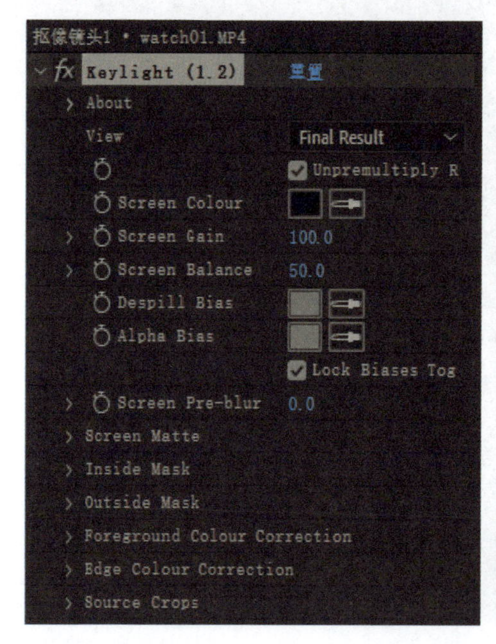

图8-5

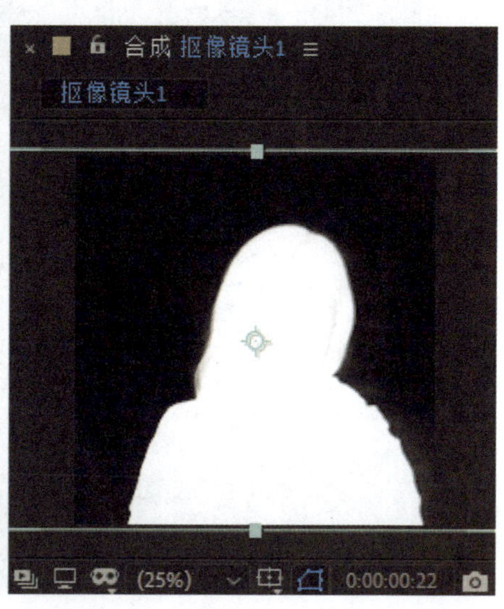

图8-6

提示： 在抠除背景颜色后产生的Alpha通道中，黑色表示透明区域，白色表示不透明区域，灰色则根据深浅表示半透明区域。

Step 07：通过观察抠像可以发现，人物轮廓的周围有些灰色，但这些区域是完全透明的，所以还需要进一步调整参数。

Step 08：将“Screen Gain”调高至115左右，该参数用于控制在抠像时有多少颜色被移除并产生遮罩，当其数值比较高时，会有更多的透明区域。“Screen Balance”用于控制色调的均衡，将其参数设为50。

Step 09：展开“Screen Matte”，将“Clip Black”设为29，“Clip White”设为84，这样背景显示为黑色，人物显示为白色，如图8-7所示。

Step 10：将“Screen Pre-blue”设为一个较小的模糊值，这样可以对抠像的边缘产生柔化的效果，将前景和背景融合得更好一点。在“View”下拉列表中选择“Final Result”，最终效果如图8-8所示。

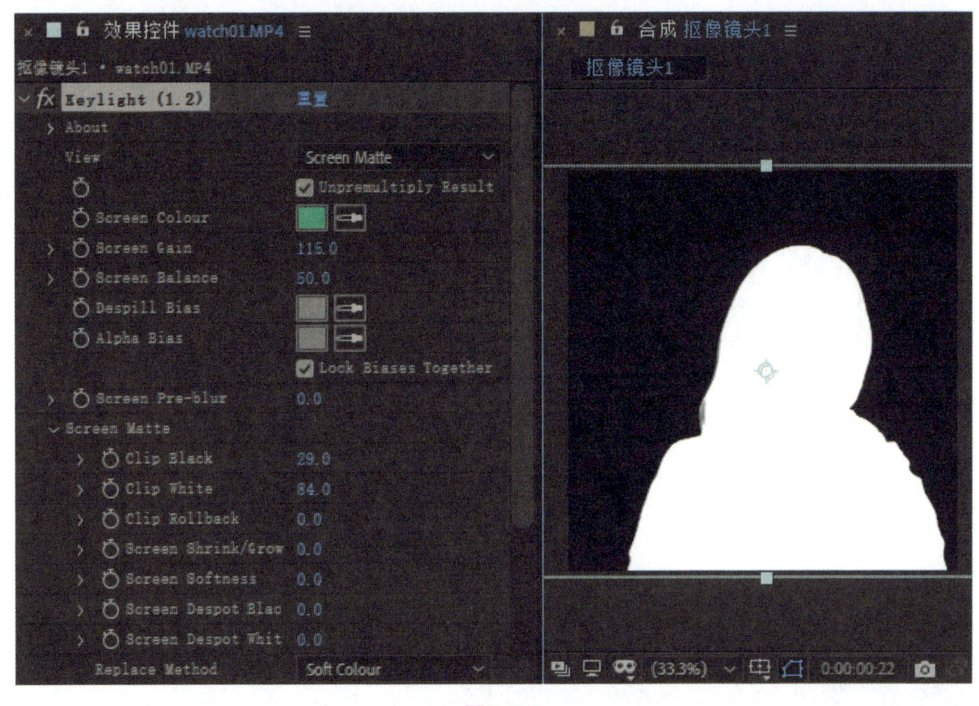
效果控件 watch01.MP4
抠像镜头1 · watch01.MP4
Keylight (1.2)
重置
About
View
Screen Matte
Unpremultiply Result
Screen Colour
Screen Gain
115.0
Screen Balance
50.0
Despill Bias
Alpha Bias
Lock Biases Together
Screen Pre-blur
0.0
Screen Matte
Clip Black
29.0
Clip White
84.0
Clip Rollback
0.0
Screen Shrink/Grow
0.0
Screen Softness
0.0
Screen Despot Blac
0.0
Screen Despot Whit
0.0
Replace Method
Soft Colour
合成 抠像镜头1
抠像镜头1
(33.3%)
0:00:00:22

图8-7

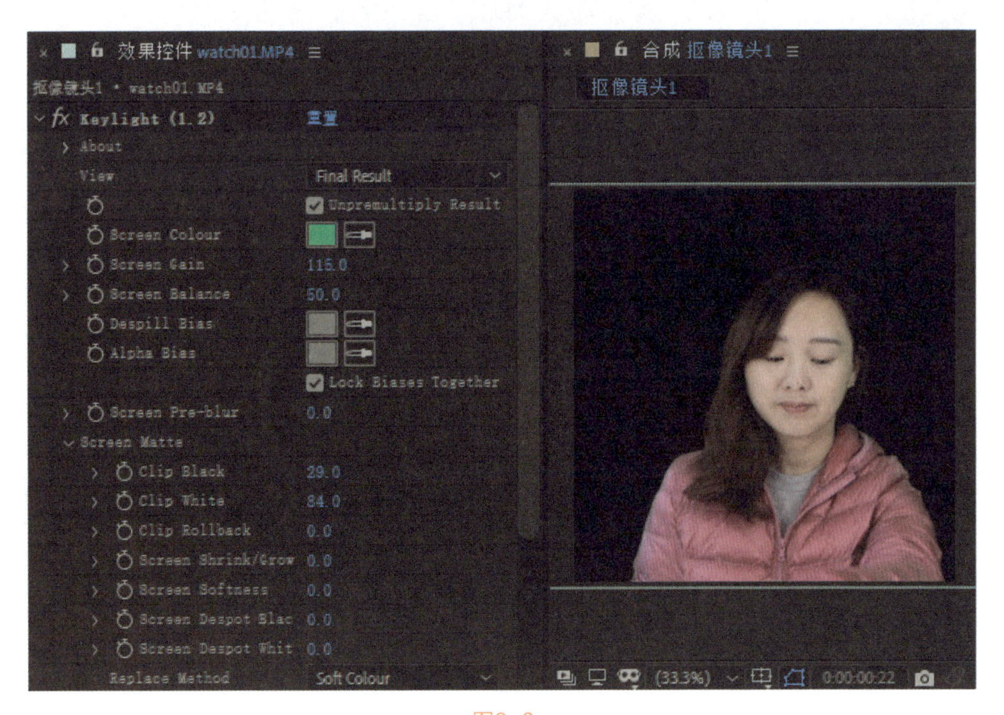
效果控件 watch01.MP4
抠像镜头1 · watch01.MP4
Keylight (1.2)
重置
About
View
Final Result
Unpremultiply Result
Screen Colour
Screen Gain
115.0
Screen Balance
50.0
Despill Bias
Alpha Bias
Lock Biases Together
Screen Pre-blur
0.0
Screen Matte
Clip Black
29.0
Clip White
84.0
Clip Rollback
0.0
Screen Shrink/Grow
0.0
Screen Softness
0.0
Screen Despot Blac
0.0
Screen Despot Whit
0.0
Replace Method
Soft Colour
合成 抠像镜头1
抠像镜头1
(33.3%)
0:00:00:22

图8-8

Step 11：将“Screen Softness”设为0.1，将边缘柔化一些，这样就完成了抠像。

Step 12：将“背景素材01”拖动到“时间轴”面板，如图8-9所示。

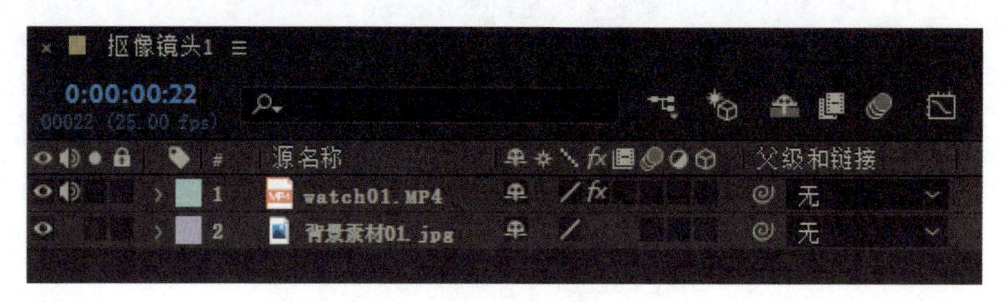

图8-9

Step 13：在菜单栏中执行“效果”>“模糊”>“高斯模糊”命令，将其“模糊度”设为20。

Step 14：在菜单栏中执行“效果”>“颜色校正”>“曲线”命令，将“通道”设为“红色”，将红色曲线向上拖动。再将“通道”设为“蓝色”，将蓝色曲线向上拖动，这样就调整了背景颜色，如图8-10所示。

图8-10

8.2　人像磨皮

下面使用上文制作好的合成文件进行人像磨皮。

Step 01：选择“watch01”图层，在菜单栏中执行“效果”>“杂色和颗粒”>“移除颗粒”命令，如图8-11所示。

图8-11

Step 02：在“效果控件”面板将“查看模式”设为“最终输出”，“杂色深度减低”设为3。展开“钝化蒙版”，将“数量”设为1，如图8-12所示。这样就完成了人像磨皮。

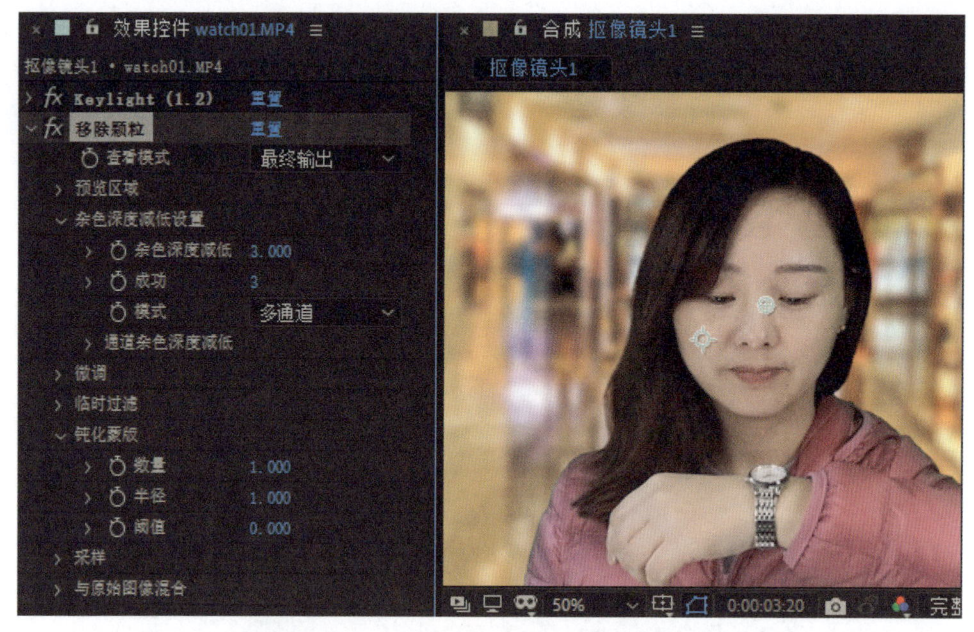

图8-12

8.3 视频抠像

下面对“watch02”素材和“watch03”素材进行抠像。在“项目”面板上单击鼠标右键，在弹出的右键菜单中执行“导入”>“多个文件”命令，选择配套的素材。

1. 对“watch02”素材进行抠像

Step 01：新建合成，将“合成名称”命名为“抠像镜头2”，“宽度”和“高度”设为800 px，“持续时间”设为0:00:08:00。

Step 02：将“watch02”素材拖动到“时间轴”面板，选择“watch02”图层，按“S”键进行缩放，将“缩放”设为（75,75%），如图8-13所示。

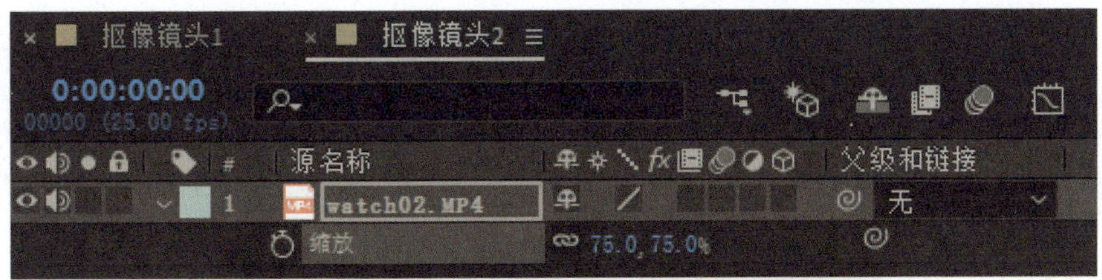

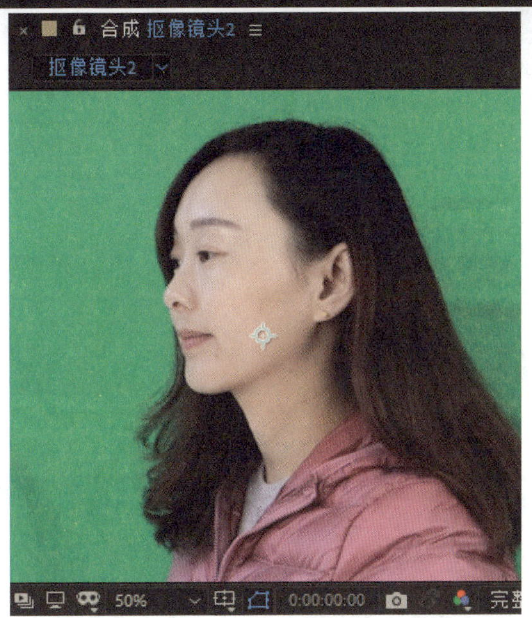

图8-13

Step 03：选择时间轴上的“watch02”图层，在菜单栏中执行“效果”>“键控”>“Keylight”命令，为其进行抠像操作，选择“Screen Colour”后的 “吸管工具”，在“合成”面板中绿色部分单击，抠除背景颜色。

Step 04：在“View”下拉列表中选择“Screen Matte”，以遮罩的方式显示图像。展开“Screen Matte”，将“Clip Black”设为13，“Clip White”设为83。

Step 05：在“View”下拉列表中选择“Final Result”，如图8-14所示。

Step 06：选择“watch02”图层，在菜单栏中执行“效果”>“杂色和颗粒”>“移除颗粒”命令，将“杂色深度减低”设为3，“钝化蒙版”下的“数量”设为1，如图8-15所示。

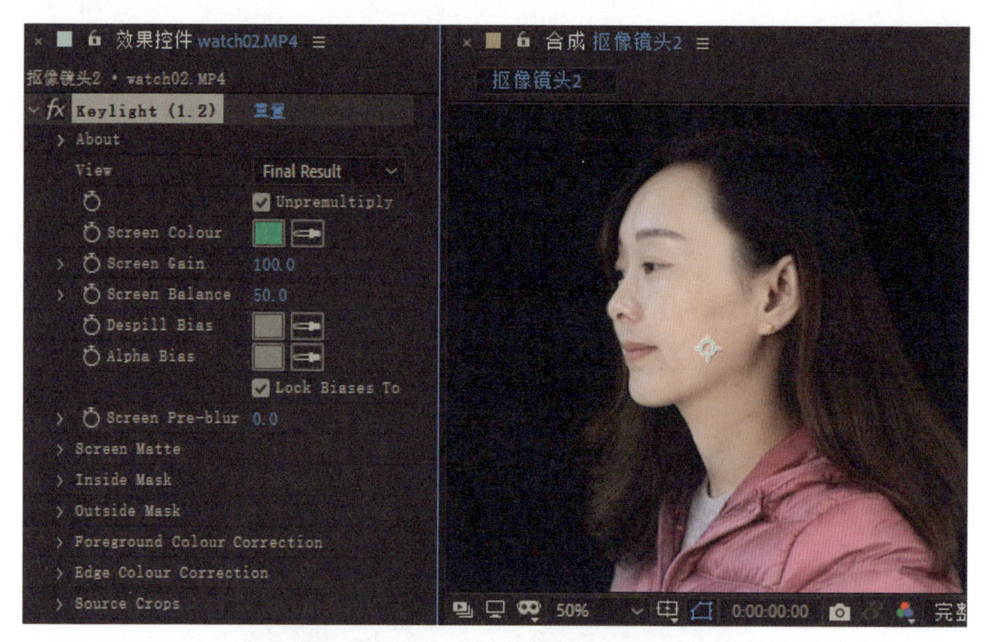

图8-14

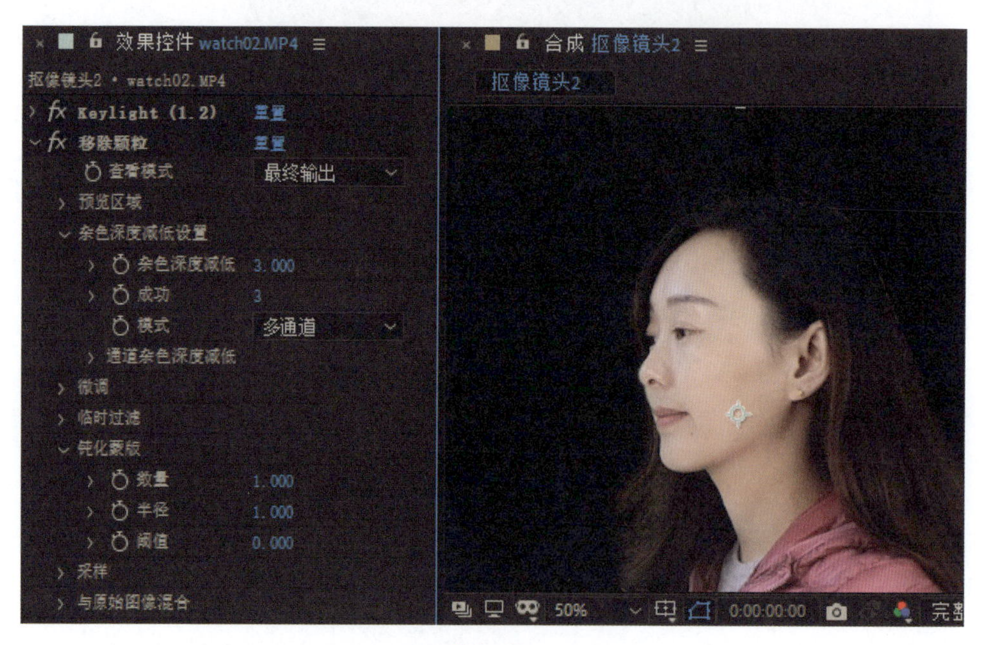

图8-15

Step 07：将“背景素材02”拖动到“时间轴”面板，按“S”键进行缩放，将“缩放”设为（176,176%），如图8-16所示。

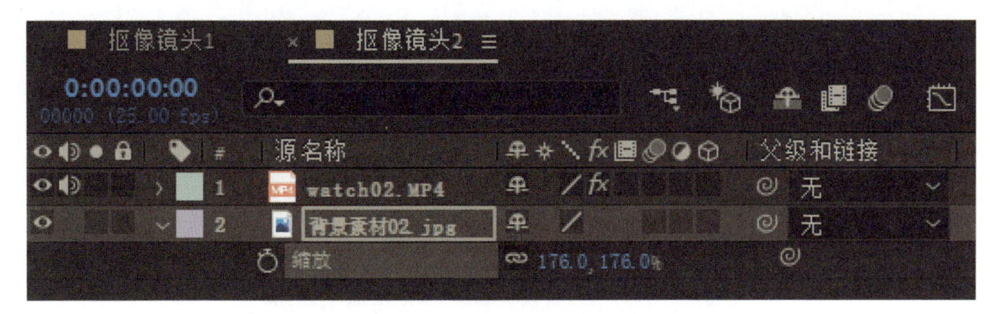

图8-16

Step 08：在“合成”面板将图片移动到合适的位置，如图8-17所示。

图8-17

2. 对“watch03”素材进行抠像

Step 01：新建合成，将“合成名称”命名为“抠像镜头3”，“宽度”和“高度”设为800 px，“持续时间”设为0:00:18:00。

Step 02：将“watch03”素材拖动到“时间轴”面板，选择“watch03”图层，按“S键”进行缩放，将“缩放”设为（76,76%），如图8-18所示。

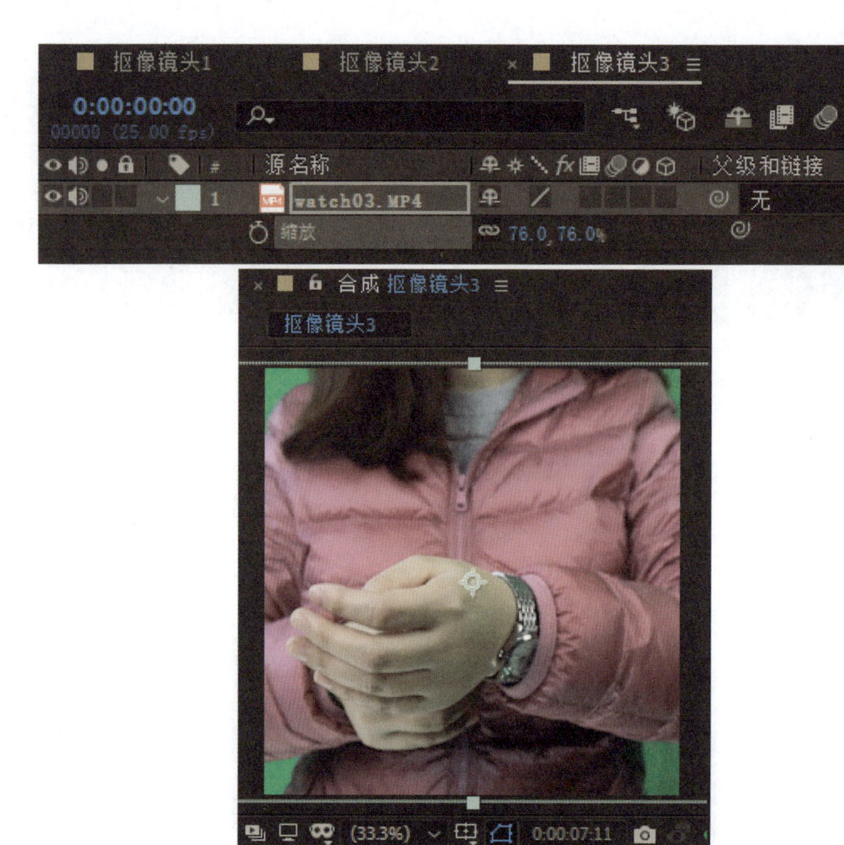

图8-18

Step 03：选择时间轴上的“Watch03”图层，在菜单栏中执行“效果”>“键控”>“Keylight”命令，为其进行抠像操作，选择“Screen Colour”后的 “吸管工具”，在“合成”面板中绿色部分单击，抠除背景颜色。

Step 04：在“View”下拉列表中选择“Screen Matte”，以遮罩的方式显示图像。展开“Screen Matte”，将“Clip Black”设为17，“Clip White”设为74，在“View”列表中选择“Final Result”，如图8-19所示。

Step 05：将“背景素材03”拖动到“时间轴”面板，按“S”键进行缩放，将“缩放”设为135，如图8-20所示。

Step 06：在“合成”面板将图片移动到合适的位置，如图8-21所示。

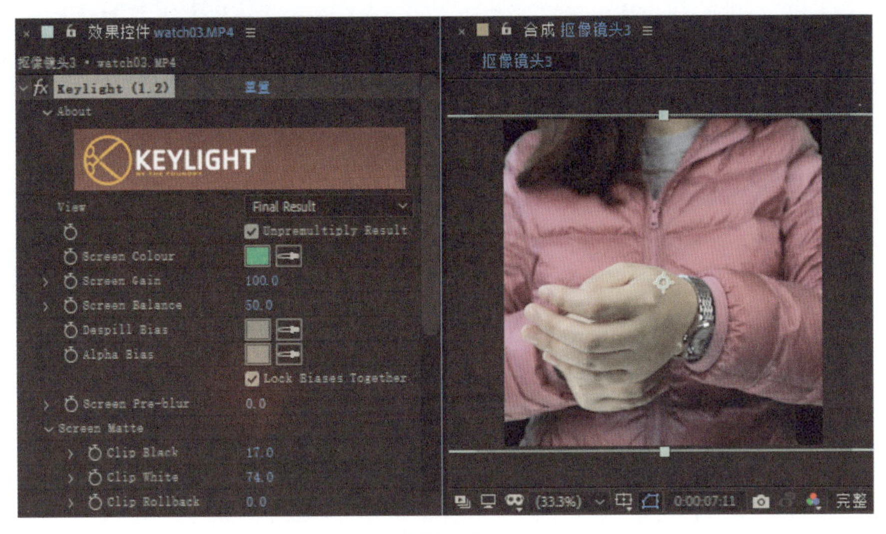

图8-19

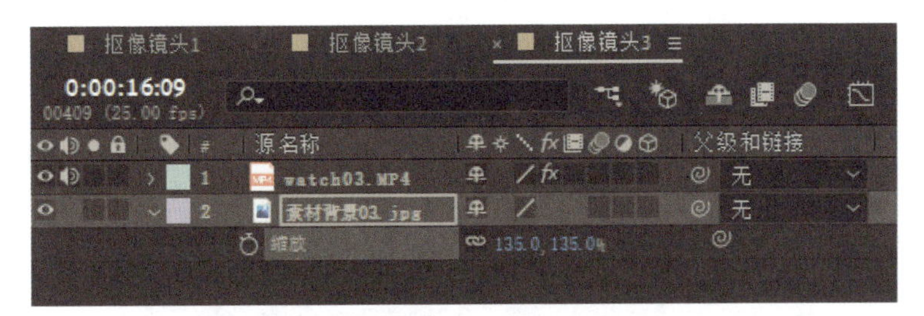

图8-20

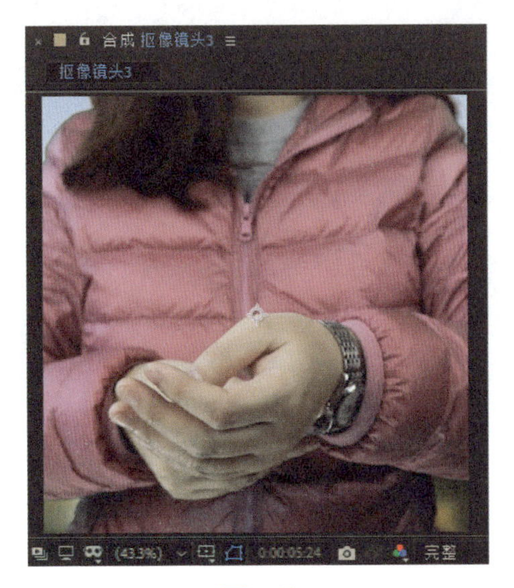

图8-21

至此，就完成了三个素材的抠像，保存文件，将保存的文件名称命名为“AE手表抠像”。

8.4 手表短视频合成

下面我们需要将抠像好的合成文件和素材结合在一起，制作手表短视频。

8.4.1 视频合成

Step 01：打开Premiere Pro软件，新建项目，将其命名为“手表合成项目”，打开Premiere Pro软件的工作界面。

Step 02：在“项目”面板上单击鼠标右键，在弹出的右键菜单中执行“导入”命令，选择合成文件“AE手表抠像”，会弹出“导入 After Effects 合成”窗口，如图8-22所示。

图8-22

Step 03：选择“抠像镜头1”，单击“确定”按钮，这样将“抠像镜头1”导入到“项目”面板，如图8-23所示。

图8-23

Step 04：使用同样的方法，将“抠像镜头2”和“抠像镜头3”导入到“项目”面板。

Step 05：然后将“手表正面”、“手表背面”和“手表旋转视频”素材导入到“项目”面板，如图8-24所示。

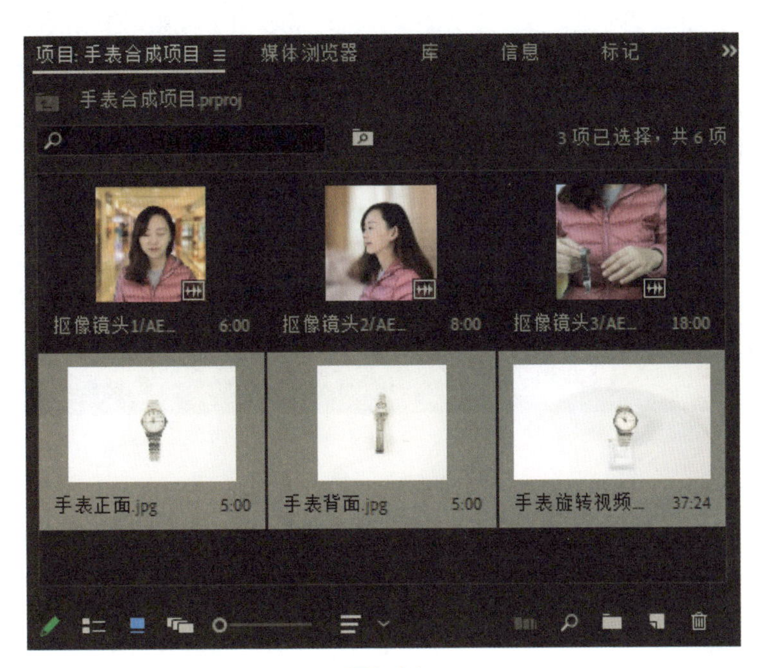

图8-24

Step 06：在菜单栏中执行“新建”>“文件”>“序列”命令，新建序列，将“编辑模式”设为“自定义”，“帧大小”设为“800”水平和“800”垂直，“像素长宽比”设为“方形像素（1.0）”，如图8-25所示。

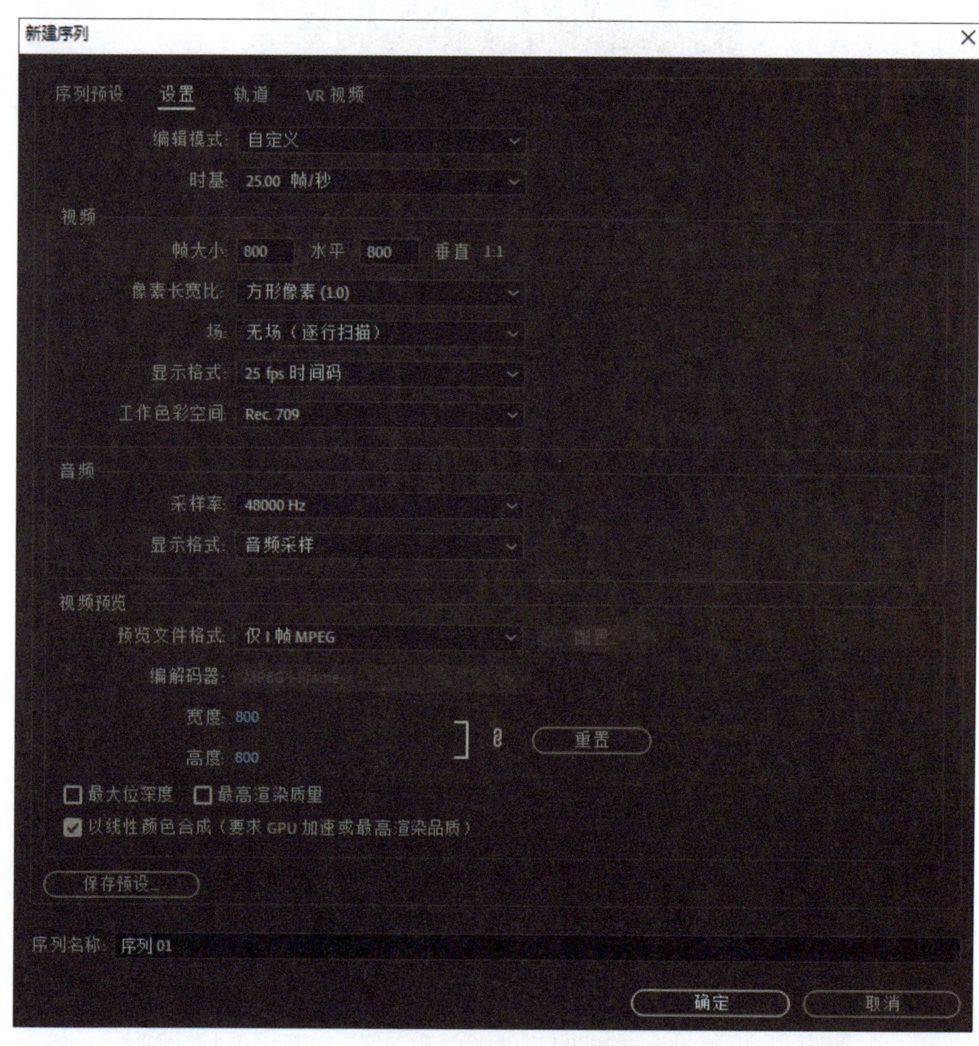

图8-25

Step 07：单击“确定”按钮，完成序列的制作。

Step 08：将“手表正面”素材拖动到“时间轴”面板，选择“手表正面”素材，展开“效果控件”面板，将“缩放”设为61，再将时间线移动到开始帧，单击“缩放”前面的 “切换动画”按钮，添加关键帧，如图8-26所示。

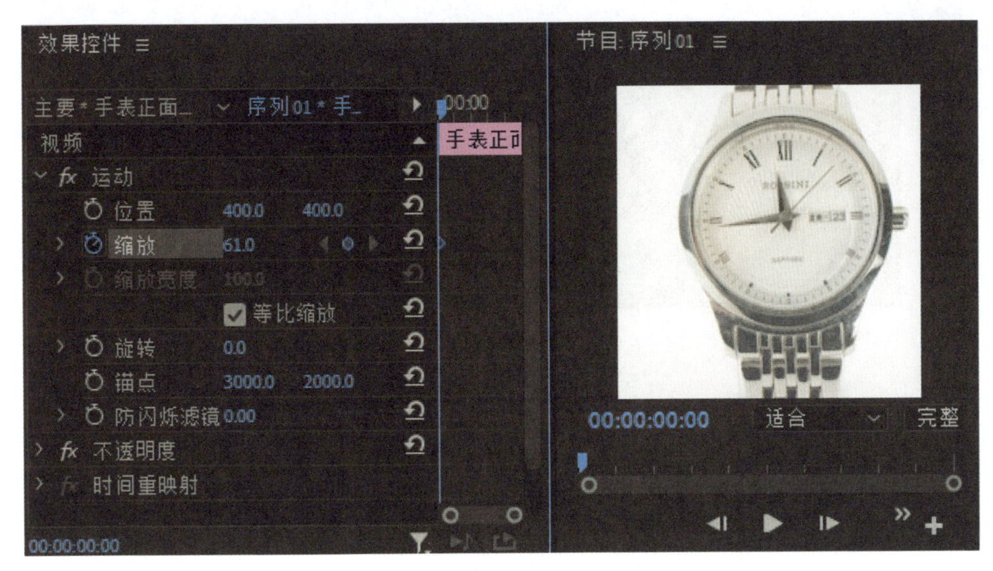

图8-26

Step 09：将时间线移动到00:00:04:24，将“缩放”设为21，如图8-27所示，这样就完成了第一个素材的动画制作。

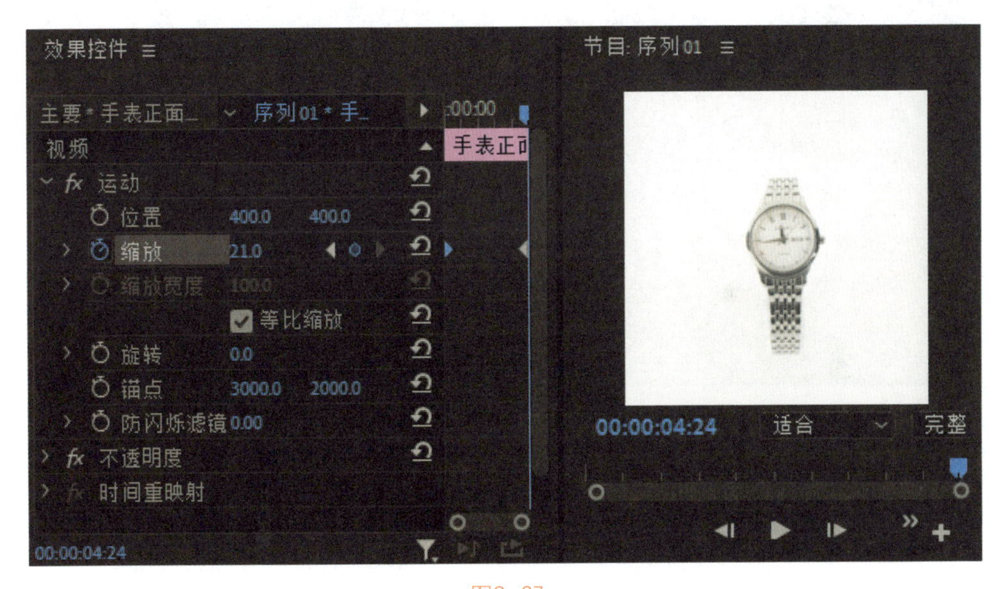

图8-27

Step 10：将“手表背面”素材拖动到“时间轴”面板，如图8-28所示。

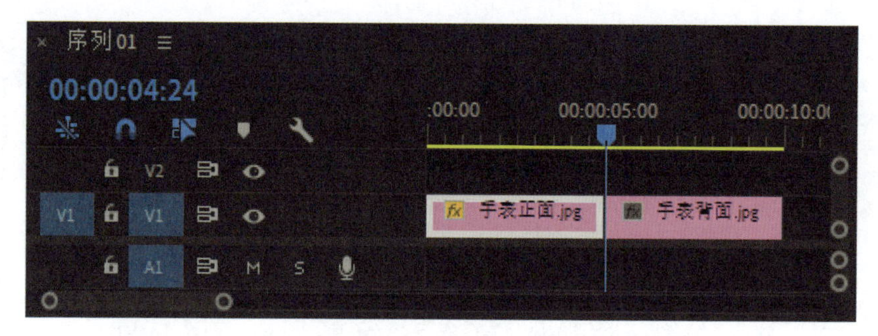

图8-28

Step 11：选择“手表背面”素材，展开“效果控件”面板，将“缩放”设为19，再将时间线移动到00:00:05:00，单击“缩放”前面的 “切换动画”按钮，添加关键帧，如图8-29所示。

Step 12：将时间线移动到00:00:10:00，将“缩放”设为54，如图8-30所示。这样完成了手表背面素材的动画。

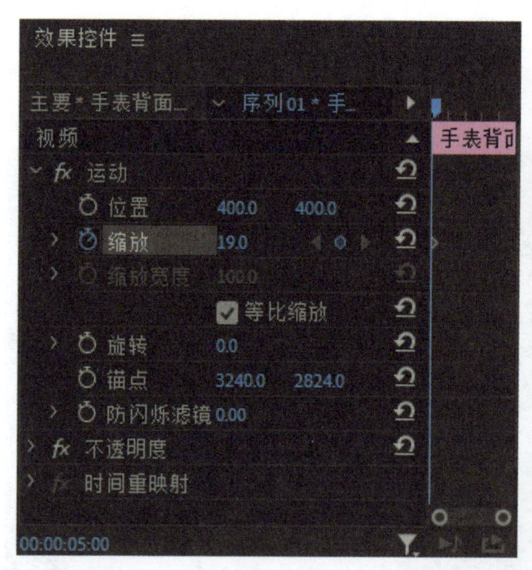

图8-29

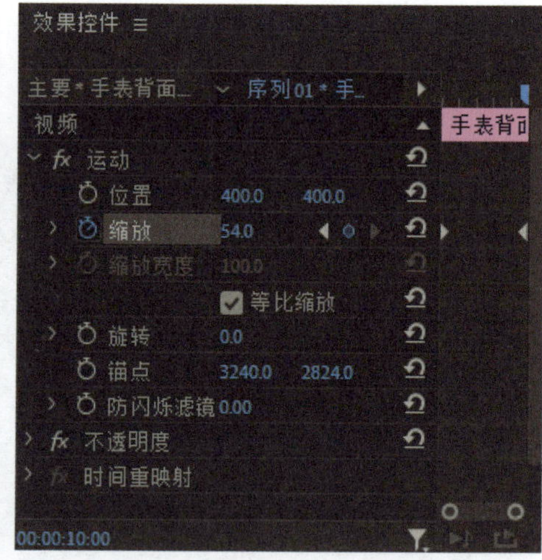

图8-30

Step 13：在“项目”面板将“手表旋转视频”素材拖动到“时间轴”面板，如图8-31所示。

Step 14：选择“旋转视频”素材，在“效果控件”面板，将“位置”设为（265,371），“缩放”设为175，如图8-32所示。

Step 15：将时间线移动到00:00:20:00，使用“剃刀工具”在“手表旋转视频”素材上单击，将该素材剪为两段，然后删除后面一段视频，如图8-33所示。

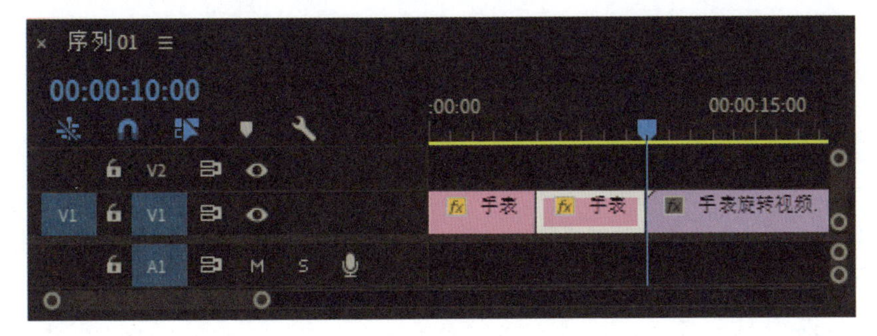

图8-31

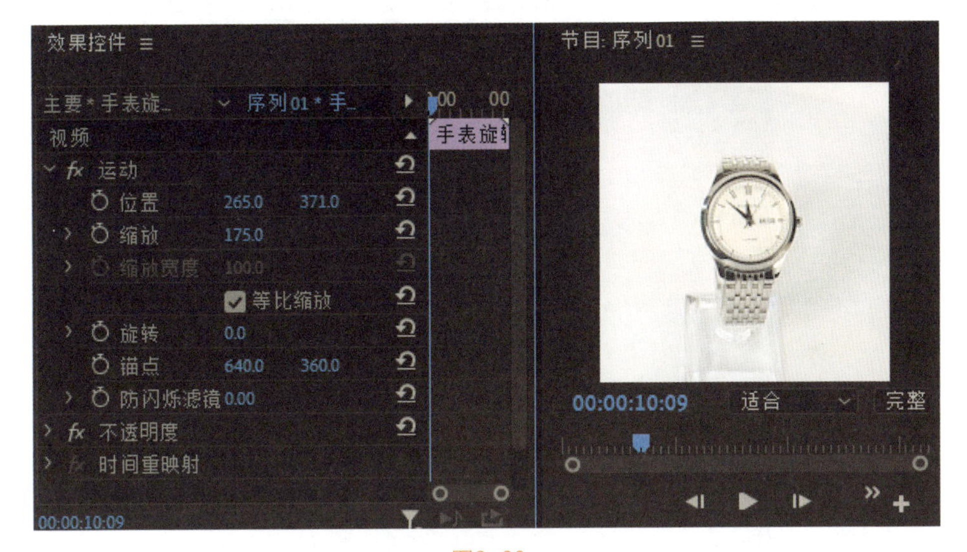

图8-32

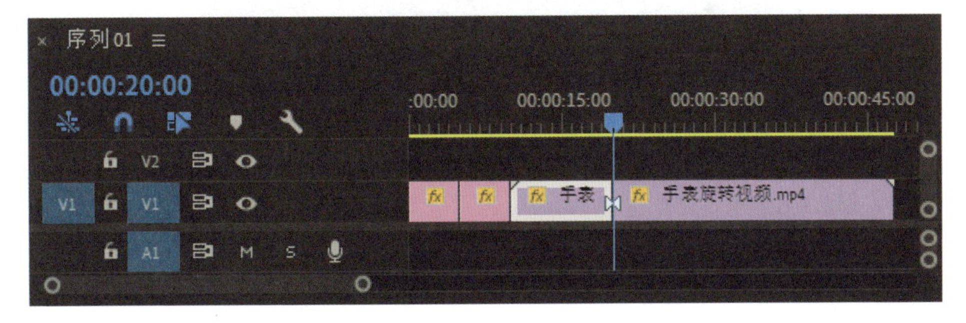

图8-33

Step 16：在“项目”面板将“抠像镜头1”素材拖动到“时间轴”面板，如图8-34所示。

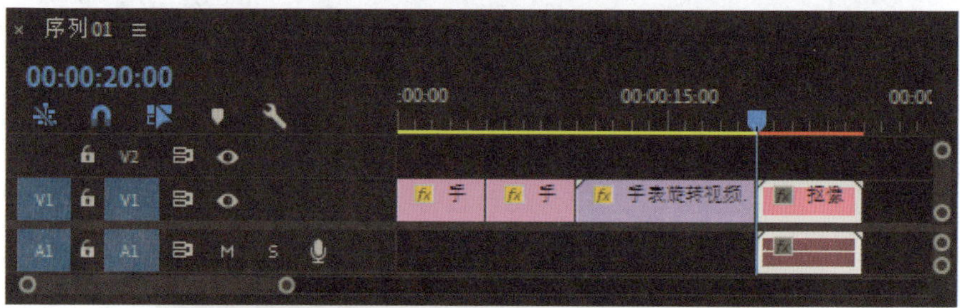

图8-34

Step 17：在“项目”面板将“抠像镜头2”和“抠像镜头3”拖动到时间轴的轨道上，如图8-35所示。

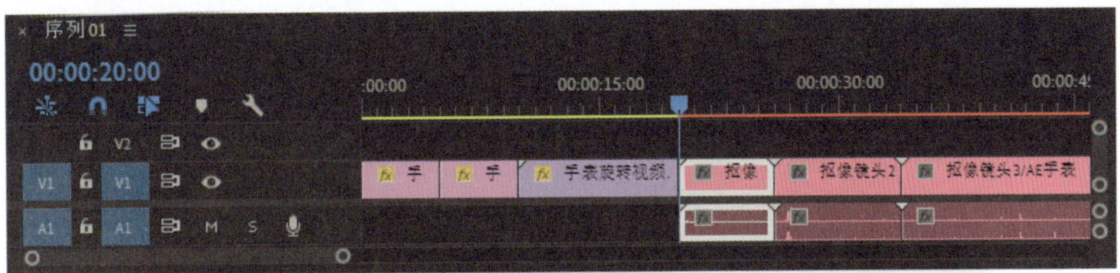

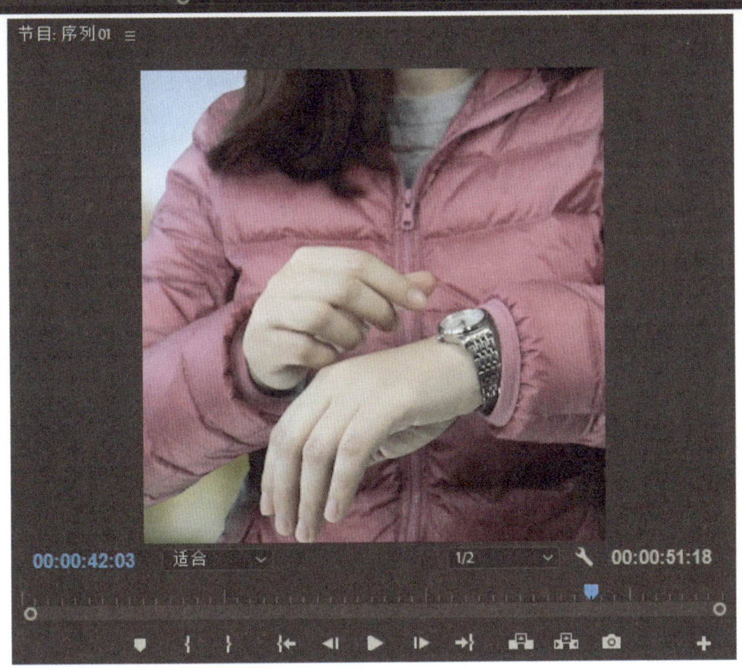

图8-35

8.4.2 磨皮插件

下面介绍“Beauty Box”磨皮插件的使用方法。

Step 01：在“项目”面板右下角单击“新建项”按钮，执行“新建调整图层”命令，会弹出“调整图层”窗口，如图8-36所示。

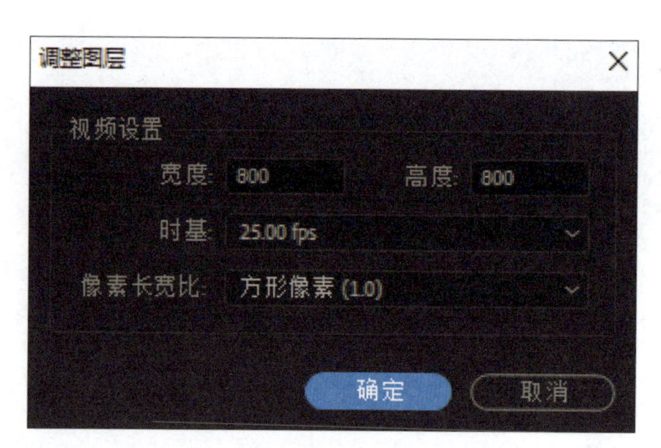

图8-36

Step 02：单击“确定”按钮，将“调整图层”拖动到“时间轴”面板，然后拖动“调整图层”时间条的边缘，使其与下面素材的时间条对齐，如图8-37所示。

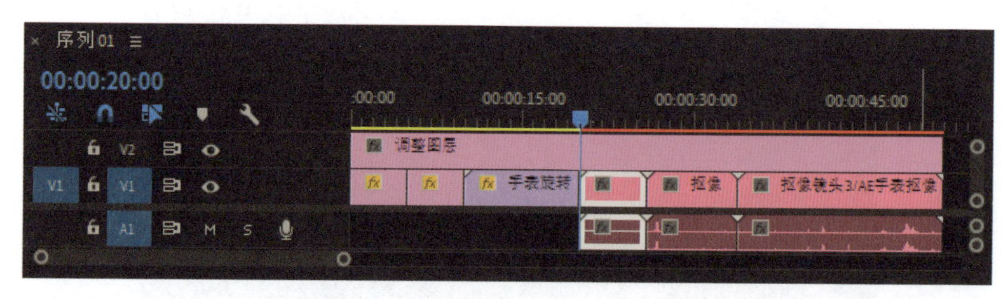

图8-37

Step 03：打开“效果”面板，展开“视频效果”，选择“Beauty Box”磨皮插件，并将其拖动到“调整图层”上，如图8-38所示。

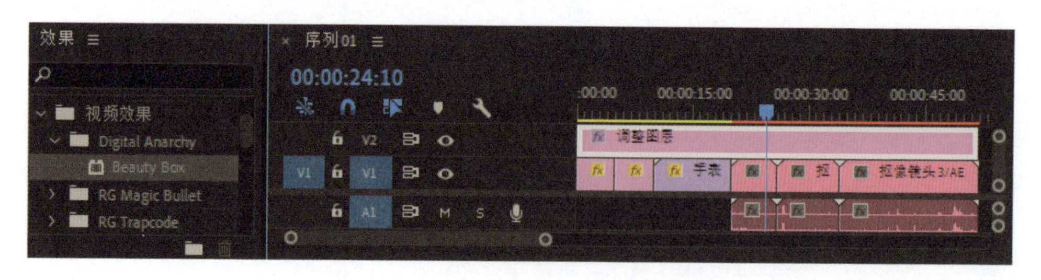

图8-38

Step 04：在“效果控件”面板调整“Beauty Box”磨皮插件的参数，将“Smoothing Amount”设为30，“Skin Detail Smooth”设为36，“Contrast Enhance”设为48，“Hue Range”设为32%，“Saturation Range”设为39%，“Value Range”设为76%，效果如图8-39所示。

图8-39

至此，就完成了为视频中的人物进行磨皮，保存文件。

8.4.3 视频调色

下面介绍使用“Lumetri 颜色”效果进行视频调色的方法。

Step 01：在“项目”面板将“调整图层”拖动到“时间轴”面板，然后将开始位置移动到0:00:20:00，如图8-40所示。

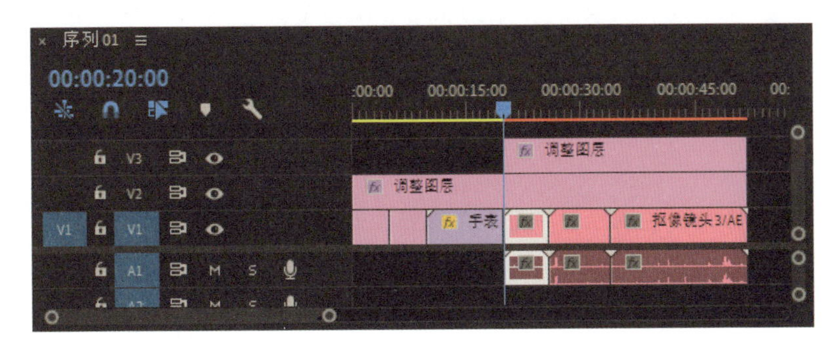

图8-40

Step 02：打开“效果”面板，展开“颜色校正”，选择“Lumetri 颜色”效果，并将其拖动到“调整图层”上，如图8-41所示。

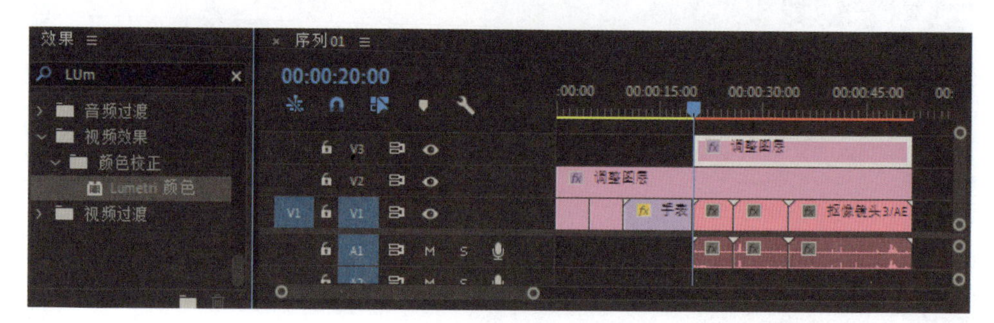

图8-41

Step 03：在“效果控件”面板，将“基本校正”下的“色温”设为15，“色彩”设为9，“曝光”设为0.1，如图8-42所示。

图8-42

Step 04：展开“曲线”，调整RGB曲线，如图8-43所示。

Step 05：选择蓝色通道，调整蓝色曲线，如图8-44所示。

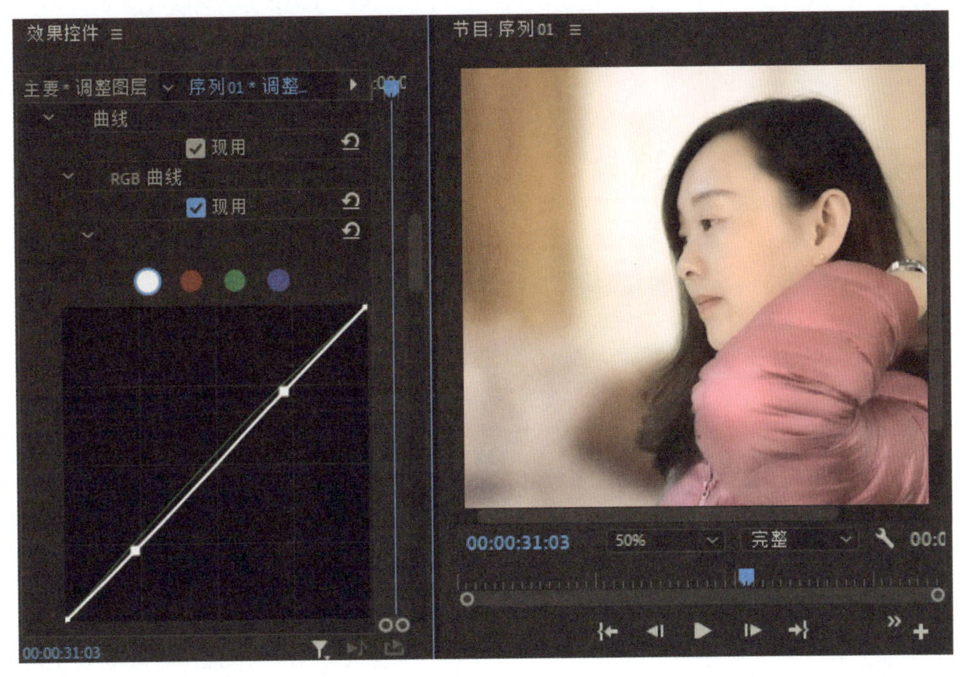
效果控件
主要 * 调整图层
序列 01 * 调整...
曲线
现用
RGB 曲线
现用
00:00:31:03
节目: 序列 01
00:00:31:03
50%
完整

图8-43

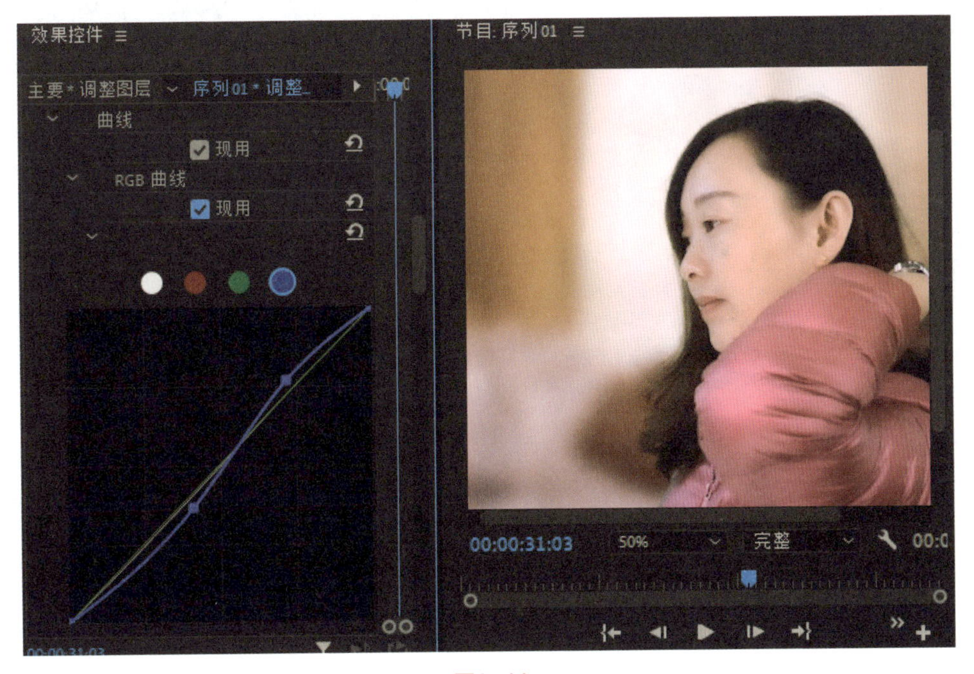
效果控件
主要 * 调整图层
序列 01 * 调整...
曲线
现用
RGB 曲线
现用
节目: 序列 01
00:00:31:03
50%
完整

图8-44

至此，就完成了为视频进行调色，保存文件。

8.5 渲染和发布视频

本节介绍渲染视频和将视频发布到拼多多平台的方法。

8.5.1 渲染视频

下面介绍渲染和导出视频的方法。

在菜单栏中执行“文件”>“导出”>“媒体”命令，打开“导出设置”窗口，如图8-45所示。

图8-45

将“格式”设为H.264，“预设”设为“匹配源-高比特率”，然后设置文件的“输出名称”和保存位置，单击“导出”按钮，等待渲染视频完成，如图8-46所示。

图8-46

8.5.2 将视频发布到拼多多店铺

在拼多多店铺可以发布商品轮播视频和商品详情页视频。

Step 01：在拼多多店铺发布商品时，可以在“商品基本信息”下的“商品轮播视频”和“商详视频”处单击“上传”按钮进行上传视频，如图8-47所示。

图8-47

Step 02：发布商品后，进入商品详情页面可以看到视频效果，如图8-48所示。

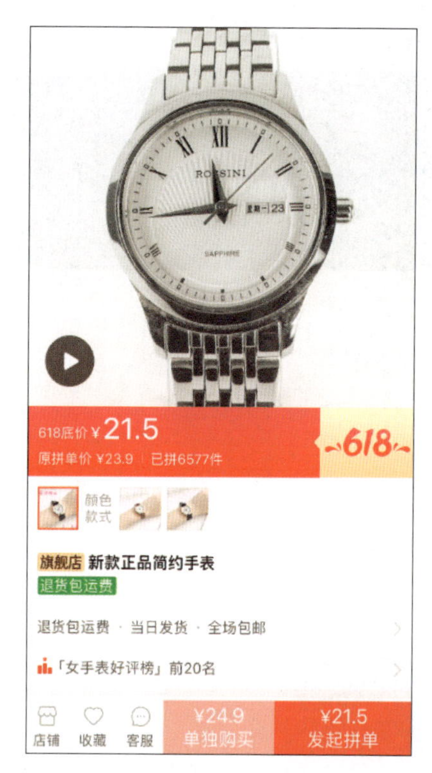
618底价 ¥21.5
原拼单价 ¥23.9 已拼6577件
618
颜色
款式
旗舰店 新款正品简约手表
退货包运费
退货包运费 · 当日发货 · 全场包邮
「女手表好评榜」前20名
店铺
收藏
客服
¥24.9
单独购买
¥21.5
发起拼单

图8-48

第9章

自媒体商品视频制作

本章主要介绍凉鞋宣传视频的制作方法，最后将该视频发布到自媒体平台。在制作视频前需要和商家进行前期沟通，商家提供商品资料，结合商家店铺和商品特色进行创意策划，确定制作方案，然后进入拍摄和制作阶段。

下面首先了解凉鞋的属性和卖点，然后进行创意策划，策划方案如表9-1所示。

表9-1

镜　头	时　间	展示内容	文　案	广 告 语
镜头1	5秒		片头展示	展示品牌
镜头2	15秒		凉鞋旋转展示	头层牛皮鞋面
镜头3	5秒		凉鞋展示	凉鞋两用设计
镜头4	5秒		鞋底展示	高品质聚氨酯 缓震鞋底
镜头5	5秒		铆钉展示	防锈质感铆钉
镜头6	5秒		品牌语或者结束语	穿休闲鞋 就是舒适

按照策划方案进行拍摄视频，拍摄好之后进行视频制作。

9.1 Premiere Pro与After Effects结合

下面使用Premiere Pro软件和After Effects软件制作镜头2的视频。

Step 01：打开Premiere Pro软件，新建项目，并将其命名为“短视频”，如图9-1所示。

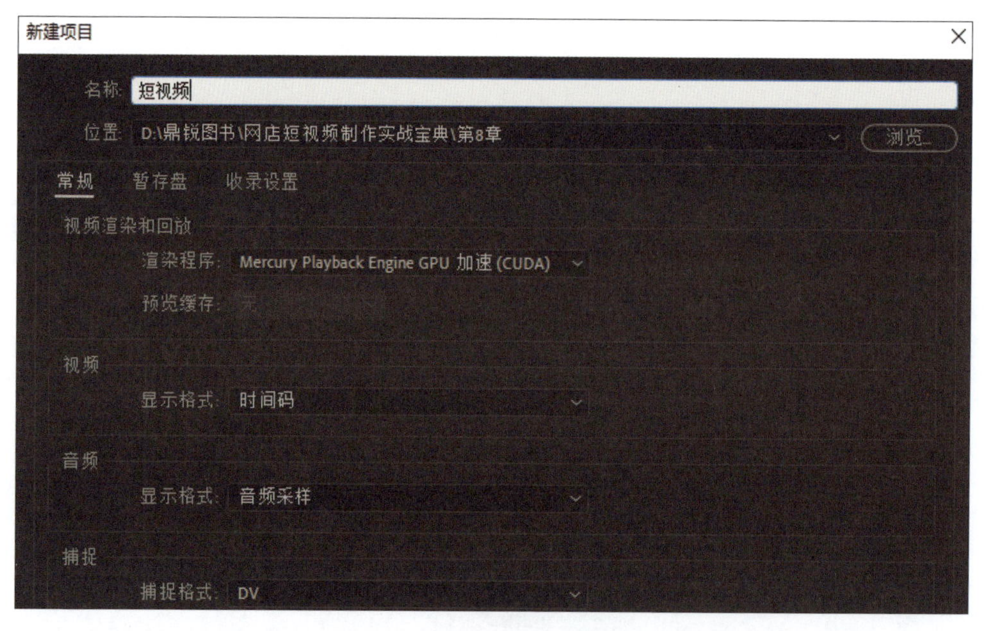

图9-1

Step 02：在菜单栏中执行“文件”>“导入”命令，选择素材并导入。

Step 03：在“项目”面板的右下角单击“新建项”按钮，然后在弹出的菜单中执行“序列”命令，如图9-2所示。

Step 04：弹出“新建序列”窗口，在“序列预设”中选择“HDV 720p 25”，然后单击“设置”选项卡，可以看得“序列预设”的信息，如图9-3所示。

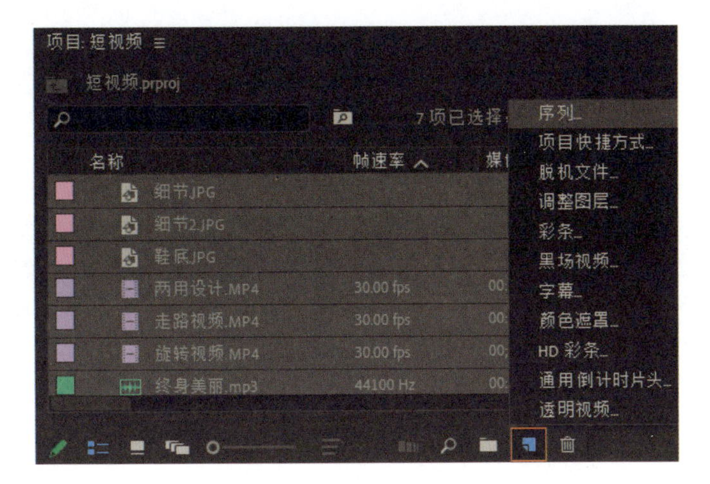
项目: 短视频
短视频.prproj
7 项已选择
名称
帧速率
细节.JPG
细节2.JPG
鞋底.JPG
两用设计.MP4
30.00 fps
走路视频.MP4
30.00 fps
旋转视频.MP4
30.00 fps
终身美丽.mp3
44100 Hz
序列...
项目快捷方式...
脱机文件...
调整图层...
彩条...
黑场视频...
字幕...
颜色遮罩...
HD 彩条...
通用倒计时片头...
透明视频...

图9-2

新建序列
序列预设
设置
轨道
VR 视频
编辑模式:
HDV 720p
时基:
25.00 帧/秒
视频
帧大小:
水平
垂直
16:9
像素长宽比:
方形像素 (1.0)
场:
显示格式:
25 fps 时间码
工作色彩空间:
Rec. 709
音频
采样率:
48000 Hz
显示格式:
音频采样
视频预览
预览文件格式:
编解码器:
宽度:
1280
高度:
720
重置
最大位深度
最高渲染质量
以线性颜色合成（要求 GPU 加速或最高渲染品质）
保存预设...
序列名称:
旋转视频
确定
取消

图9-3

Step 05：单击“确定”按钮，完成新建序列。

Step 06：在“项目”面板将“旋转视频”素材拖动到序列上，会弹出“剪辑不匹配警告”对话框，如图9-4所示。

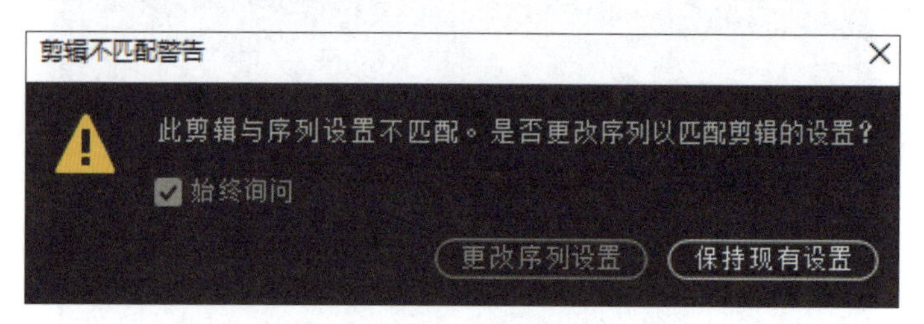

图9-4

Step 07：单击“保存现有设置”按钮，“时间轴”面板如图9-5所示。

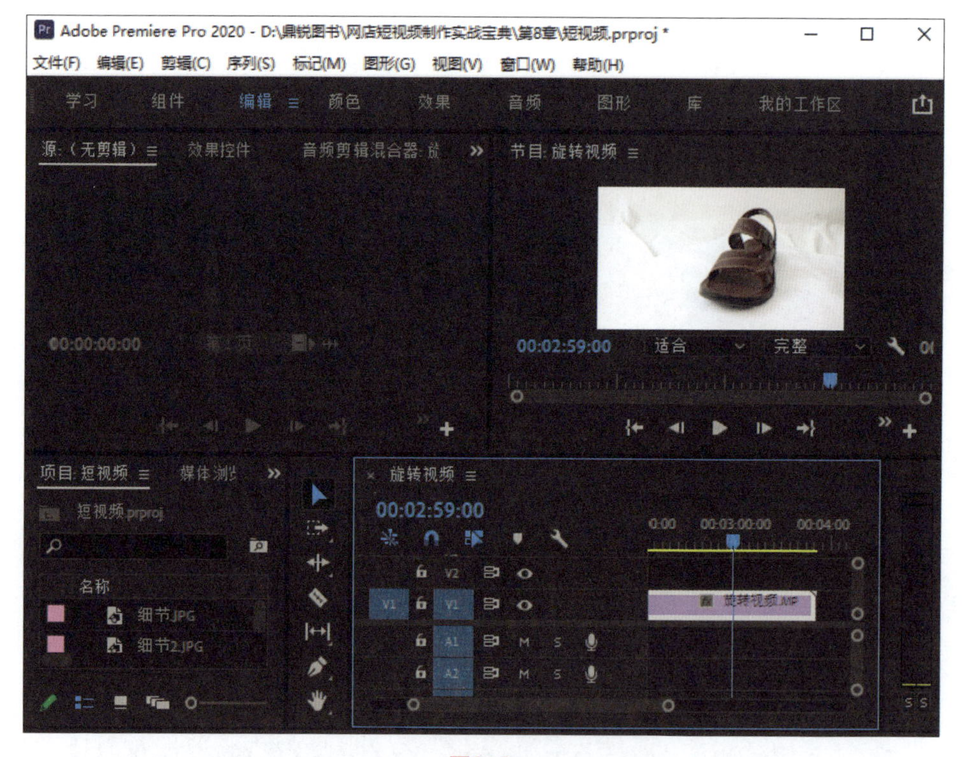

图9-5

Step 08：选择“旋转视频”，打开“效果控件”面板，将“运动”下的“缩放”设为68，“位置”设为（504,332），这样可以将拍摄的整个画面显示在“节目监视器”面板中，如图9-6所示。

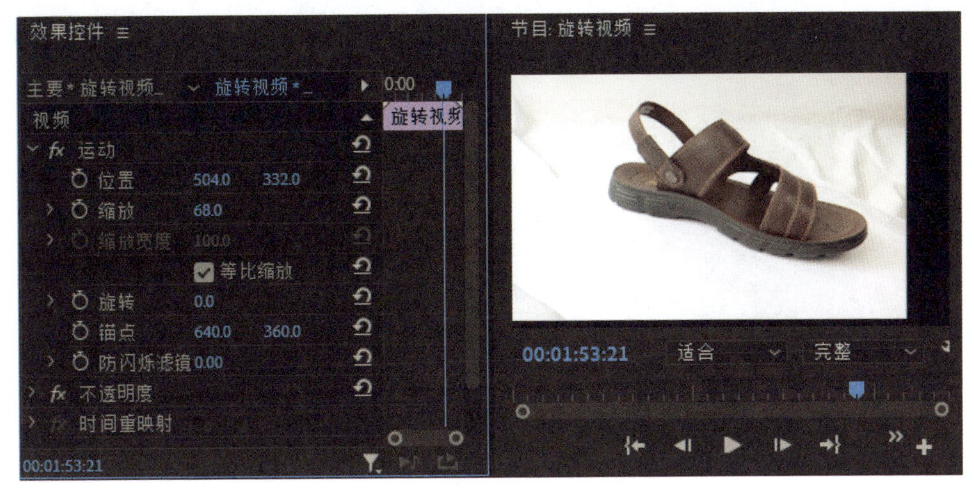

图9-6

Step 09：将时间线移动到00:00:10:00，使用“剃刀工具”将视频剪为两段。

Step 10：使用同样的方法，将时间线移动到00:00:42:00，使用“剃刀工具”将视频剪为两段，这样中间的视频就是凉鞋旋转一圈的视频，如图9-7所示。

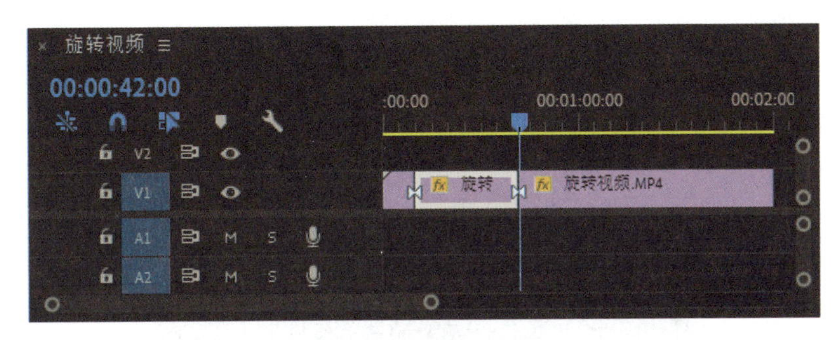

图9-7

Step 11：使用“选择工具”选择前后两个视频，按“Delete”键删除视频，然后将中间的视频移动到时间开始的位置。

Step 12：单击“文件”菜单，保存Premiere Pro文件，将其命名为“旋转视频项目”。

Step 13：打开After Effects软件，在菜单栏中执行“文件”>“导入”>“导入Adobe Premiere Pro 项目”命令，如图9-8所示。

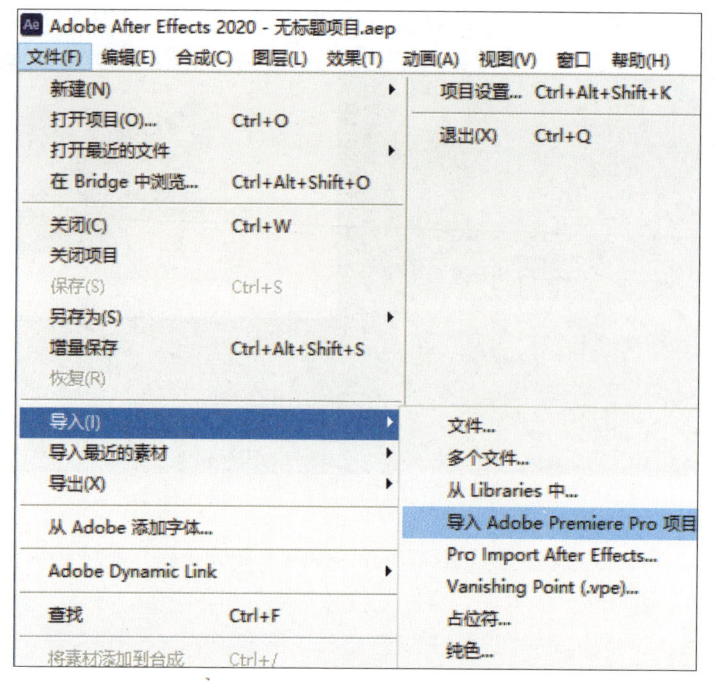

图9-8

Step 14：选择之前保存的Premiere Pro文件“旋转视频项目”，会弹出“Premiere Pro 导入器”窗口，在“选择序列”中选择“旋转视频”，如图9-9所示。

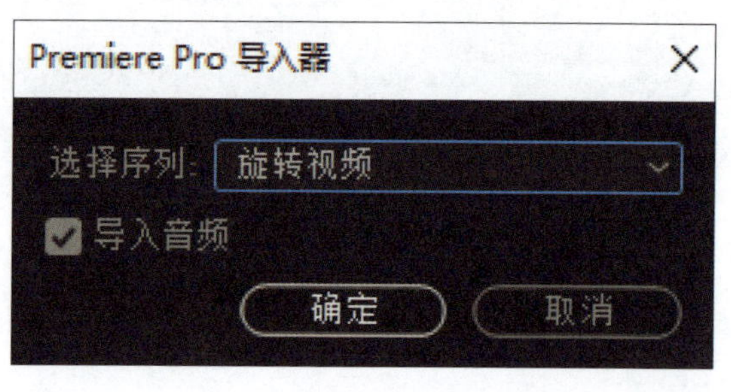

图9-9

Step 15：单击“确定”按钮，将“旋转视频项目”导入After Effects软件的“项目”面板，如图9-10所示。

Step 16：双击“旋转视频”序列，这样就打开了“旋转视频”的“合成”面板，如图9-11所示。

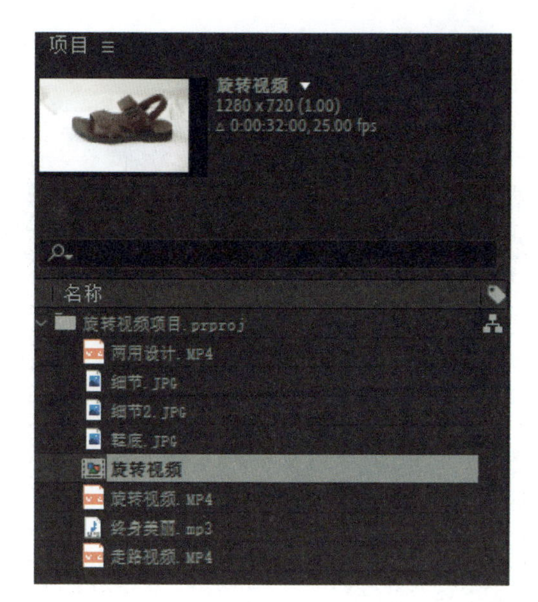
项目
旋转视频
1280 x 720 (1.00)
Δ 0:00:32:00, 25.00 fps
名称
旋转视频项目.prproj
两用设计.MP4
细节.JPG
细节2.JPG
鞋底.JPG
旋转视频
旋转视频.MP4
终身美丽.mp3
走路视频.MP4

图9-10

Adobe After Effects 2020 - 无标题项目.aep *
文件(F)
编辑(E)
合成(C)
图层(L)
效果(T)
动画(A)
视图(V)
窗口
帮助(H)
项目
合成 旋转视频
旋转视频
1280 x 720 (1.00)
名称
旋转视频项目.prproj
两用设计.MP4
细节.JPG
细节2.JPG
鞋底.JPG
旋转视频
旋转视频.MP4
8 bpc
(30.7%)
0:00:00:00
完整
旋转视频
0:00:00:00
源名称
父级和链接
旋转视频.MP4
无

图9-11

Step 17：该视频中的背景有白色的布褶皱，在“时间轴”面板中选择“旋转视频”图层，在菜单栏中执行“效果”>“颜色校正”>“色阶”命令，给视频添加“色阶”效果，调整“色阶”参数，这样画面中的一部分灰色会消失，如图9-12所示。

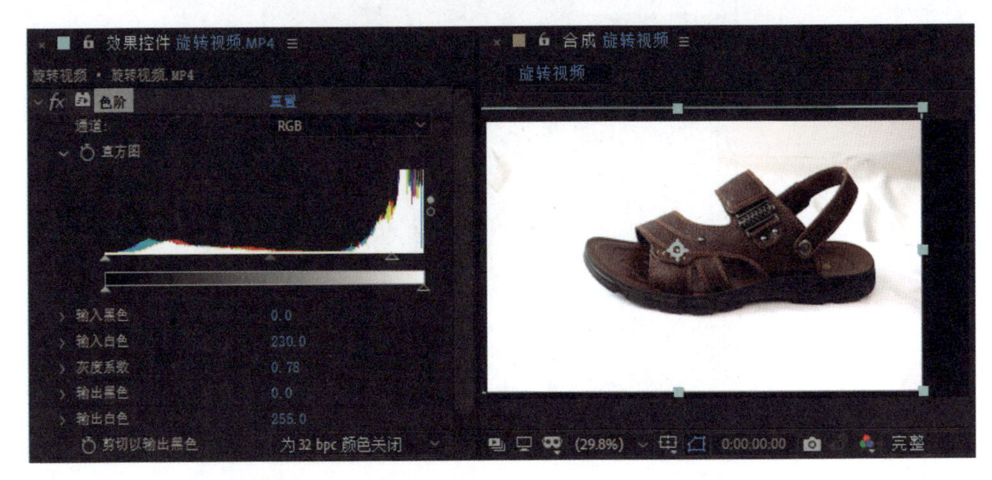

图9-12

Step 18：选择“旋转视频”图层，将时间线移动到开始帧，使用“钢笔工具”在“合成”面板绘制遮罩，让凉鞋部分显示出来，如图9-13所示。

图9-13

Step 19：在“时间轴”面板展开“蒙版”属性，单击“蒙版路径”前的“时间变换秒表”按钮，给蒙版路径加关键帧，如图9-14所示。

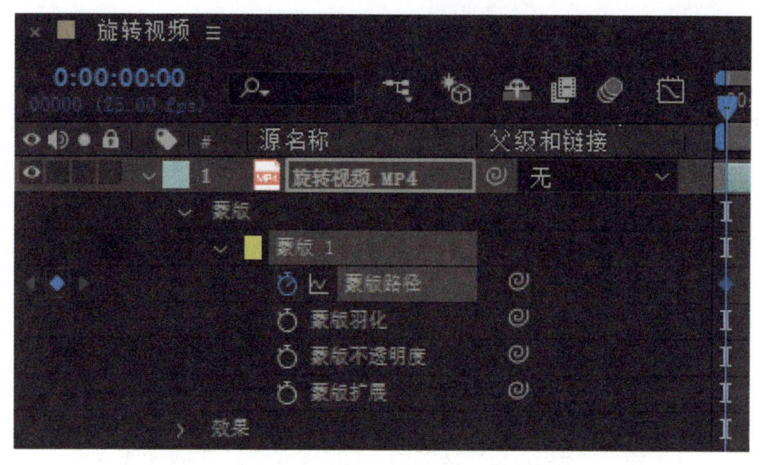

图9-14

Step 20：将时间线拖动到0:00:03:23，“合成”面板效果如图9-15所示。

图9-15

Step 21：使用“选择工具”调整蒙版上的点的位置，使凉鞋显示出来，如图9-16所示。

Step 22：调整点的位置，在时间轴上会自动添加关键帧，如图9-17所示。

图9-16

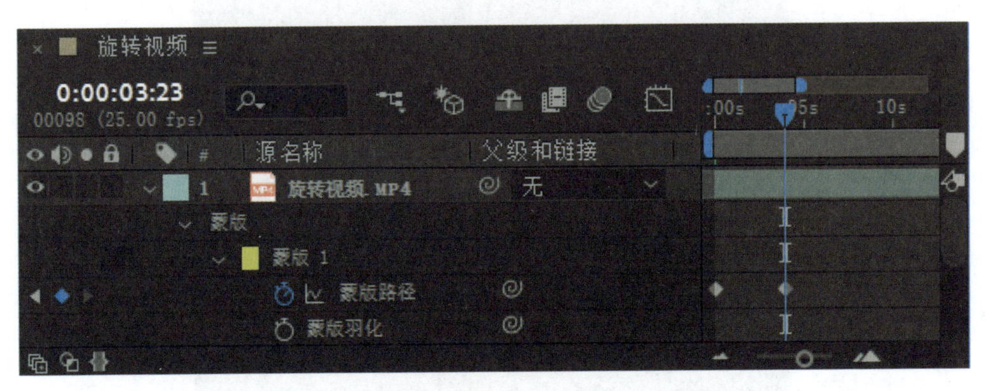

图9-17

Step 23：使用同样的方法，将时间线移动到0:00:09:04，然后调整蒙版形状，将整个凉鞋都显示出来，如图9-18所示。

Step 24：这样就制作出了蒙版的动画效果，凉鞋就都显示出来了。将背景设为黑色，将“蒙版羽化”设为30像素，如图9-19所示。

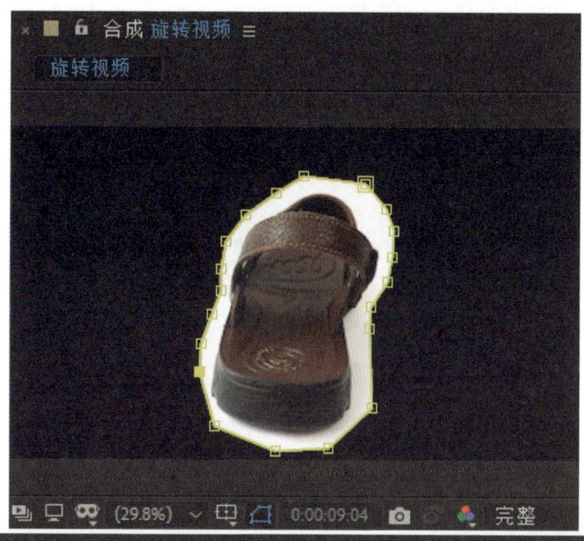

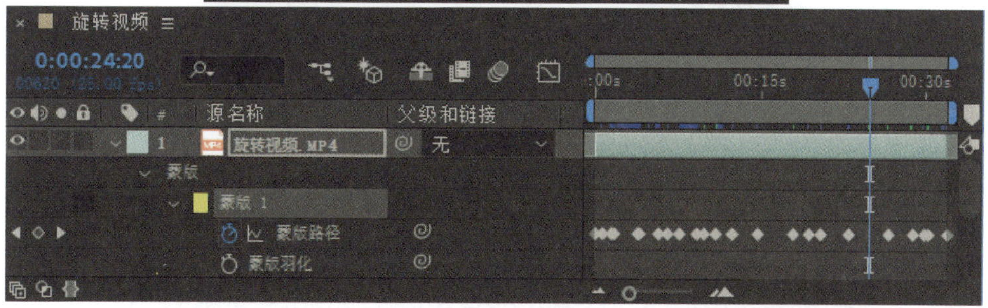

图9-18

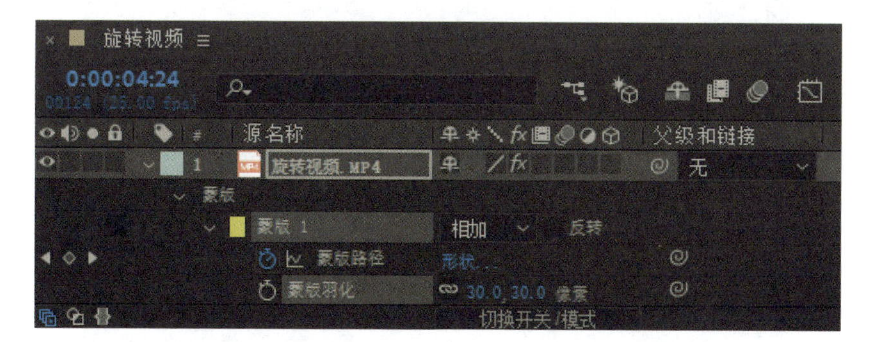

图9-19

Step 25：在菜单栏中执行“图层”>“新建”>“纯色”命令，新建一个白色图层，将该图层移动到“旋转视频”图层下方，“合成”面板效果如图9-20所示。

图9-20

Step 26：这样就完成了白色背景视频的制作，保存文件，将文件命名为“旋转视频”。

Step 27：打开Premiere Pro软件，在菜单栏中执行“文件”>“ Adobe Dynamic Link”>“导入 After Effects 合成图像”命令，打开“导入 After Effects 合成”窗口，选择“旋转视频”合成，如图9-21所示。

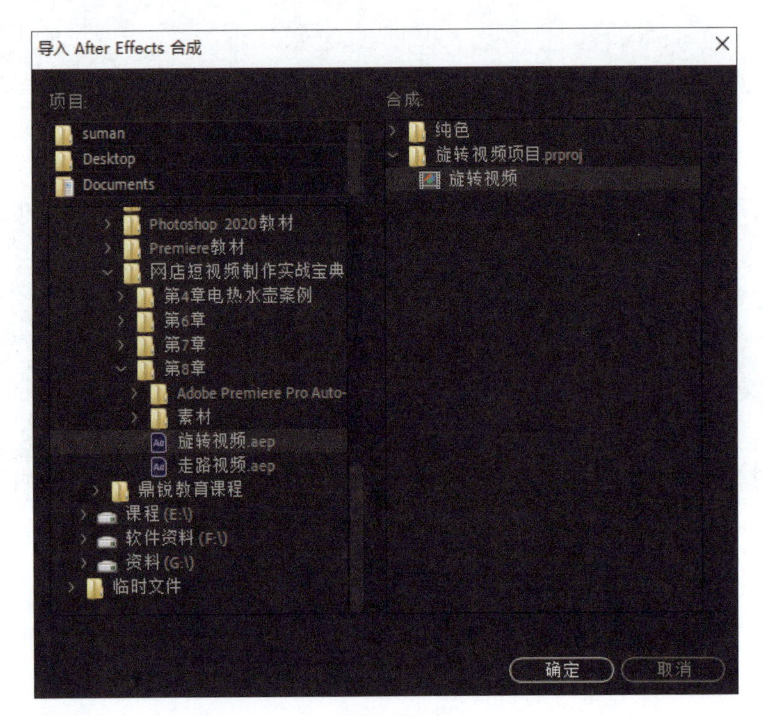

图9-21

Step 28：单击“确定”按钮，即可将使用After Effects软件制作的合成动态链接到Premiere Pro软件的“项目”面板，如图9-22所示。

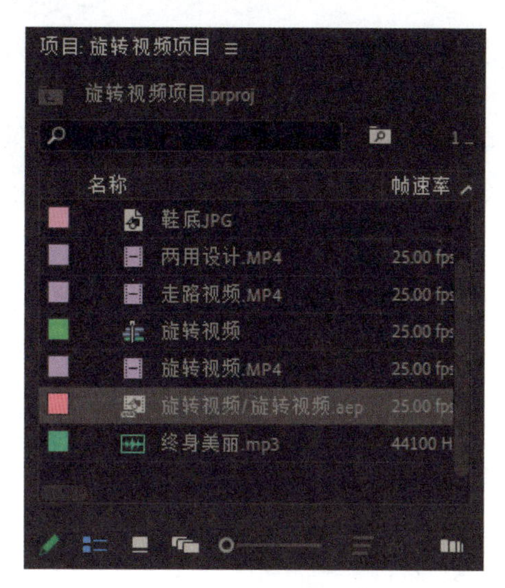

图9-22

至此，在Premiere Pro软件中就可以看到视频的背景变为白色了。

9.2 视频剪辑

下面通过Premiere Pro软件对视频进行剪辑，制作镜头3的视频。

Step 01：打开Premiere Pro软件，新建序列，将序列命名为“两用设计序列”，将“两用设计”素材拖动到该序列中，会弹出“剪辑不匹配警告”对话框，如图9-23所示。

图9-23

Step 02：单击“保持现有设置”按钮，“时间轴”面板效果如图9-24所示。

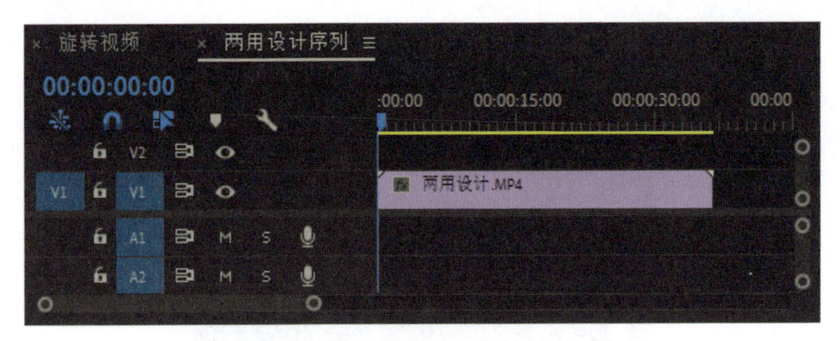

图9-24

Step 03：选择“两用设计”素材，在“效果控件”面板将“缩放”设为81，让凉鞋的整个画面在“节目监视器”面板中显示，如图9-25所示。

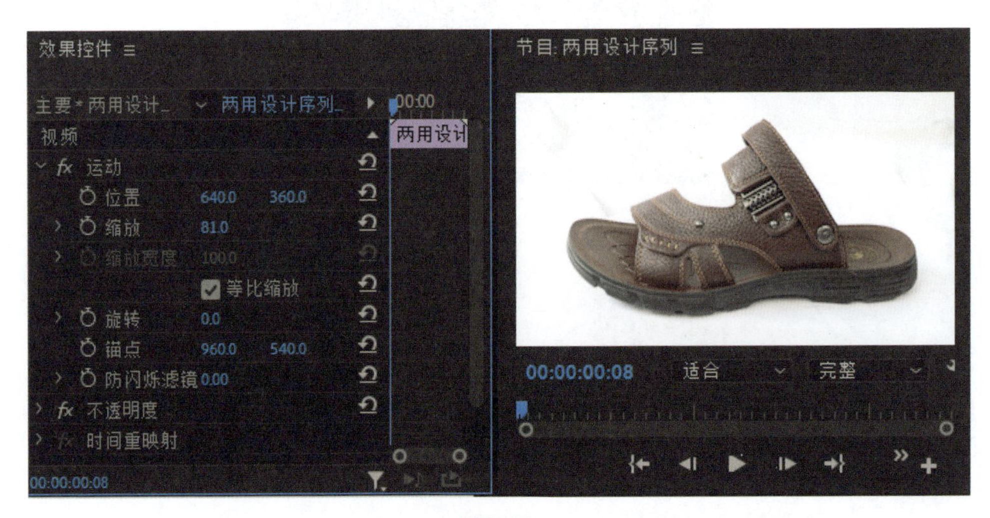

图9-25

Step 04：观看视频，将视频中出现“手”的部分剪掉。分别在00:00:02:15、00:00:06:08、00:00:08:00、00:00:10:14、00:00:10:14、00:00:10:14、00:00:24:13、00:00:26:14这些时间点进行剪辑，然后选择有“手”出现的视频并进行删除。这样就把视频多余的部分删除了，大家也可以根据需要的效果进行剪辑，保留有用的视频部分，“时间轴”面板如图9-26所示。

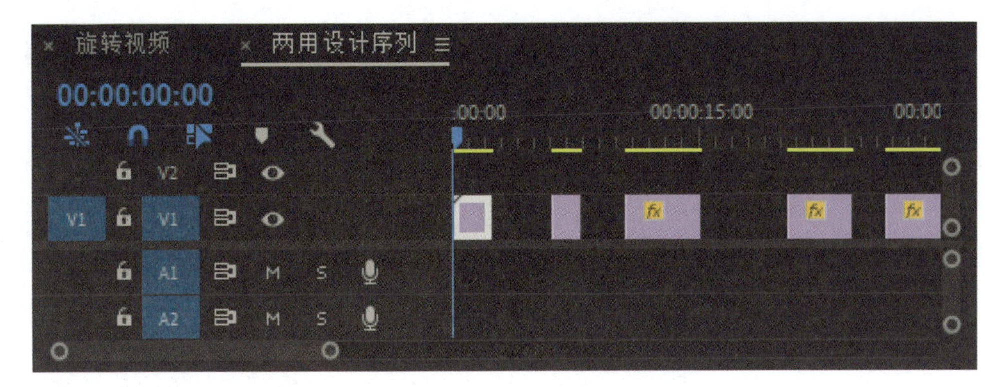

图9-26

Step 05：使用“选择工具”在时间轴上移动视频，如图9-27所示。

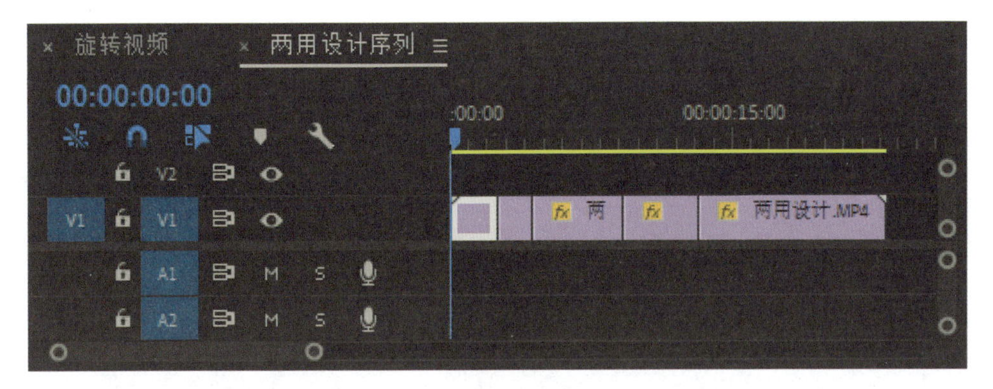

图9-27

Step 06：在时间轴将所有视频移动到视频轨道V2上，在“项目”面板新建“颜色遮罩”效果，并将其拖动到时间轴的轨道V1上，如图9-28所示。

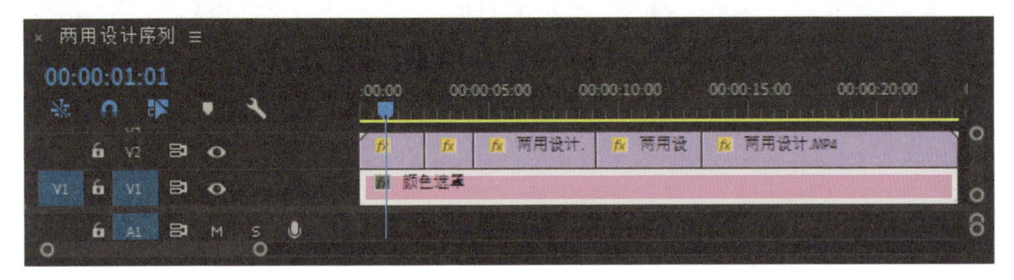

图9-28

Step 07：选择时间轴的V2轨道上的视频，在“效果控件”面板使用“钢笔工具”在背景布褶皱的位置绘制蒙版，勾选“已翻转”复选框，绘制后的效果如图9-29所示。

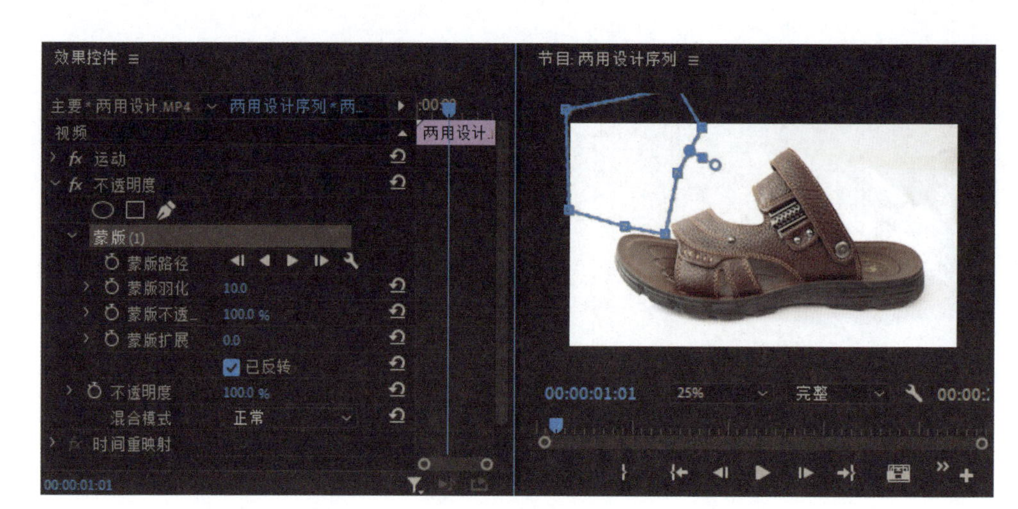

图9-29

Step 08：使用同样的方法，为其他视频绘制蒙版，效果如图9-30所示。

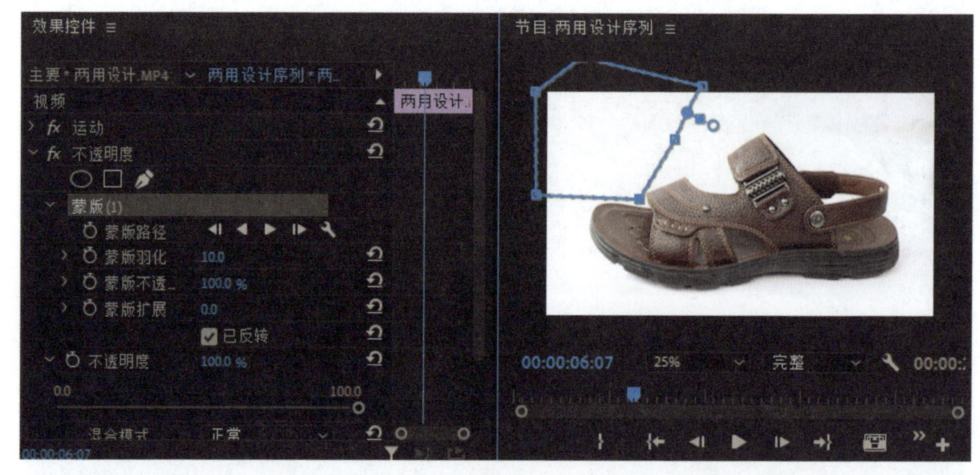

图9-30

至此，就完成了视频的剪辑，保存项目文件。

9.3 关键帧动画

本节介绍使用Premiere Pro软件对图片添加关键帧，制作镜头3的方法。下面制作鞋底动画效果。

Step 01：打开Premiere Pro软件，新建序列，将其命名为“鞋底序列”，将“鞋底”素材拖动到该序列上，如图9-31所示。

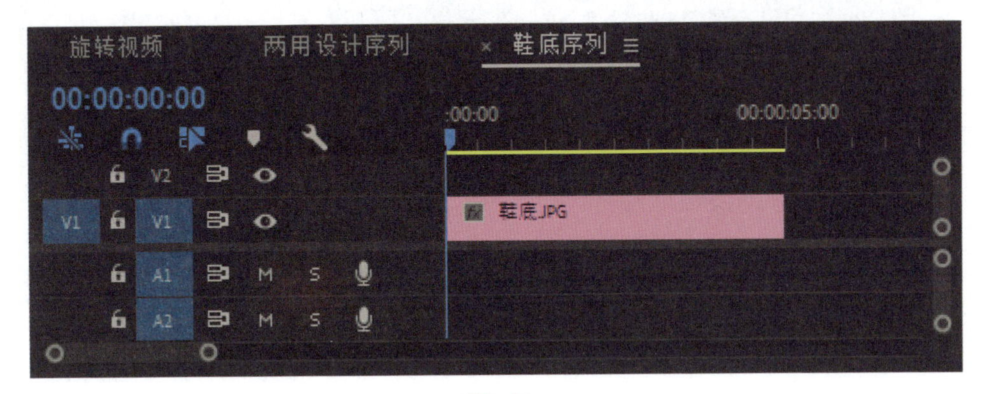

图9-31

Step 02：选择“鞋底”素材，在“效果控件”面板上将“缩放”设为20，将整张图片在“节目监视器”面板中显示，如图9-32所示。

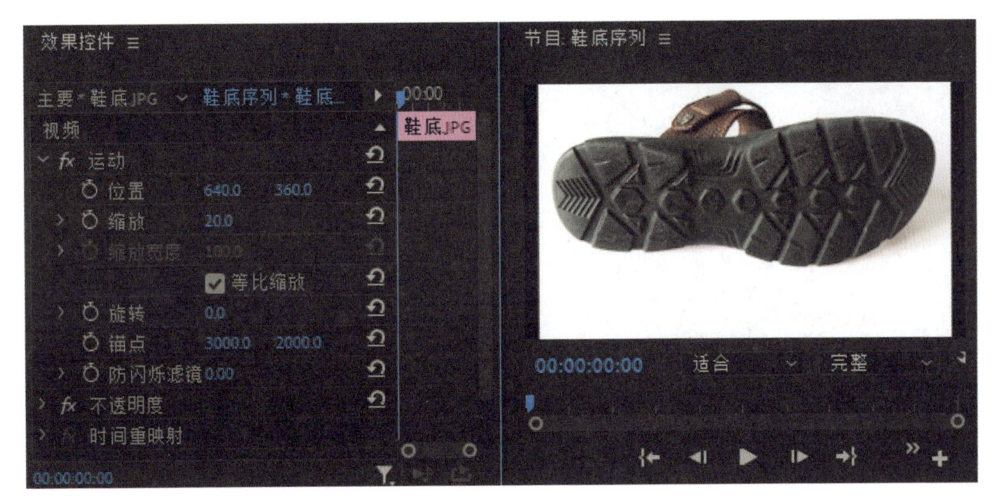

图9-32

Step 03：将时间线移动到开始帧，在“效果控件”面板上将“位置”设为（1023,423），在“位置”和“缩放”上添加关键帧，如图9-33所示。

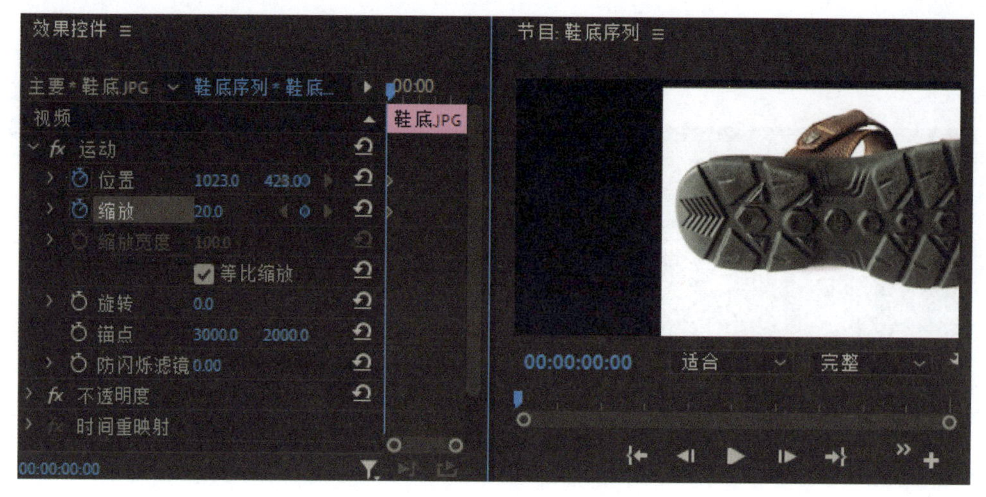

图9-33

Step 04：将时间线移动到00:00:01:00，将“位置”设为（663,432），“缩放”设为20，调整后的效果如图9-34所示。

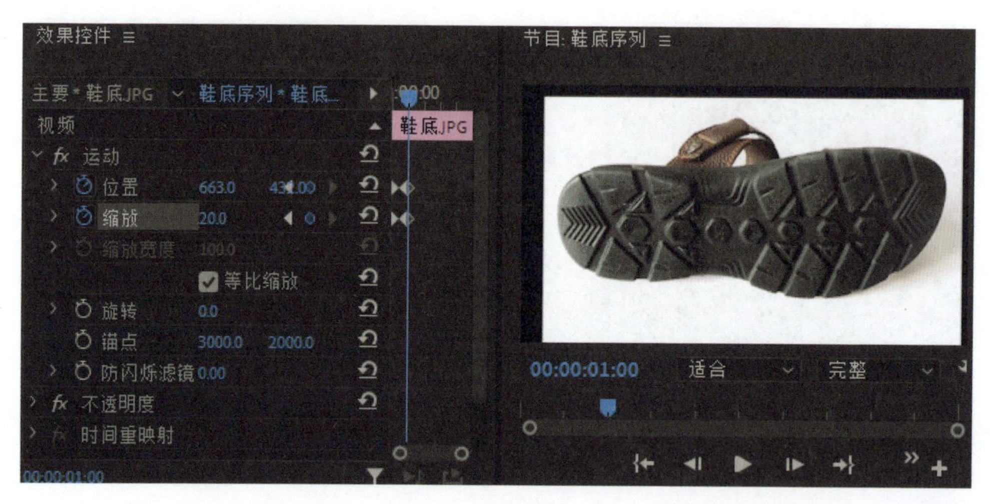

图9-34

Step 05：将时间线移动到00:00:03:00，将“位置”设为（1184,432），“缩放”设为40，在“位置”和“缩放”上添加关键帧，如图9-35所示。

Step 06：在“项目”面板右下角单击“新建项”按钮，选择“颜色遮罩”，会弹出“新建颜色遮罩”窗口，如图9-36所示。

Step 07：单击“确定”按钮，将颜色设为“白色”，会弹出“选择名称”窗口，如图9-37所示。

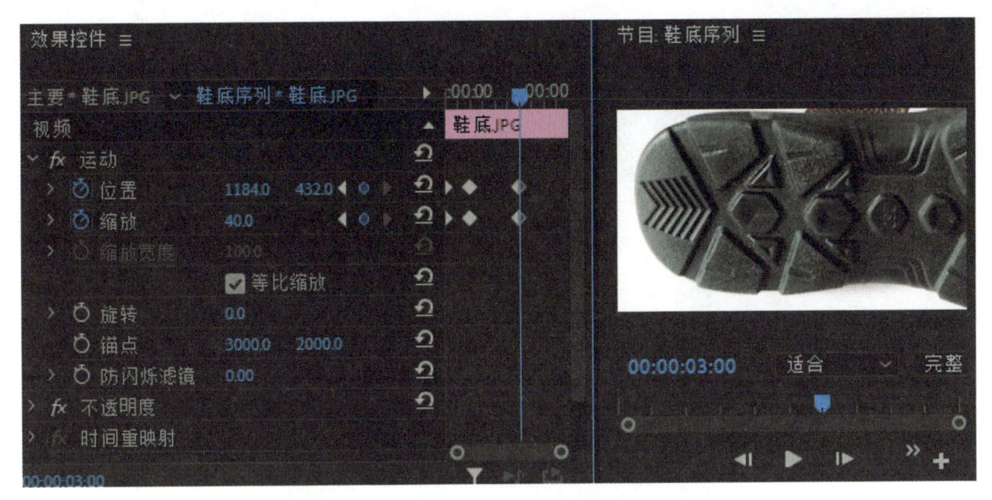

图9-35

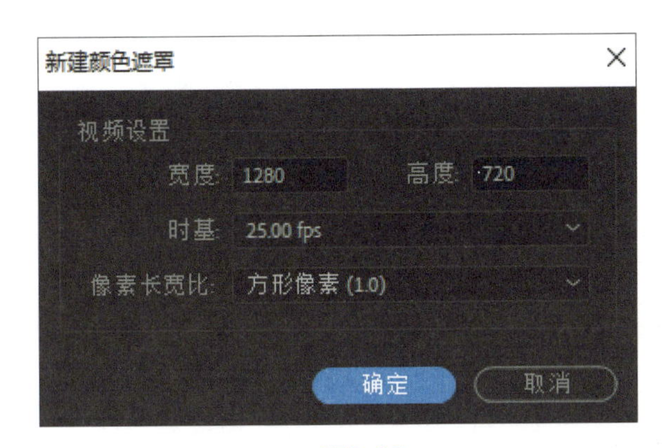

图9-36

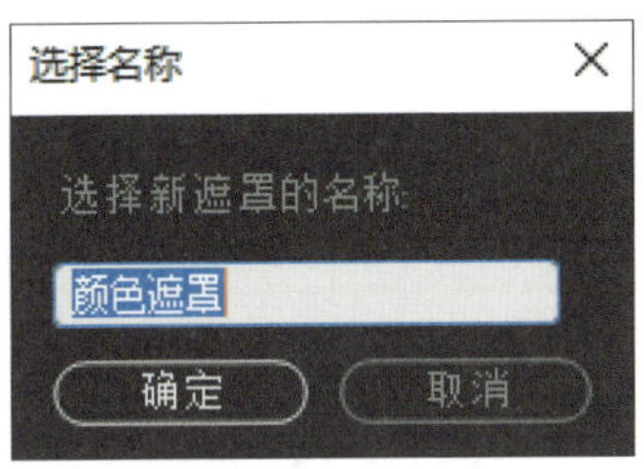

图9-37

Step 08：单击“确定”按钮，创建“颜色遮罩”图层，在时间轴上将“鞋底”素材移动到轨道V2上，再将“颜色遮罩”图层移动到轨道V1上，如图9-38所示。

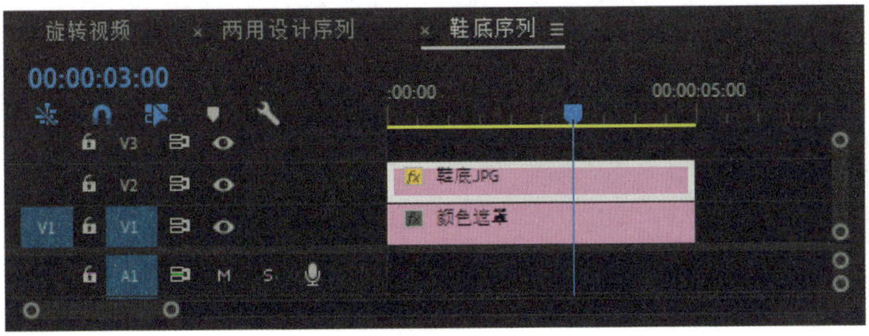

图9-38

Step 09：“节目监视器”面板的背景现在为白色，如图9-39所示。

图9-39

至此，完成了鞋底的位置移动和缩放动画。

9.4 图片制作动画

本节介绍使用Premiere Pro软件对图片添加关键帧，制作鞋面细节动画——镜头5的方法。

Step 01：打开Premiere Pro软件，新建序列，将其命名为“细节序列”，在“项目”面板将“细节”素材拖动到“时间轴”面板，如图9-40所示。

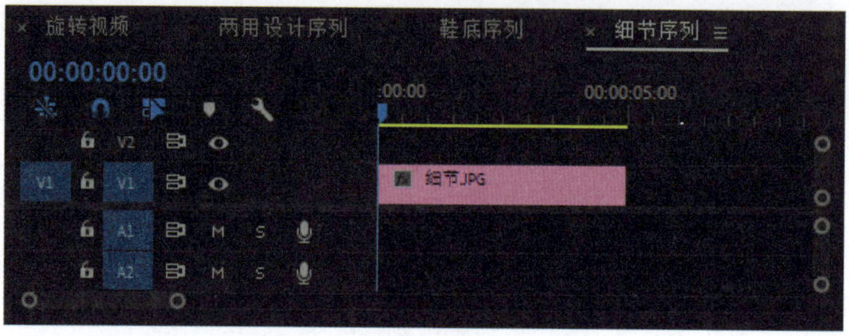

图9-40

Step 02：选择“细节”图层，在“效果控件”面板上将“缩放”设为22，将时间线移动到开始位置，单击“缩放”前的 “切换动画”按钮，添加关键帧，如图9-41所示。

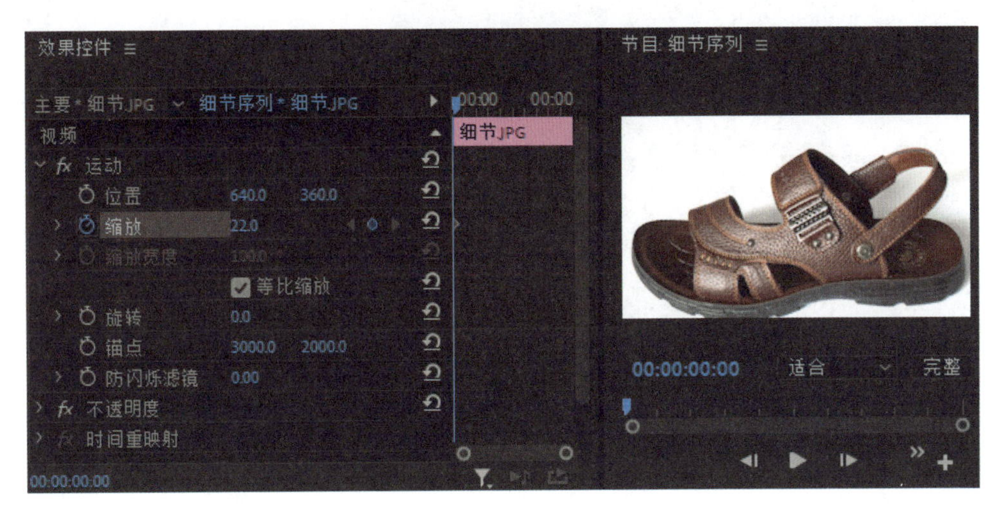

图9-41

Step 03：将时间线移动到00:00:01:00，将“缩放”设为59，自动添加关键帧，单击“位置”前的 “切换动画”按钮，添加关键帧，如图9-42所示。

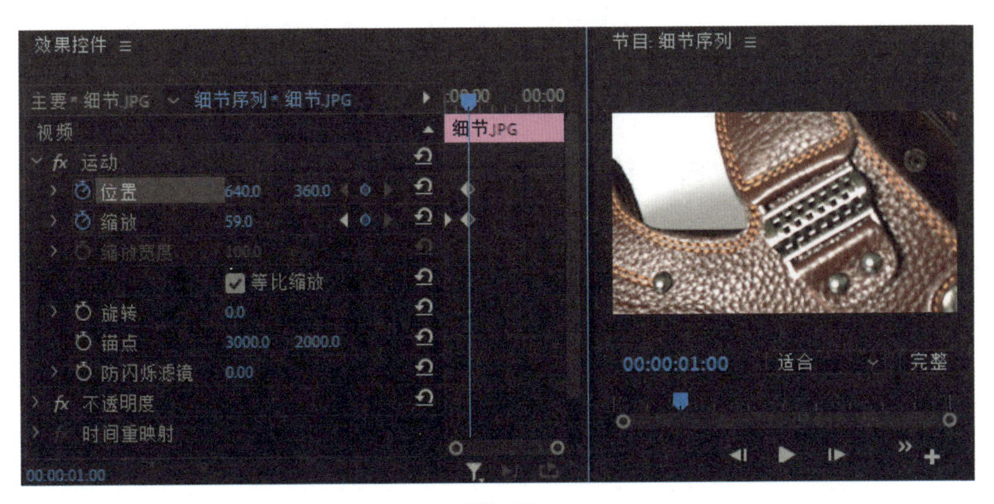

图9-42

Step 04：将时间线移动到00:00:03:00，将“位置”设为（1480,360），添加关键帧，这样就制作出了水平移动的鞋面细节动画，如图9-43所示。

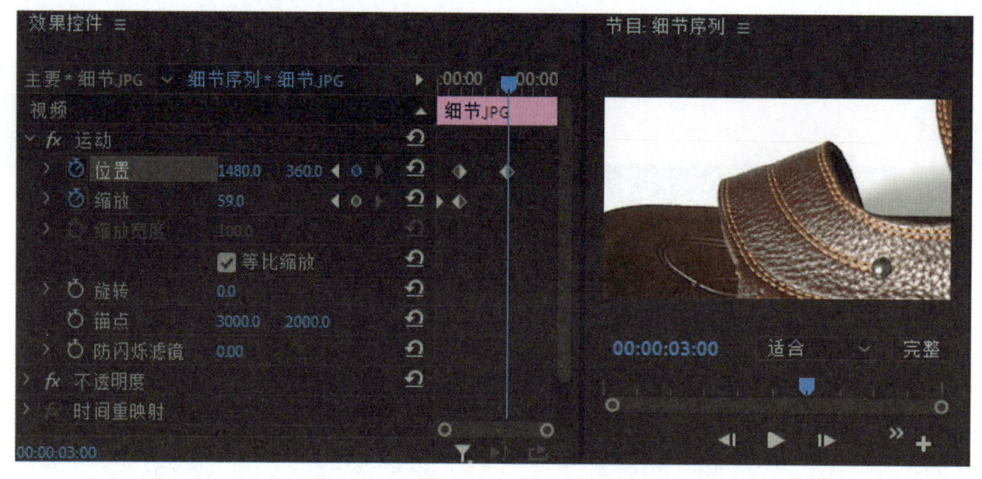

图9-43

9.5 剪辑镜头视频

本节介绍使用Premiere Pro软件对视频进行剪辑，制作镜头6的方法。

Step 01：打开Premiere Pro软件，新建序列，将其命名为“走路动画序列”，将“走路视频”素材拖动到时间轴的V2轨道上，会弹出“剪辑不匹配警告”对话框，单击“保持现有设置”按钮，“时间轴”面板效果如图9-44所示。

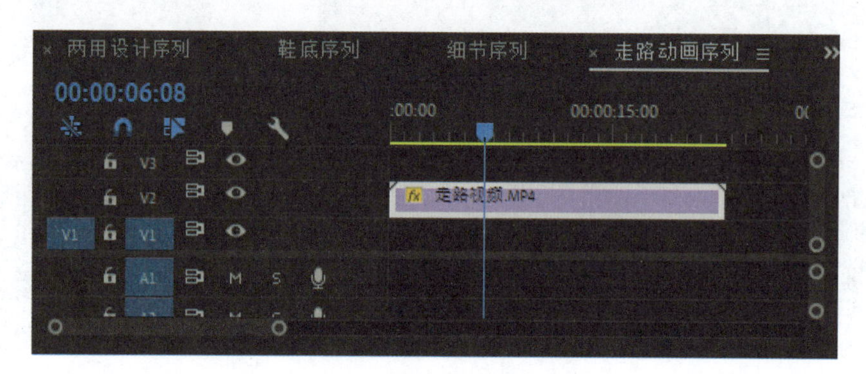

图9-44

Step 02：选择“走路视频”素材，在“效果控件”面板上将“缩放”设为67，“位置”设为（640,273），将视频调整到合适的位置，如图9-45所示。

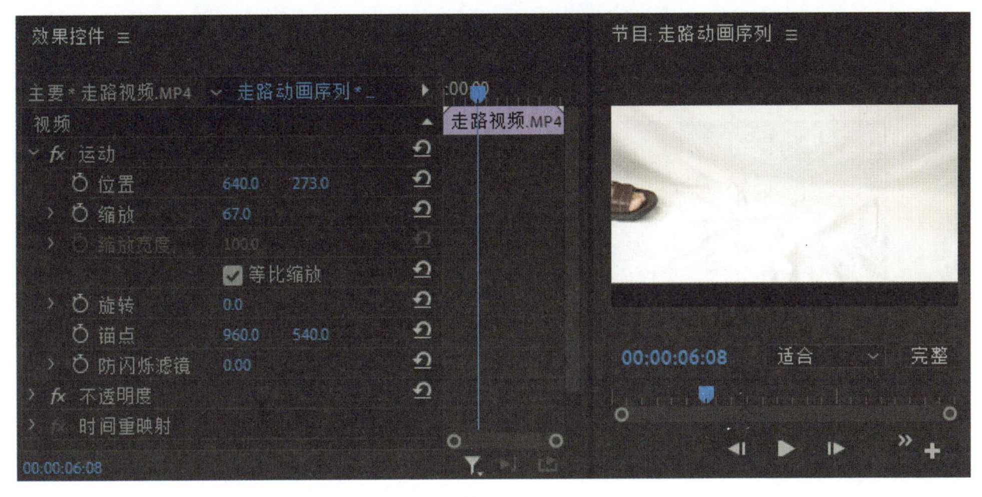

图9-45

Step 03：将时间线移动到00:00:05:06，使用“剃刀工具”对视频进行剪辑。再将时间线移动到00:00:11:00，使用“剃刀工具”对视频进行剪辑，如图9-46所示。

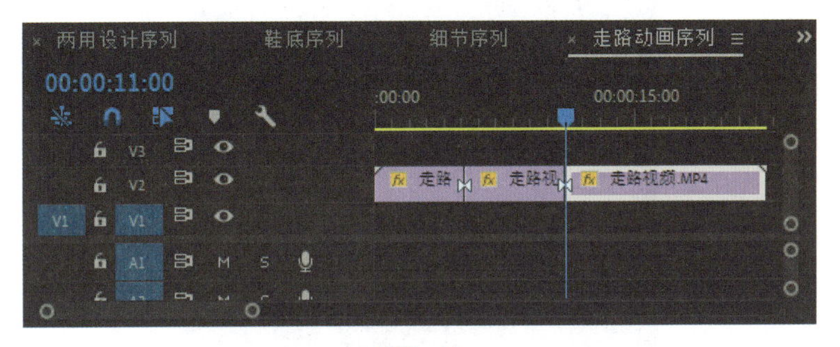

图9-46

Step 04：在时间轴上删除前后的视频，保留中间的视频，将视频移动到开始位置，如图9-47所示。

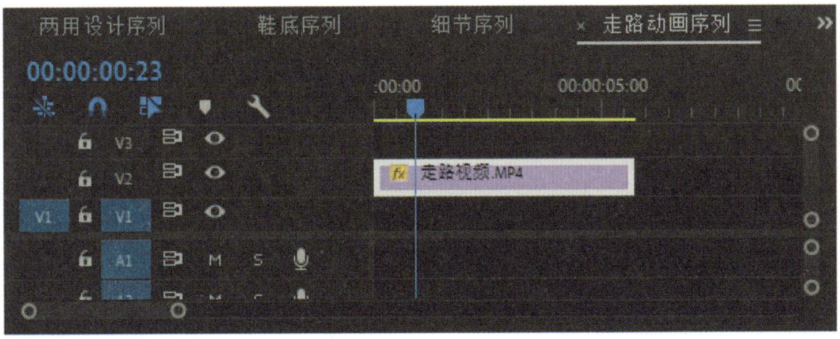

图9-47

Step 05：将“项目”面板的“颜色遮罩”素材移动到时间轴的轨道V1上，将“颜色遮罩”的时间调整到与“走路视频”的时间相等，如图9-48所示。

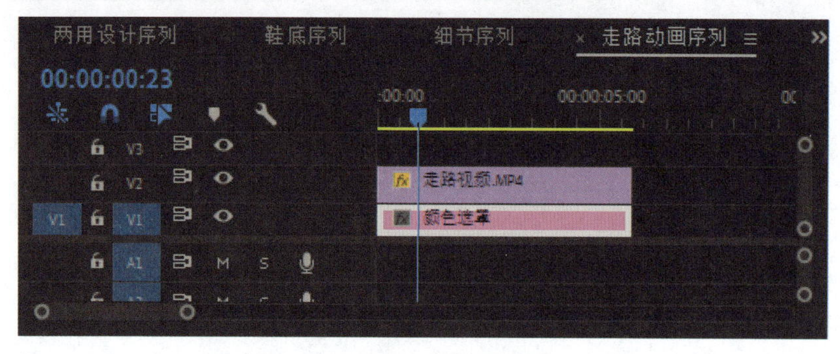

图9-48

Step 06：在“节目监视器”面板背景显示为白色，如图9-49所示。

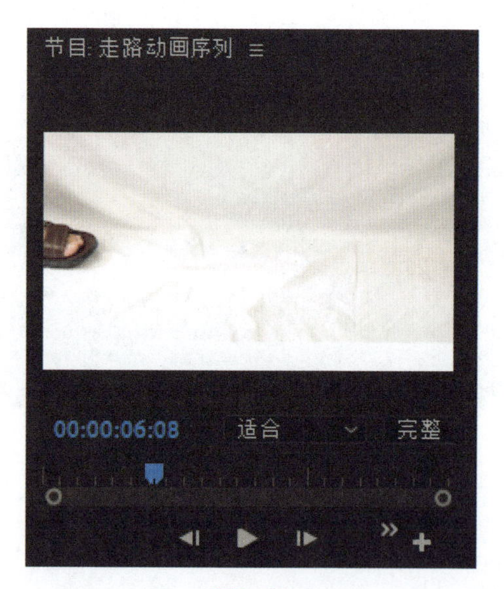

图9-49

Step 07：打开“效果”面板，选择“色阶”效果，并将其拖动到时间轴中的“走路视频”上，如图9-50所示。

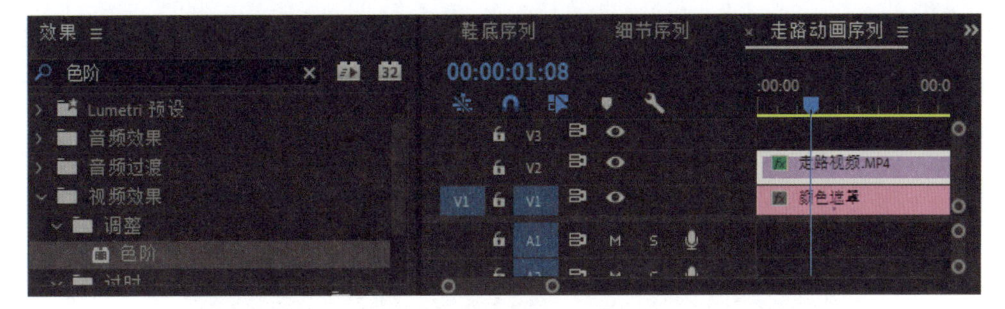

图9-50

Step 08：在“效果控件”面板将“色阶”的“（RGB）输入”设为241，如图9-51所示。

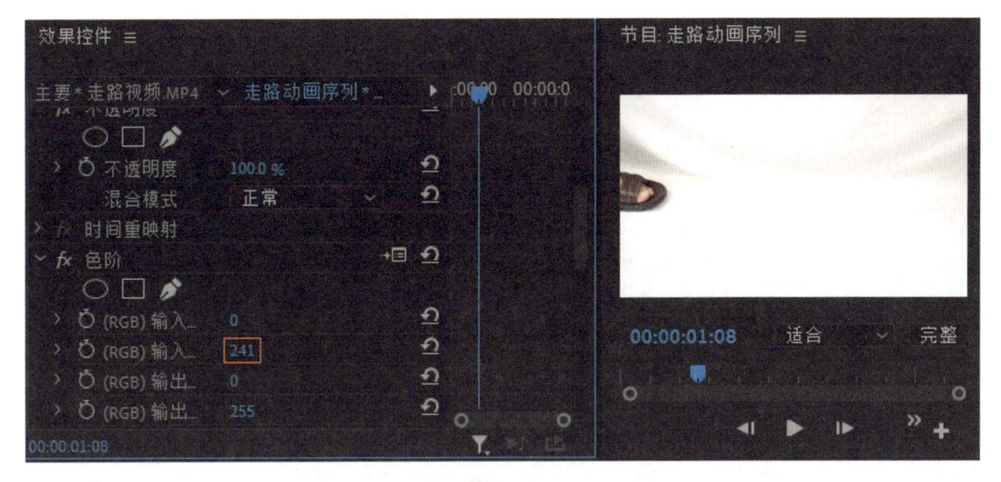

图9-51

至此，完成了将背景和走路视频的结合，保存文件。

9.6 片头动画

本节介绍使用Premiere Pro软件制作短视频片头动画的方法。

Step 01：打开Premiere Pro软件，新建序列，将其命名为“片头序列”，在“项目”面板将“背景素材”拖动到“时间轴”面板，如图9-52所示。

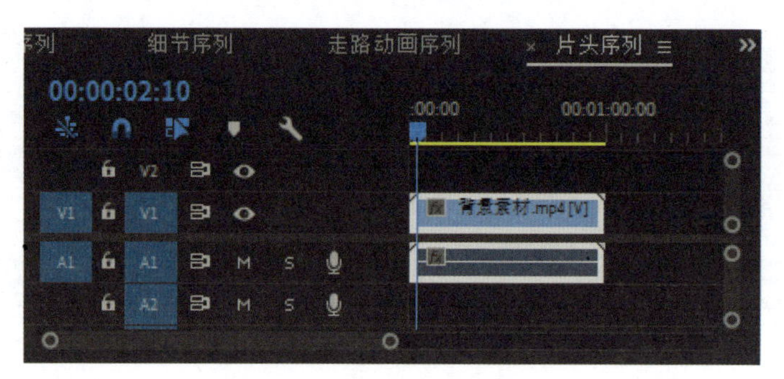

图9-52

Step 02：使用“文字工具”在“节目监视器”面板输入文本，并且设置字体和颜色，如图9-53所示。

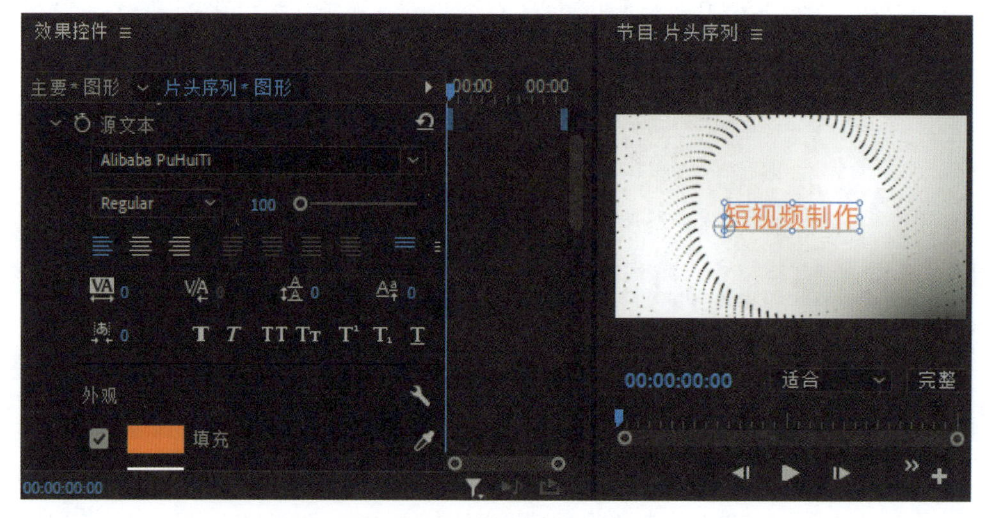

图9-53

Step 03：在“基本图形”面板上单击“对齐并变换”下的“居中对齐”按钮，使文本居中对齐，如图9-54所示。

Step 04：在“基本图形”面板上单击“新建图层”按钮，选择“矩形”，创建矩形图层，如图9-55所示。

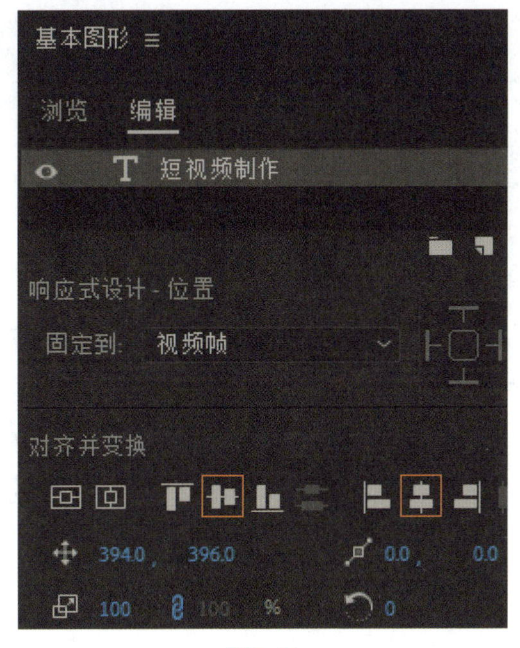

图9–54

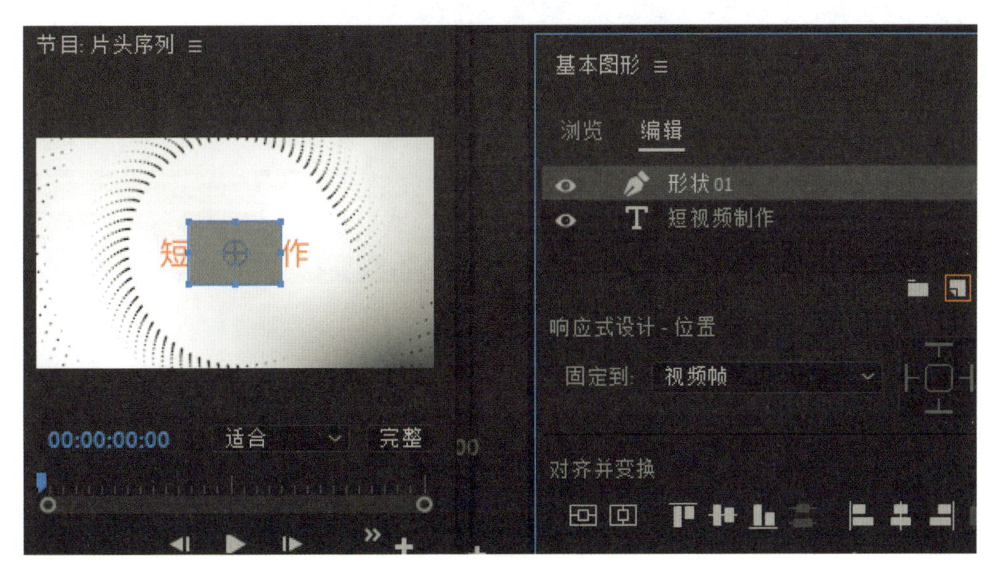

图9–55

Step 05：在“基本图形”面板将文本图层拖动到上方，选择“形状01”图层，调整其属性，将“描边”设为橙色，描边大小设为6，取消勾选“等比缩放”复选框，将“垂直缩放”设为90，“水平缩放”设为190，如图9–56所示。

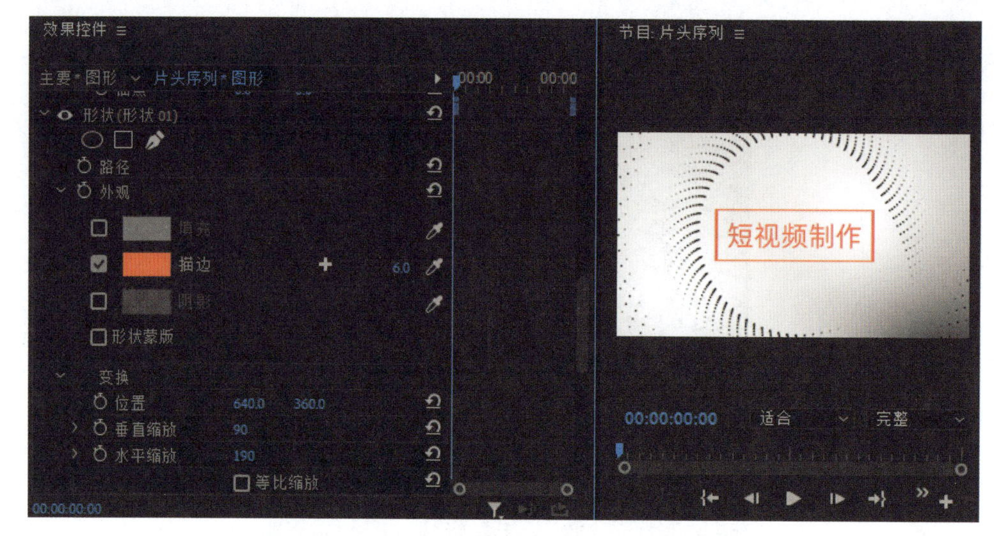

图9-56

Step 06：打开“效果”面板，选择“擦除”下的“带状擦除”效果，并将其拖动到时间轴的V2轨道上的文本图层，如图9-57所示。

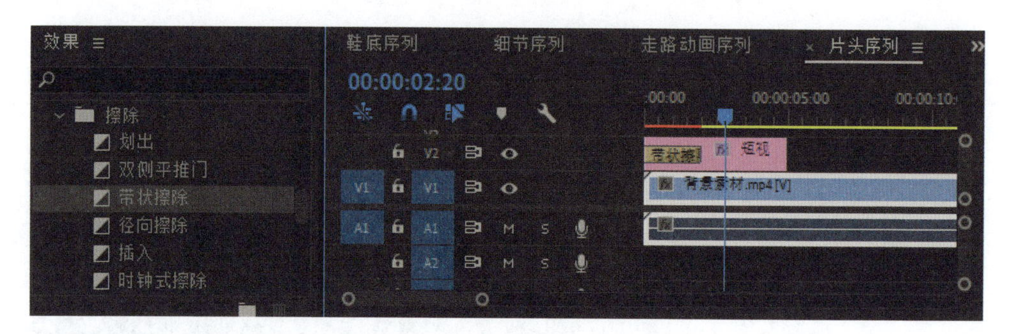

图9-57

Step 07：在“时间轴”面板中选择“带状擦除”效果，在“效果控件”面板，将“持续时间”设为00:00:02:00，如图9-58所示。

Step 08：将时间线移动到00:00:04:24，使用“剃刀工具”对“背景素材”进行剪辑，然后删除后面一段视频，如图9-59所示。

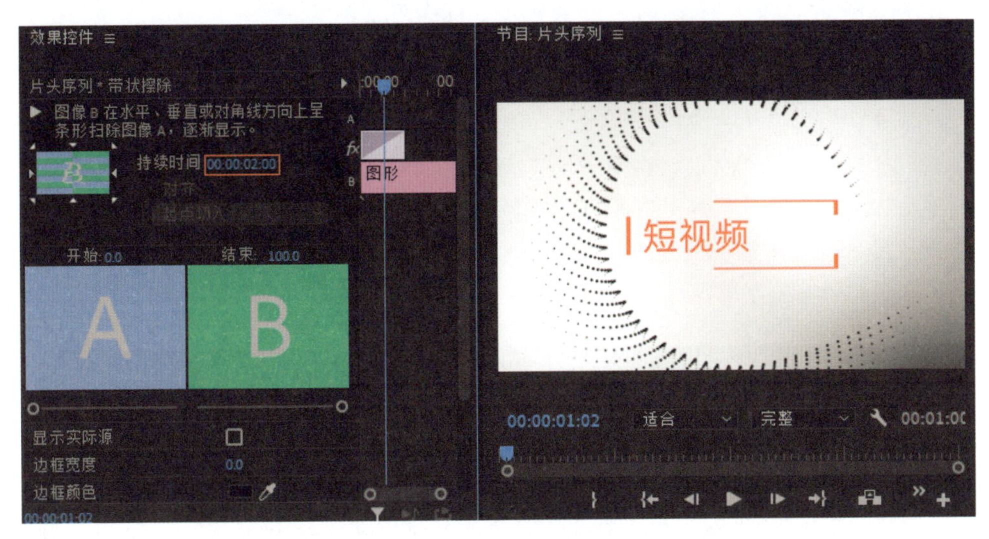

图9-58

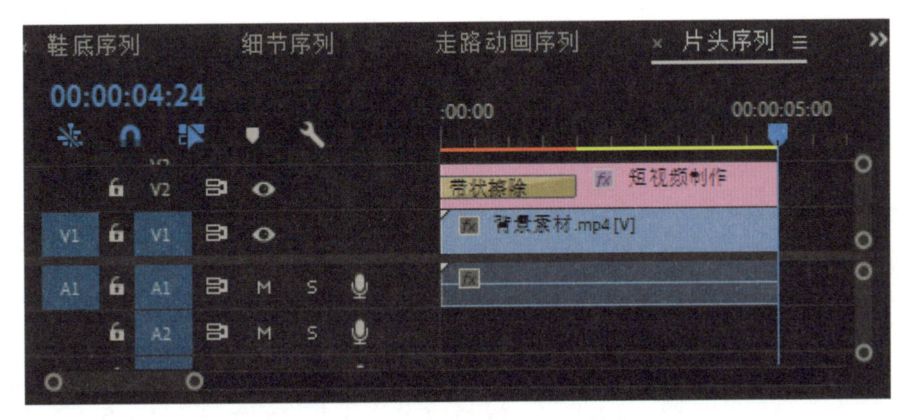

图9-59

至此，我们就完成了片头动画的制作。

9.7　项目合成

本节介绍视频合成、对局部视频进行加速处理，通过安装标题动画模板制作文字标题动画，最终给视频添加背景音乐。

9.7.1 视频合成

下面将所有镜头合成在一起。

Step 01：打开Premiere Pro软件，新建一个序列，将其命名为“总序列”，在“项目”面板将“片头序列”移动到视频轨道上，然后将“旋转视频序列”、“两用设计序列”、“鞋底序列”、“细节序列”和“走路动画序列”移动到“总序列”上，然后按顺序排列，如图9-60所示。

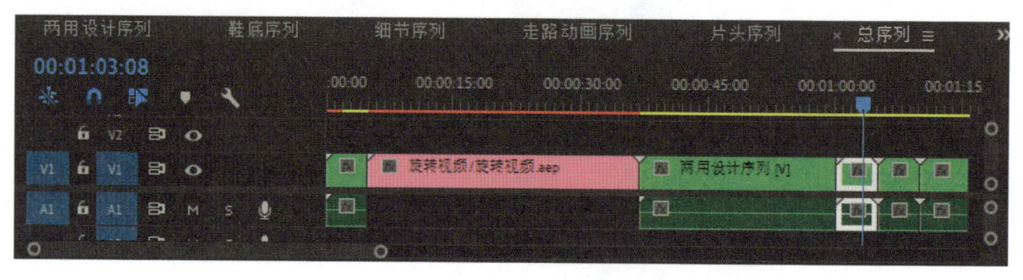

图9-60

Step 02：在时间轴上选择视频序列，单击鼠标右键，在弹出的右键菜单中执行“取消链接”命令，将视频和音频取消关联。选择音频，按“Delete”键删除，如图9-61所示。

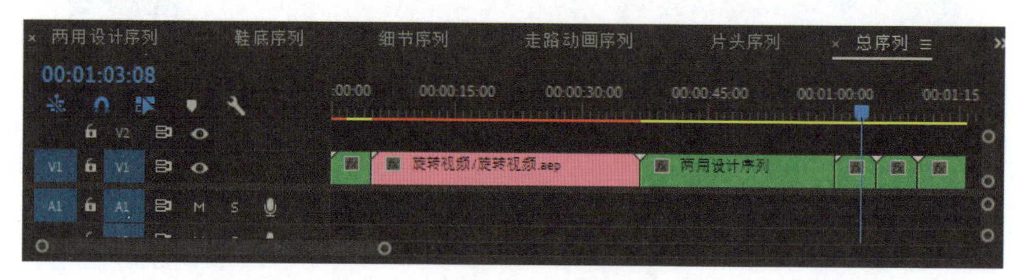

图9-61

9.7.2 视频加速处理

下面对局部视频进行加速处理。

Step 01：在“时间轴”面板选择第2个序列，单击鼠标右键，在弹出的右键菜单中执行“速度/持续时间”命令，会弹出“剪辑速度/持续时间”对话框，将“速度”设为200%，如图9-62所示。

Step 02：单击“确定”按钮，“旋转视频序列”的时间缩短了一倍，“时间轴”面板如图9-63所示。

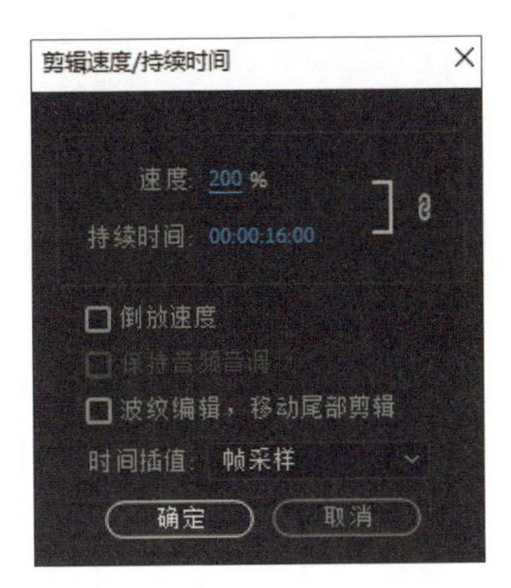

图9-62

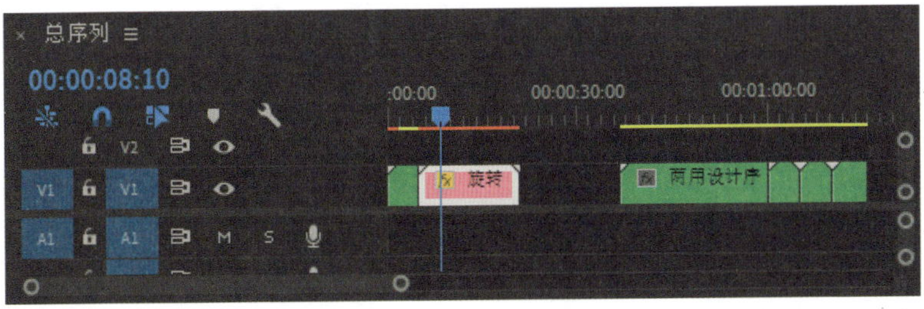

图9-63

Step 03：使用“选择工具”在时间轴上将后面4个序列的位置向前移动，如图9-64所示。

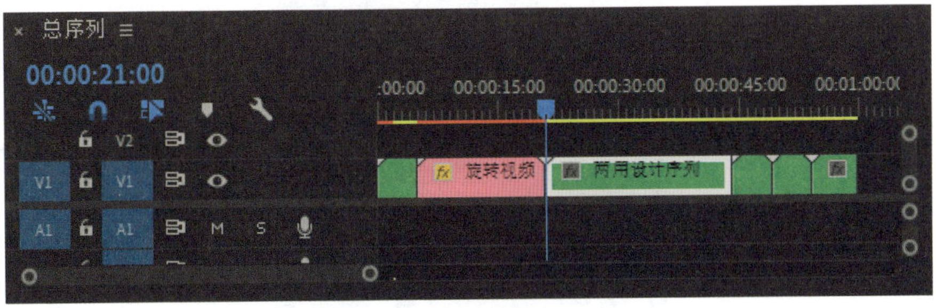

图9-64

9.7.3 文字标题动画

下面介绍安装标题动画模板，然后通过模板制作文字标题动画的方法。

Step 01：打开Premiere Pro软件，在菜单栏中执行“图形”>“安装动态图形模板”命令，会弹出“打开”窗口，如图9-65所示。

图9-65

Step 02：选择标题模板，单击“打开”按钮，进行模板安装，“基本图形”面板如图9-66所示。

图9-66

Step 03：将图形模板中的“Call-Out”拖动到“时间轴”面板，如图9-67所示。

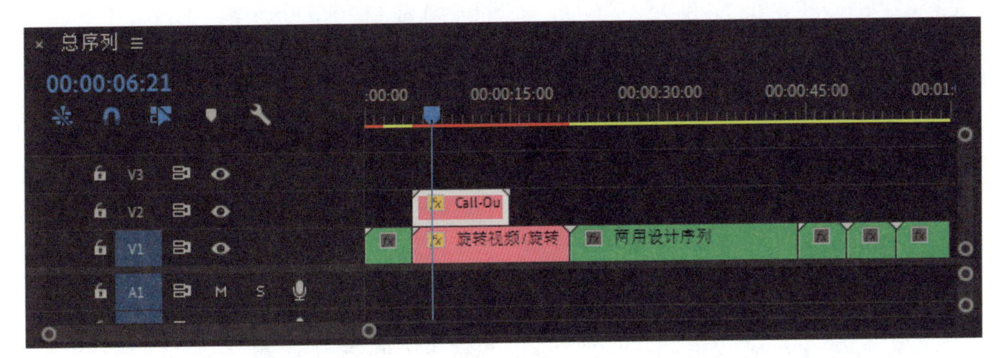

图9-67

Step 04：在时间轴上选择文字标题，在“效果控件”面板调整其参数，将“Title Position X”设为-178，“Title Position Y”为-155，如图9-68所示。

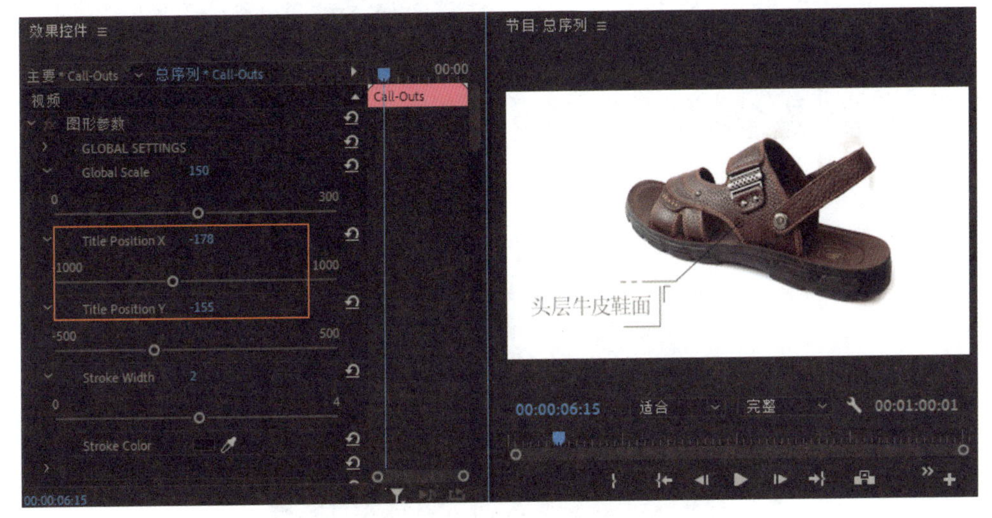

图9-68

Step 05：在“Type Text 01 Here”下输入文本“头层牛皮鞋面”，勾选“Text 01 on/off”复选框，将“Text 01 Color”设为黑色，如图9-69所示。

Step 06：将“Text 01 Position Y”设为80，将文字标题位置设为居中，如图9-70所示。

Step 07：将“Rectangly Opacity”设为0，将矩形背景设为透明效果，如图9-71所示。

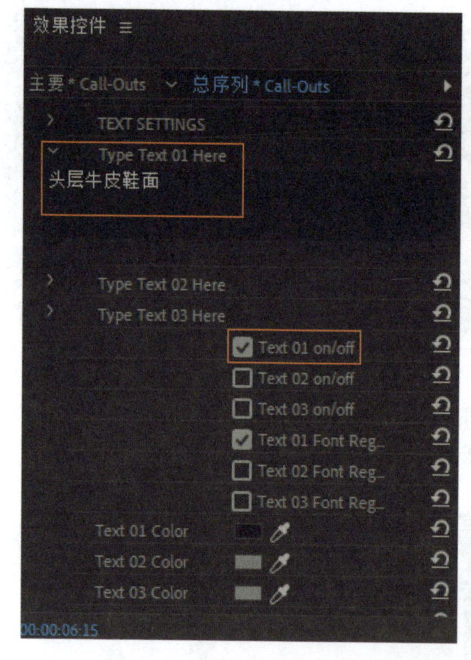

图9-69

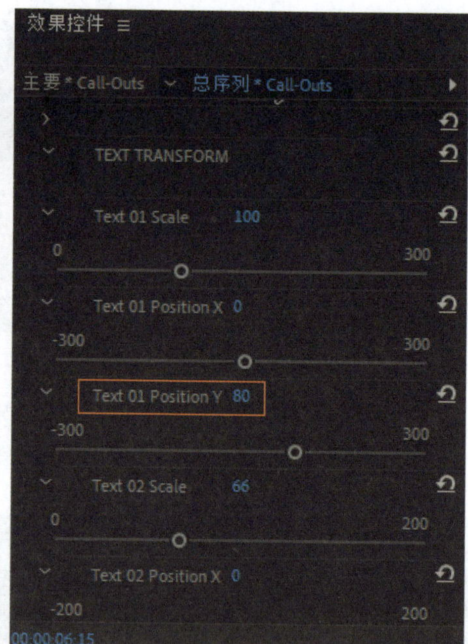

图9-70

图9-71

Step 08：将时间线移动到00:00:08:00，使用“剃刀工具”对文本标题进行剪辑，删除后面一段，保留前3秒的文字动画，如图9-72所示。

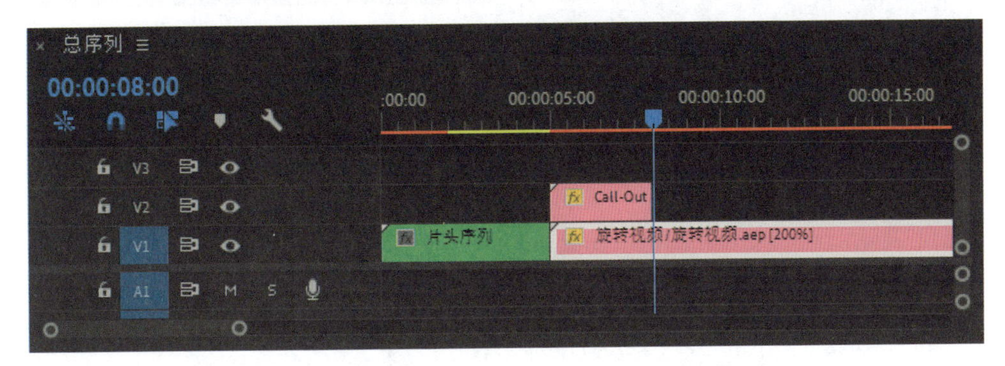

图9-72

Step 09：在“基本图形”面板的“浏览”下选择“Call-Out”，并将其拖动到“时间轴”面板，如图9-73所示。

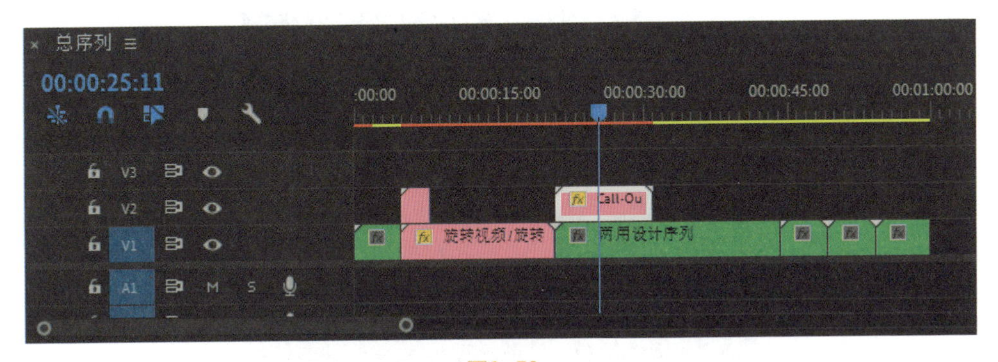

图9-73

Step 10：在“效果”面板调整参数，将“Title Position X”设为-126，“Stroke Color”设为黑色，在“Type Text 01 Here”下输入文本“凉拖两用设计”，如图9-74所示。

Step 11：将“Rectangle Opacity”设为0，用于将背景矩形设为透明效果，如图9-75所示。

效果控件
主要 * Call-Outs
总序列 * Call-Outs
Call-Outs
视频
图形参数
GLOBAL SETTINGS
Global Scale 150
Title Position X -126
Title Position Y 150
Stroke Width 2
Stroke Color
TEXT SETTINGS
Type Text 01 Here
京拖两用设计
Type Text 02 Here
Type Text 03 Here
Text 01 on/off
00:00:25:11
节目: 总序列
凉拖两用设计
00:00:25:11
适合
完整
00:01:00:01

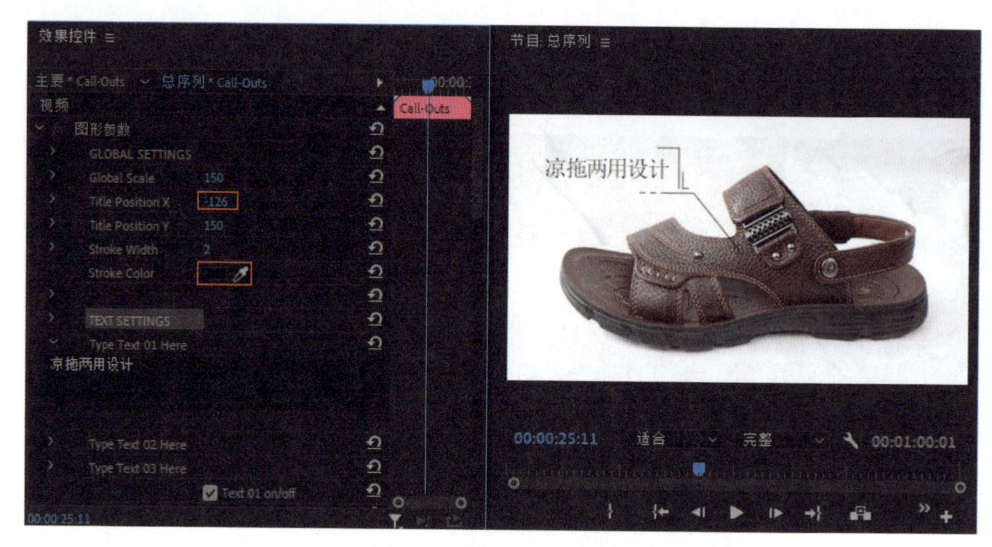

图9-74

效果控件
主要 * Call-Outs
总序列 * Call-Outs
Text 03 Position X 0
Text 03 Position Y 0
TITLE SETTINGS
Rectangle 01 Scale X 305
Rectangle 01 Scale Y 165
Rectangle 02 Scale X 145
Rectangle 02 Scale Y 68
Line Scale X 100
Line Scale Y 100
Rectangly Opacity 0
Rectangle 01 Color
Rectangle 02 Color
Inner Point on/off
Circle Point on/off
00:00:25:11

图9-75

Step 12：使用同样的方法制作文本标题，在“基本图形”面板的“浏览”下选择“Call-Out”，并将其拖动到“时间轴”面板，如图9-76所示。

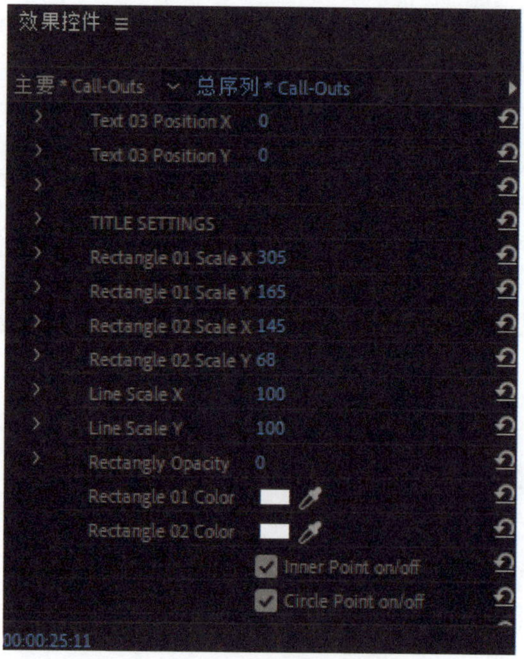

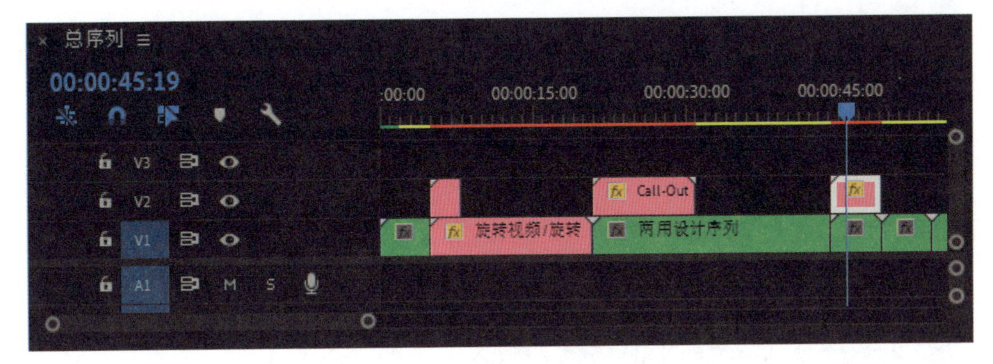

图9-76

Step 13：在“效果控件”面板调整参数，在“Type Text 01 Here”下输入文本“结实流畅实线”，如图9-77所示。

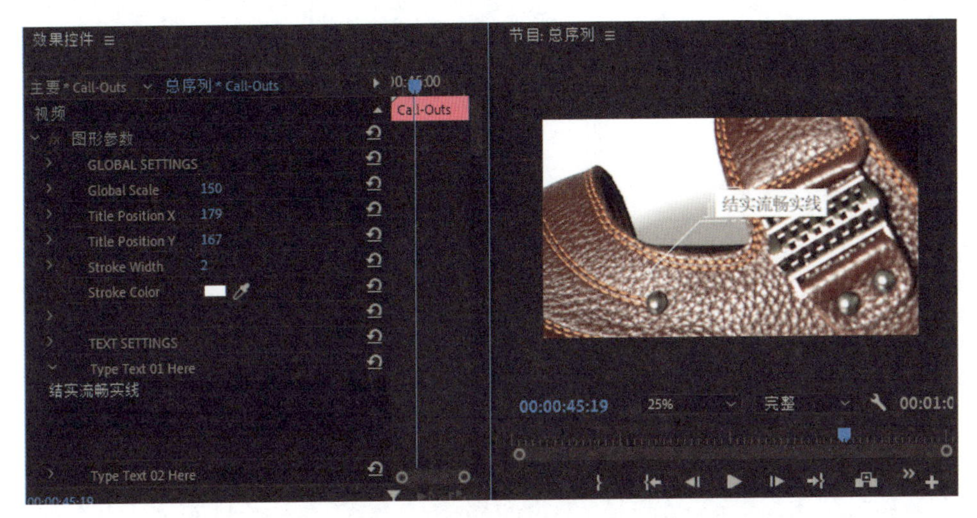

图9-77

Step 14：再次将“Call-Out”拖动到“时间轴”面板，如图9-78所示。

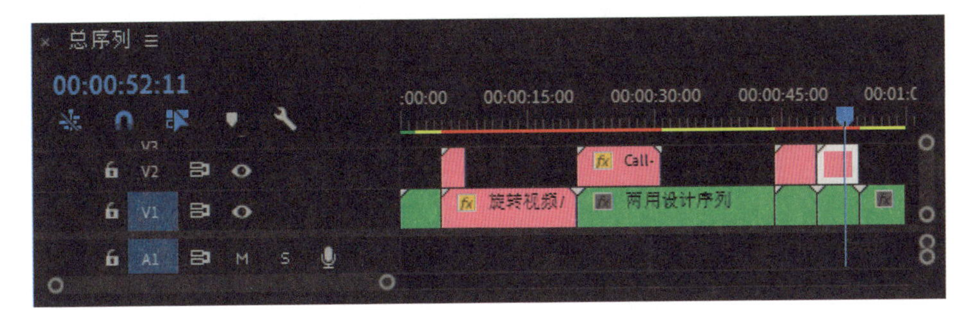

图9-78

Step 15：在“效果控件”面板调整参数，在“Type Text 01 Here”下输入文本“高品质聚氨酯缓震大底”，如图9-79所示。

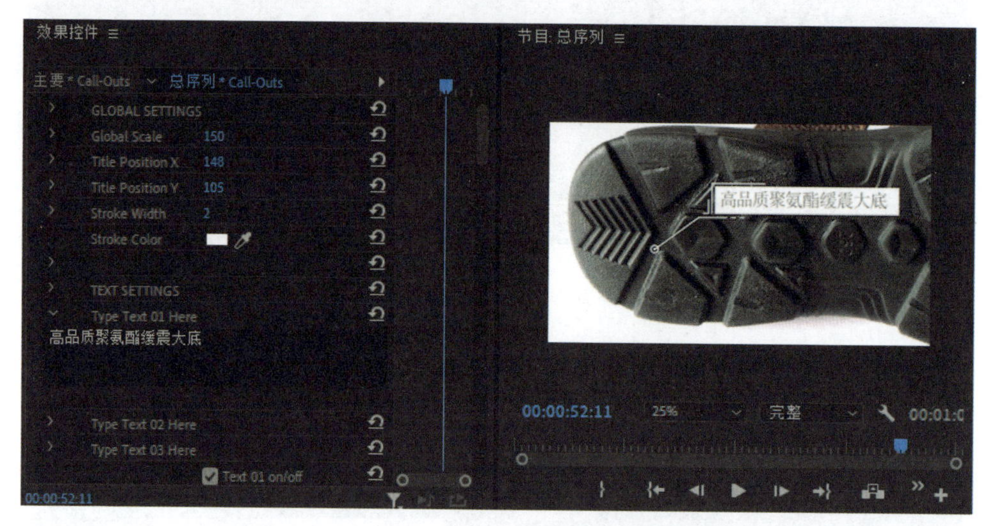

图9-79

Step 16：再次将“Call-Out”拖动到“时间轴”面板，如图9-80所示。

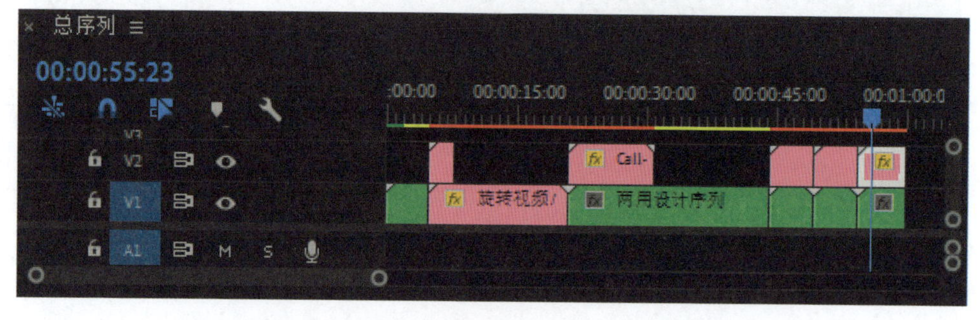

图9-80

Step 17：在“效果控件”面板调整参数，在“Type Text 01 Here”下输入文本“穿休闲鞋 就是舒适”，如图9-81所示。

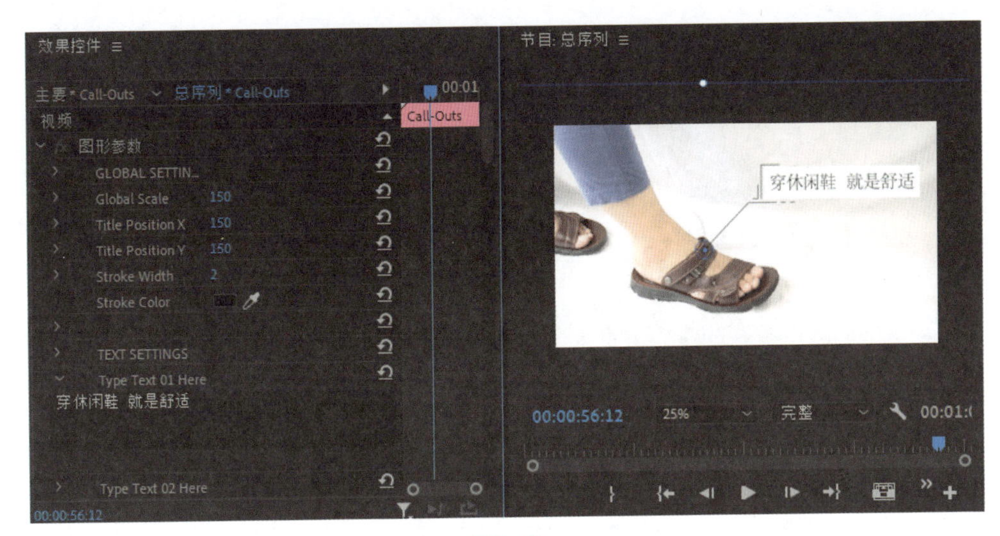

图9-81

至此，就完成了文字标题动画的制作。

9.7.4 添加片头音效和背景音乐

下面使用Premiere Pro软件为视频添加片头音效和背景音乐。

Step 01：在“项目”面板导入“片头音效”和“背景音乐”，如图9-82所示。

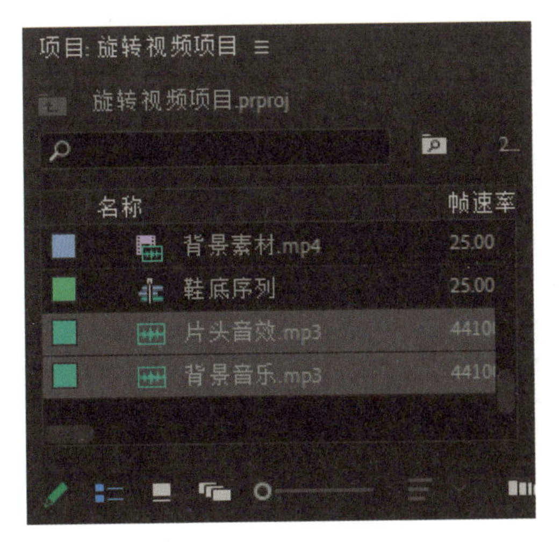

图9-82

Step 02：将“片头音效”拖动到时间轴的音频轨道上，如图9-83所示。

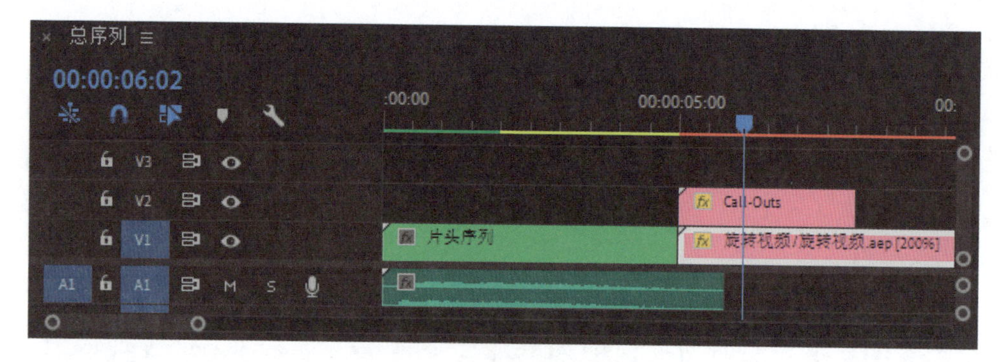

图9-83

Step 03：将时间线移动到00:00:05:00，使用“剃刀工具”对“片头音效”进行剪辑，选择后面一段音效，按“Delete”键删除，如图9-84所示。

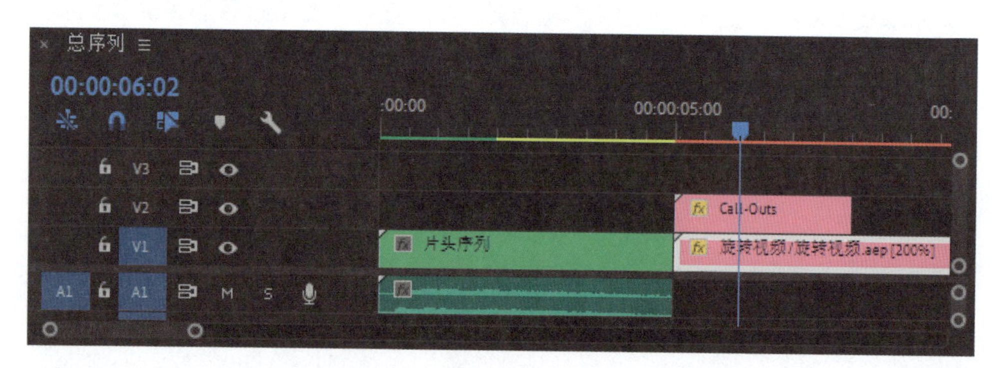

图9-84

Step 04：在“效果”面板的“音频过渡”下选择“指数淡化”效果，并将其拖动到“片头音效”的结尾处，如图9-85所示。

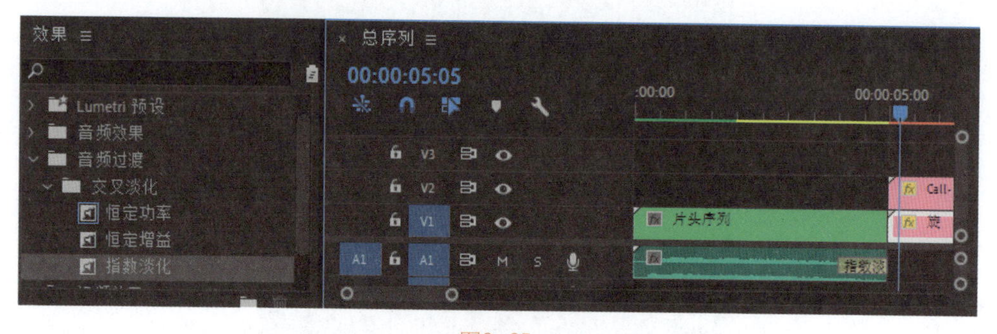

图9-85

Step 05：在“项目”面板将“背景音乐”拖动到时间轴的音频轨道A2上，然后将“背景音乐”的开始端移动到00:00:05:00，如图9-86所示。

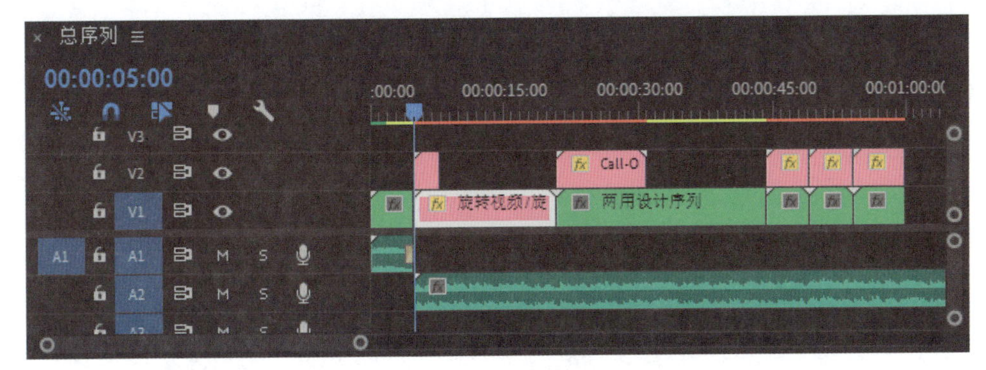

图9-86

Step 06：将时间线移动到00:00:59:20，使用“剃刀工具”对“背景音乐”进行剪辑，删除后面一段音乐，如图9-87所示。

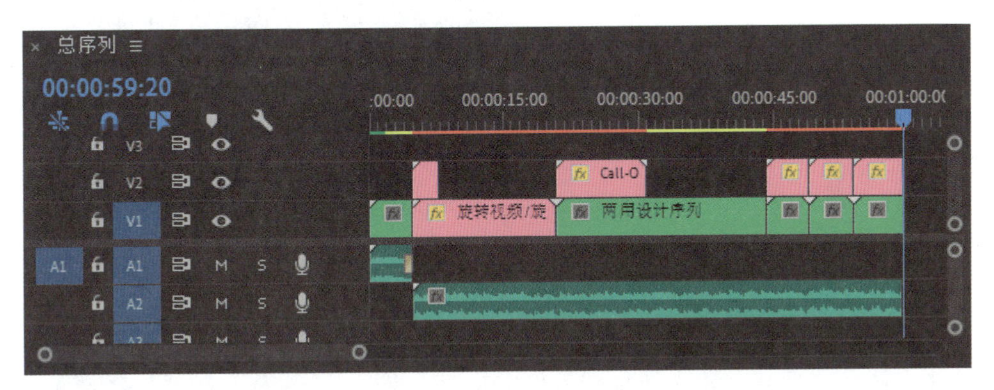

图9-87

Step 07：在“效果”面板将“指数淡化”效果拖动到“背景音乐”的结尾处，如图9-89所示。

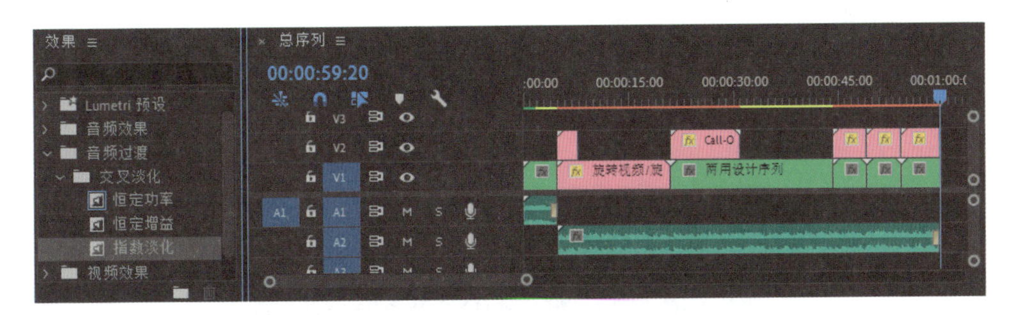

图9-88

至此，我们就完成了为视频添加片头音效和背景音乐。

9.7.5 渲染视频

下面介绍渲染和导出视频。

Step 01：打开Premiere Pro软件，选择序列，在菜单栏中执行“文件”＞“导出”＞“媒体”命令，会弹出“导出设置”窗口，如图9-89所示。

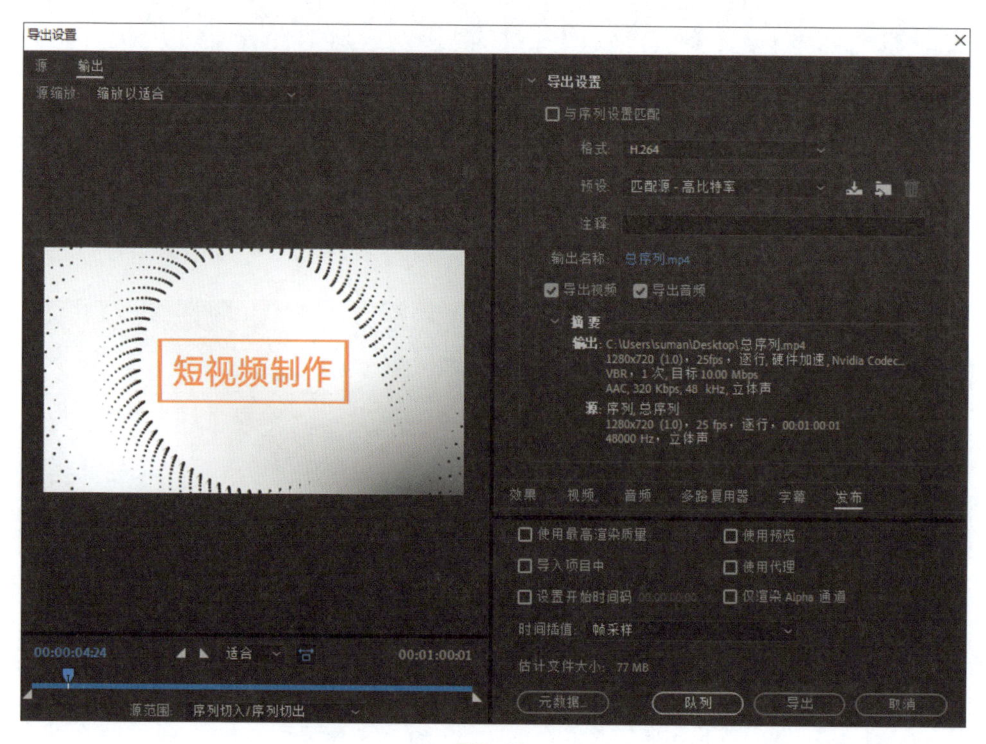

图9-89

Step 02：在“导出设置”中将“格式”设为“H.264”，在“输出名称”中设置文件保存的文件夹和文件名，然后单击“导出”按钮，开始渲染视频，如图9-90所示。

图9-90

Step 03：渲染完成后播放视频，效果如图9-91所示。

图9-91

至此，我们就完成了整个凉鞋宣传视频的制作。

9.8 将视频发布到自媒体平台

本节介绍将凉鞋宣传视频发布到自媒体平台的方法，如小红书、快手和视频号。

9.8.1 将视频发布到小红书

下面介绍将凉鞋宣传视频发布到小红书的方法。

Step 01：在PC端打开小红书的“创作服务平台”，单击“发布视频”按钮，进入发布视频页面，如图9-92所示。

Step 02：单击“上传视频”按钮，选择凉鞋宣传视频并上传，设置“视频封面”、“笔记内容”和“添加话题”，如图9-93所示。

小红书
创作服务平台
鼎锐教育
发布视频
首页
笔记管理
数据看板
笔记数据
粉丝数据
笔记灵感
创作学院
创作百科
发布视频笔记
手机预览效果
视频封面
上传视频后可选择封面哦
笔记内容
填写笔记的标题，最多20字
填写笔记的内容，最多1000字
拖拽或点击上传视频
可上传5分钟之内，大小不超过10GB的
视频 支持 mp4 格式
添加话题（0/1）
立即发布
图9-92

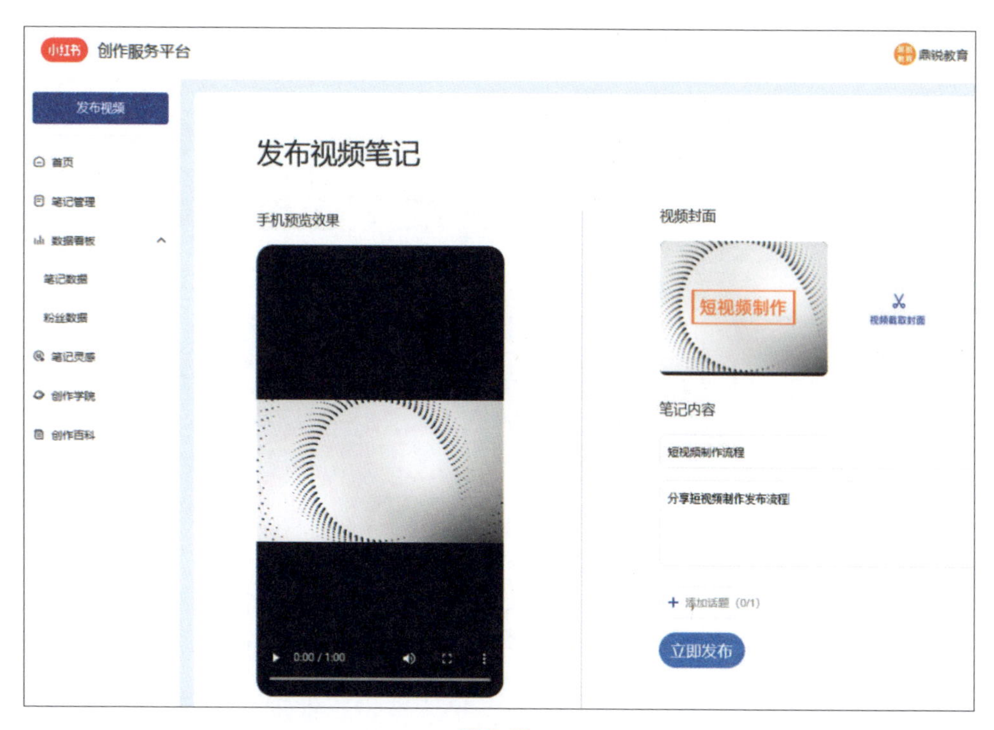
小红书
创作服务平台
鼎锐教育
发布视频
首页
笔记管理
数据看板
笔记数据
粉丝数据
笔记灵感
创作学院
创作百科
发布视频笔记
手机预览效果
视频封面
短视频制作
视频截取封面
笔记内容
短视频制作流程
分享短视频制作发布流程
添加话题（0/1）
立即发布
0:00 / 1:00
图9-93

Step 03：单击“立即发布”按钮，发布视频后进入手机端的小红书，查看视频效果。

9.8.2 将视频发布到快手

下面介绍将凉鞋宣传视频发布到快手的方法。

Step 01：在PC端打开快手的“创作者服务平台”，单击“发布”按钮，选择“发布内容”，如图9-94所示。

图9-94

Step 02：单击“上传视频”按钮，进入视频发布页面，如图9-95所示。

Step 03：上传凉鞋宣传视频，填写描述信息，设置视频所属领域，单击“发布”按钮，即可发布视频。进入手机端的快手查看视频效果。

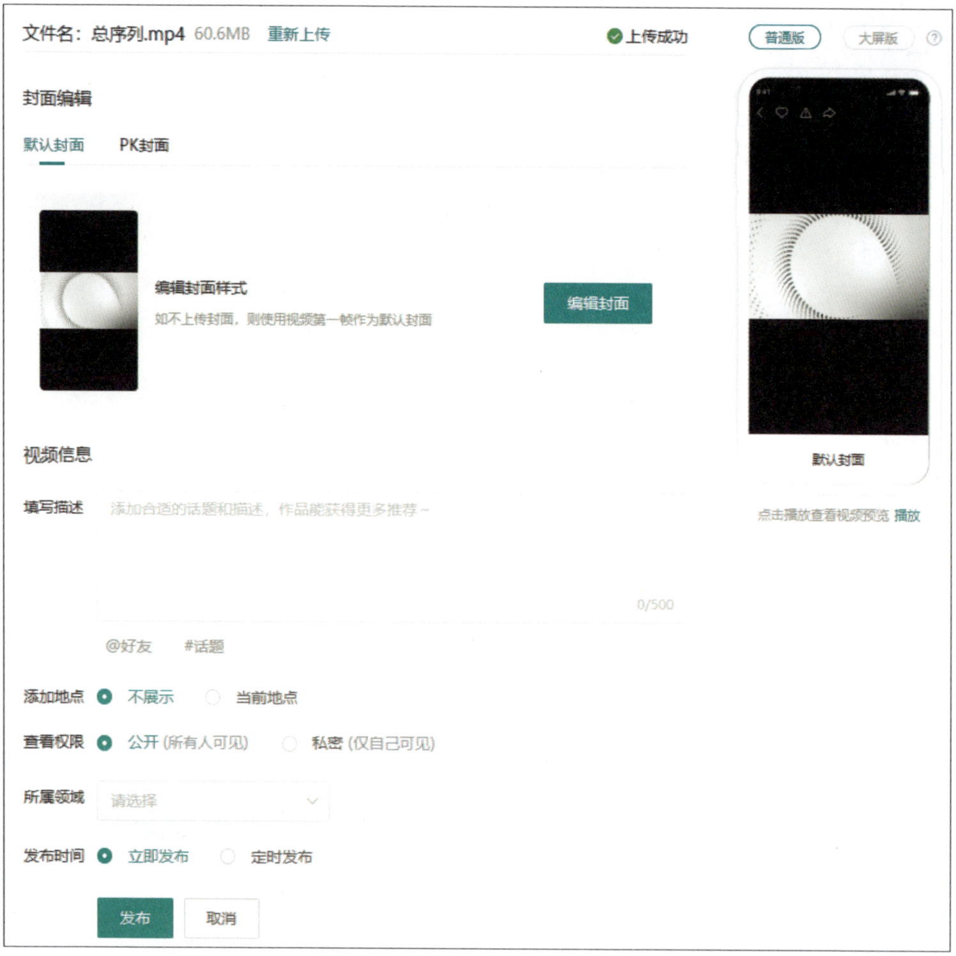

图9-95

9.8.3 将视频发布到视频号

下面介绍将凉鞋宣传视频发布到视频号的方法。

Step 01：在PC端打开视频号后台，单击“发布动态”按钮，进入视频发布页面，如图9-96所示。

Step 02：在页面左侧上传凉鞋宣传视频，如图9-97所示。

Step 03：输入动态描述，设置封面，单击“发表”按钮，在视频号中即可查看视频效果。

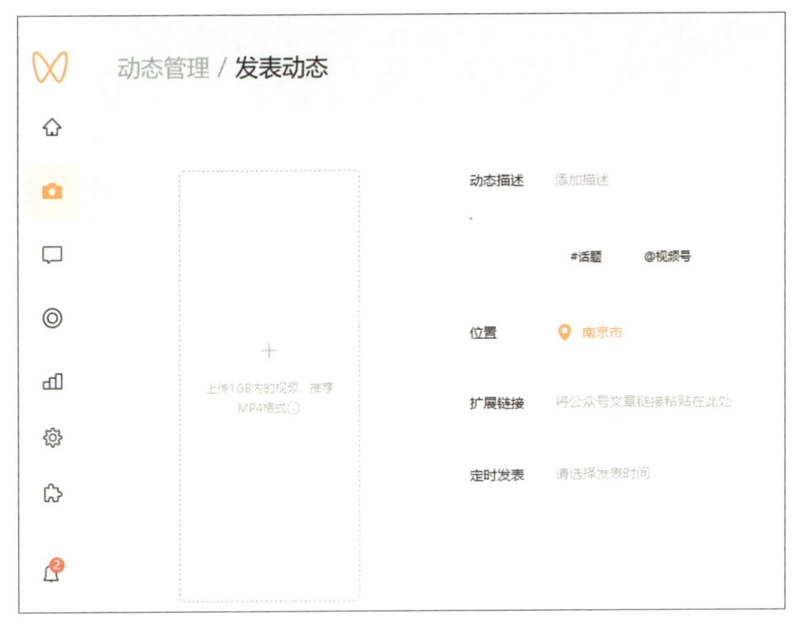
动态管理 / 发表动态
动态描述
添加描述
#话题
@视频号
位置
南京市
扩展链接
将公众号文章链接粘贴在此处
定时发表
请选择发表时间
上传1GB内的视频，推荐
MP4格式

图9–96

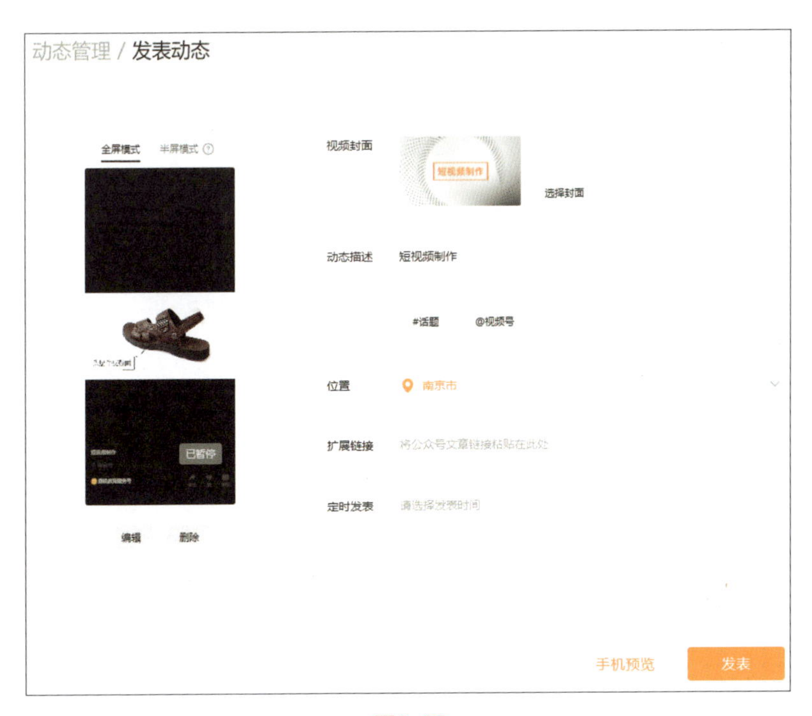
动态管理 / 发表动态
全屏模式
半屏模式
视频封面
短视频制作
选择封面
动态描述
短视频制作
#话题
@视频号
位置
南京市
扩展链接
将公众号文章链接粘贴在此处
定时发表
请选择发表时间
已暂停
编辑
删除
手机预览
发表

图9–97

第10章

抖音短视频制作

本章介绍抖音短视频的制作方法。首先使用“醒图”App将摄影照片进行合成，然后使用手机将处理过程进行录屏，接着使用Premiere Pro软件对录制视频进行剪辑并将视频和拍摄素材进行修饰，最后将制作好的视频发布到抖音。

10.1 创作分析

在制作之前，需要先构思场景和镜头，思考拍摄哪些素材，可以从以下几点进行考虑。

（1）该短视频的主题是什么？

（2）需要拍摄哪些场景和镜头？

（3）视频需要哪些转场？

（4）需要使用什么风格的背景音乐？

（5）有哪些素材的剪辑实现比较复杂，需要后期处理？

10.1.1 准备阶段

在开始拍摄前要考虑拍摄主题，下面以“人物跳跃动作”为主题。在拍摄过程中，可以让人物慢跑起来，然后跳跃，我们需要捕捉跳跃动作的镜头，摄影素材如图10-1所示。

我们再拍摄一组人物手部的素材，可以从中挑选一张素材，如图10-2所示。

图10-1

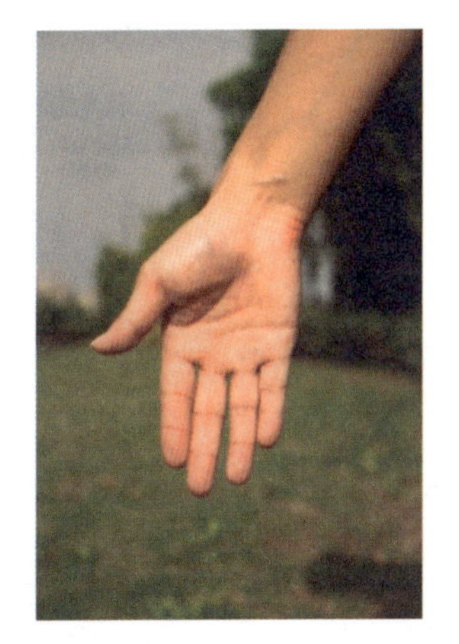

图10-2

10.1.2 使用“醒图”App处理图片

下面使用“醒图”App将人物跳跃动作的素材图片和手的素材图片进行抠图并结合，然后打开手机的录制功能，将操作的步骤进行录制。

Step 01：打开手机的录制视频按钮，然后打开“醒图”App，如图10-3所示。

Step 02：点击“导入”按钮，选择摄影素材图片并打开，如图10-4所示。

Step 03：点击界面下面的“背景”按钮，选择“9:16”尺寸，如图10-5所示。

图10-3

图10-4

图10-5

Step 04：点击“人像”按钮，使用双指缩放素材，如图10-6所示。

Step 05：点击“瘦脸瘦身”按钮，调整“画笔大小”，对人物进行瘦身处理，如图10-7所示。

图10-6

图10-7

Step 06：点击“√”按钮，完成瘦身处理。

Step 07：点击“导入图片”按钮，选择手的素材图片，进入到抠图界面，如图10-8所示。

Step 08：点击“智能抠图”按钮，然后点击“√”按钮，完成抠图。调整 手的位置，如图10-9所示。

Step 09：点击“贴纸”按钮，搜索“云”素材，如图10-10所示。

Step 10：选择天空素材，使用双指缩放其大小并调整位置，如图10-11所示。

图10-8

图10-9

图10-10

图10-11

Step 11：点击“蒙版”按钮，给贴纸添加“矩形”蒙版，调整蒙版的“位置”和“羽化”，如图10-12所示。

Step 12：点击“贴纸”按钮，添加云素材，调整云素材的大小和不透明度，如图10-13所示。

图10-12

图10-13

Step 13：点击“调节”按钮，调整“色调”效果，如图10-14所示。

Step 14：点击“对比度”按钮，调整“对比度”效果，如图10-15所示。

Step 15：点击界面右上角的“保存”按钮，保存处理后的图片，如图10-16所示。

图10-14

图10-15

图10-16

Step 16：关闭手机录制按钮，完成图片处理过程的录制。

10.2 剪辑视频

本节使用Premiere Pro软件对前文录制的视频进行剪辑，保留重要的操作步骤，然后将视频和拍摄素材进行修饰。

10.2.1 剪辑手机录制的视频

下面介绍使用Premiere Pro软件剪辑手机录制的视频的方法。

Step 01：打开Premiere Pro软件，新建项目，将项目命名为“短视频”，在“项目”面板导入手机录制视频，如图10-17所示。

图10-17

Step 02：在菜单栏中执行“文件”>“新建”>“序列 ”命令，打开“新建序列”窗口，将“帧大小”设为“720”水平和“1280”垂直，如图10-18所示。

Step 03：单击“确定”按钮，将“手机录制视频”拖动到“时间轴”面板，会弹出“视频剪辑不匹配警告”对话框，单击“确定”按钮，“时间轴”面板如图10-19所示。

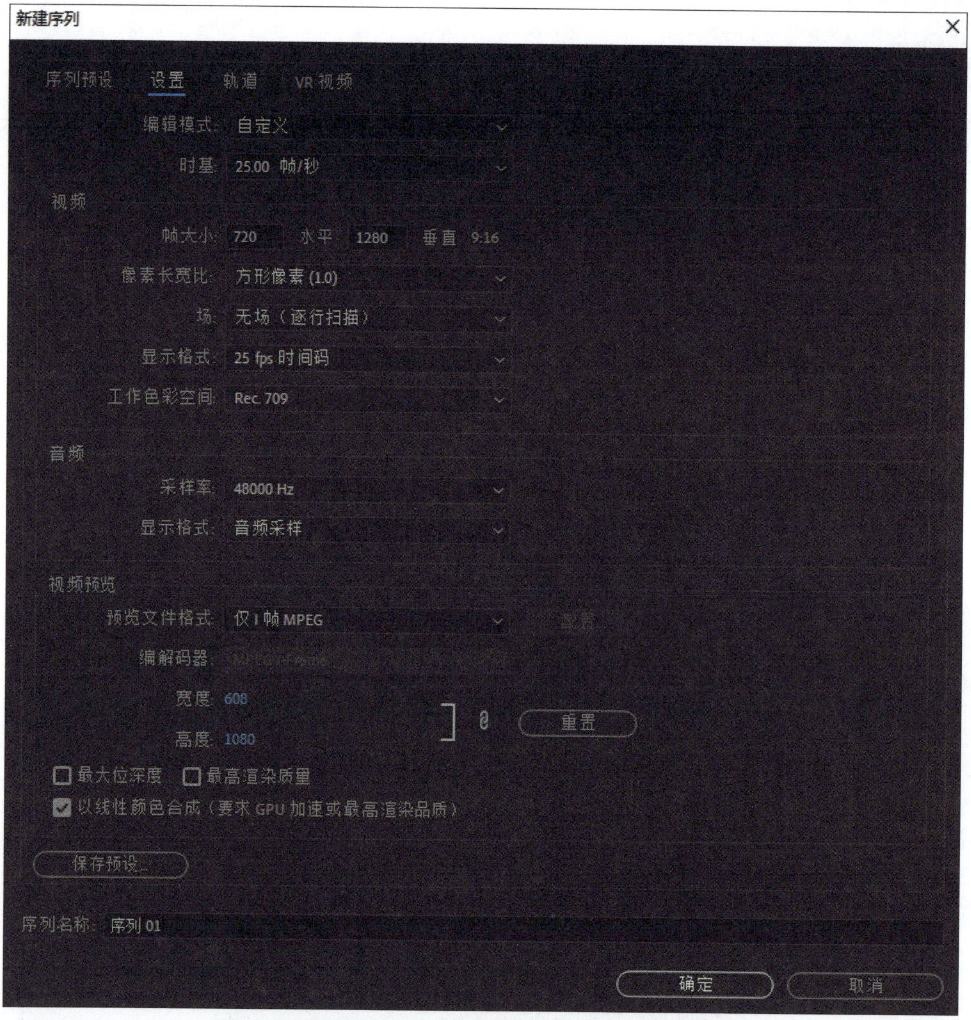
新建序列
序列预设
设置
轨道
VR 视频
编辑模式：自定义
时基：25.00 帧/秒
视频
帧大小：720 水平 1280 垂直 9:16
像素长宽比：方形像素 (1.0)
场：无场（逐行扫描）
显示格式：25 fps 时间码
工作色彩空间：Rec. 709
音频
采样率：48000 Hz
显示格式：音频采样
视频预览
预览文件格式：仅 I 帧 MPEG
编解码器：
宽度：608
高度：1080
重置
最大位深度
最高渲染质量
以线性颜色合成（要求 GPU 加速或最高渲染品质）
保存预设...
序列名称：序列 01
确定
取消

图10-18

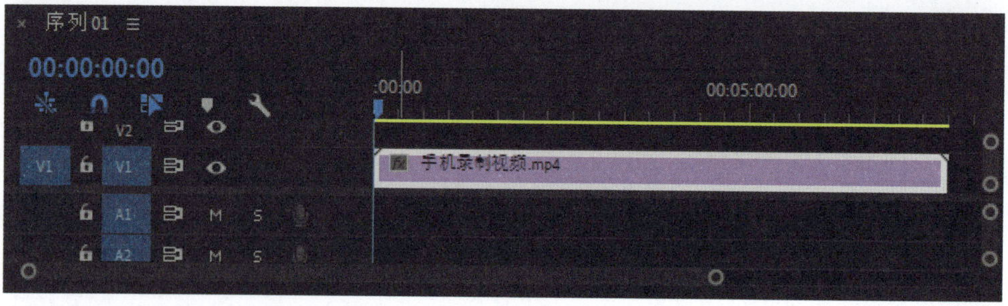
序列 01
00:00:00:00
:00:00
00:05:00:00
V2
V1
A1
A2
手机录制视频.mp4

图10-19

Step 04：选择“手机录制视频”，在“效果控件”面板将“位置”设为（360,581.8），“缩放”设为115，如图10-20所示。

图10-20

Step 05：按空格键播放视频，该视频的时长大约为00:07:40:00，使用“剃刀工具”对其进行剪辑。这里主要保留重要的操作步骤，剪辑视频后的时长为00:00:28:10，如图10-21所示。

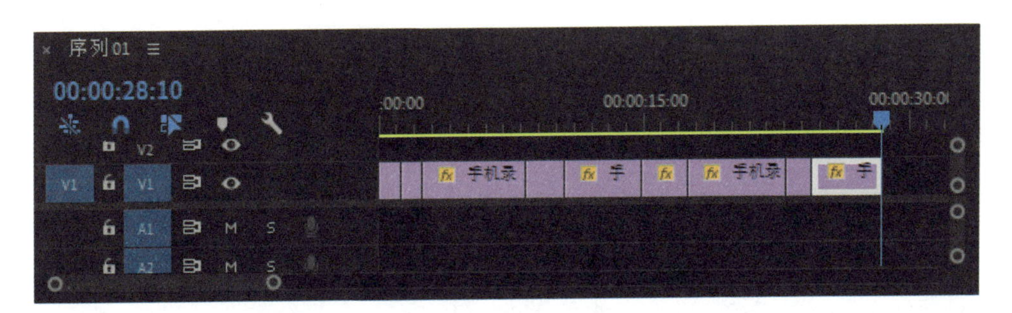

图10-21

Step 06：在时间轴上选择“手机录制视频”，单击鼠标右键，在弹出的右键菜单中执行“速度/持续时间”命令，将“速度”设为200%，如图10-22所示。

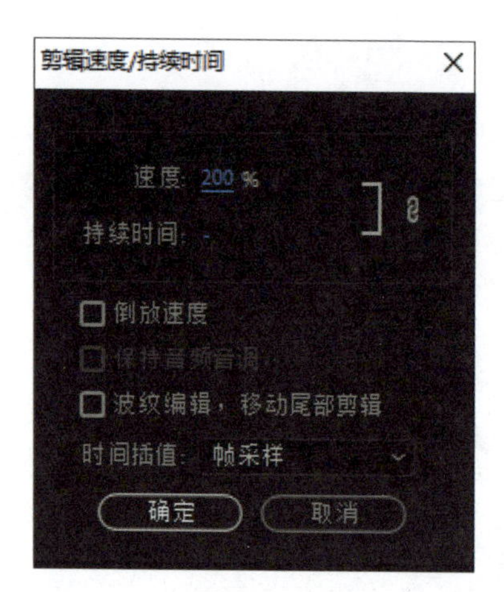

图10-22

Step 07：单击“确定”按钮，“时间轴”面板效果如图10-23所示。

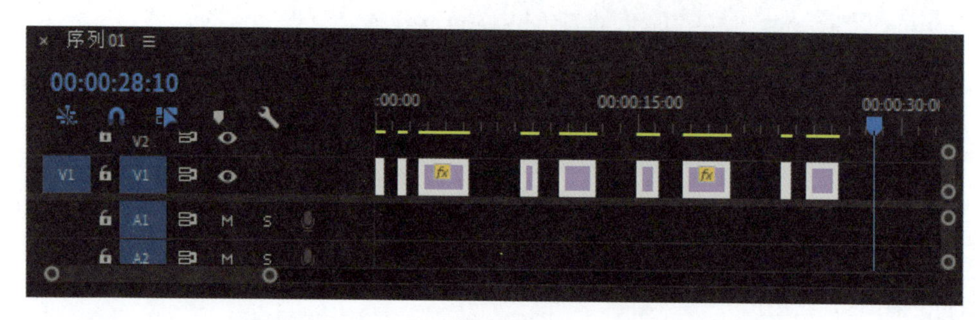

图10-23

Step 08：选择两段视频之间的空余位置，单击鼠标右键，在弹出的右键菜单中执行“波纹删除”命令，可将后一个视频向前移动，调整后时长为00:00:14:04，如图10-24所示。

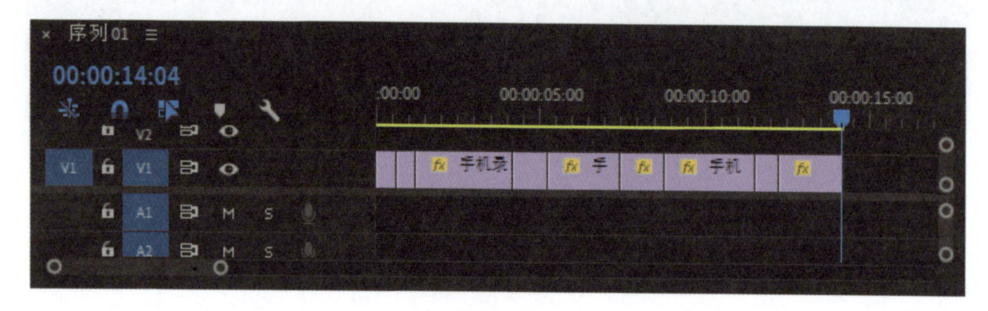

图10-24

至此，就完成了手机录制视频的剪辑。

10.2.2 视频合成

下面介绍视频的合成方法。

Step 01：打开Premiere Pro软件，新建序列，将其命名为“合成”，将“帧大小”设为“720”水平和“1280”垂直，在“项目”面板导入拍摄的素材，如图10-25所示。

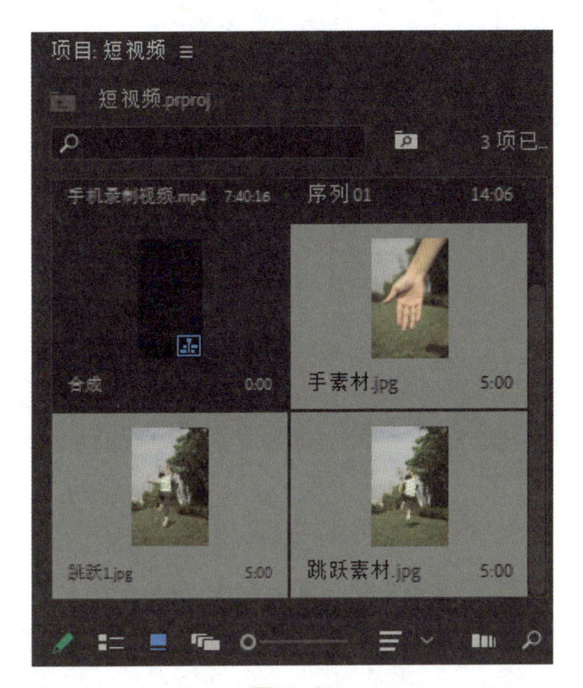

图10-25

Step 02：将“跳跃1”素材拖动到“时间轴”面板，将该素材的动画时长设为00:00:00:10，如图10-26所示。

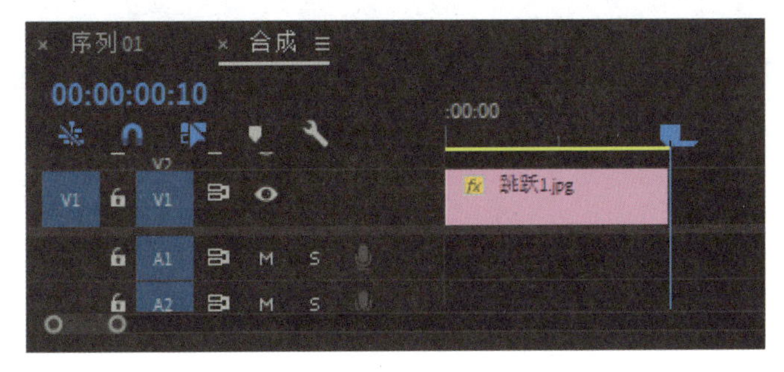

图10-26

Step 03：选择“跳跃1”素材，在“效果控件”面板调整参数，将“位置”设为（449,640），“缩放”设为23，如图10-27所示。

图10-27

Step 04：在“项目”面板，将“跳跃素材”拖动到“时间轴”面板，将其时长同样设置为10帧，如图10-28所示。

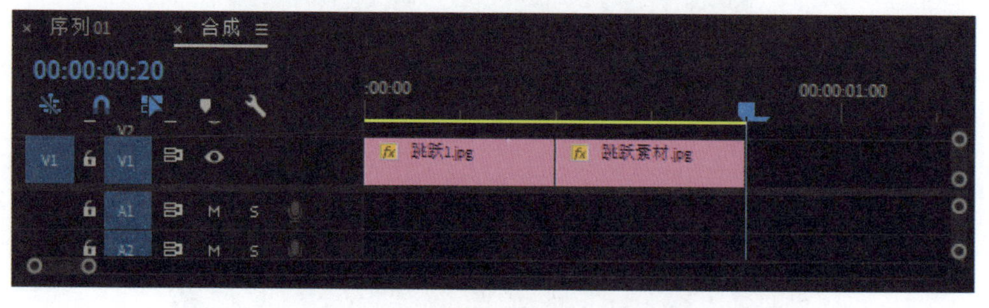

图10-28

Step 05：选择“跳跃素材”，在“效果控件”面板调整参数，将“位置”设为（415,640），“缩放”设为23，如图10-29所示。

图10-29

Step 06：将“手素材”拖动到“时间轴”面板，将总时长设为00:00:01:05，如图10-30所示。

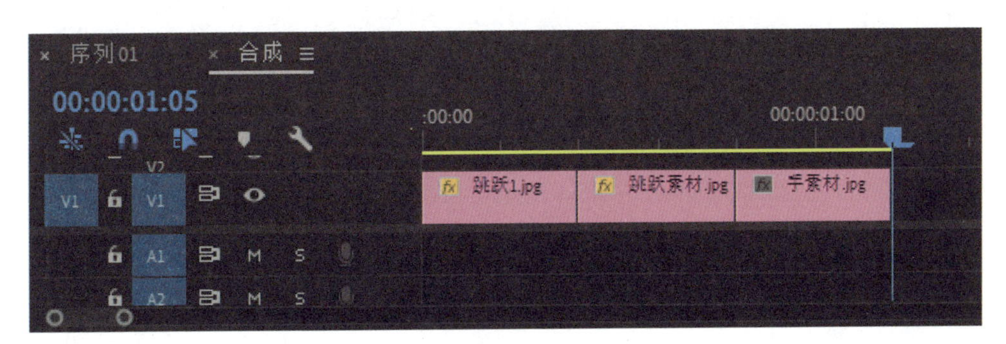

图10-30

Step 07：在“效果控件”面板调整参数，将“缩放”设为23，如图10-31所示。

Step 08：在“项目”面板，将“序列01”拖动到“时间轴”面板，如图10-32所示。

Step 09：选择“序列01”，单击鼠标右键，在弹出的右键菜单中执行“取消链接”命令，将音频和视频分开，并将音频删除，如图10-33所示。

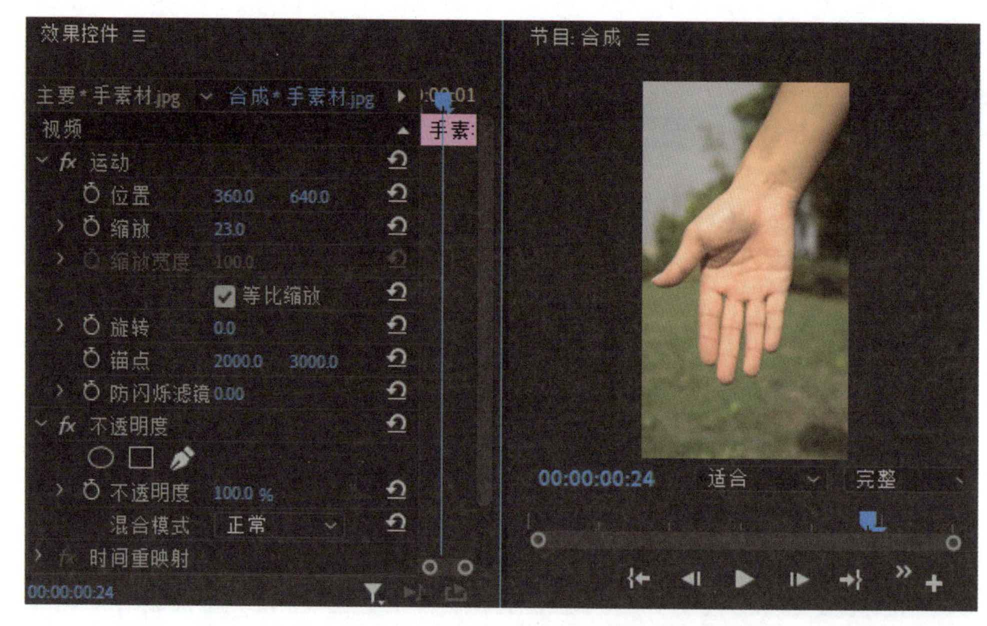

图10-31

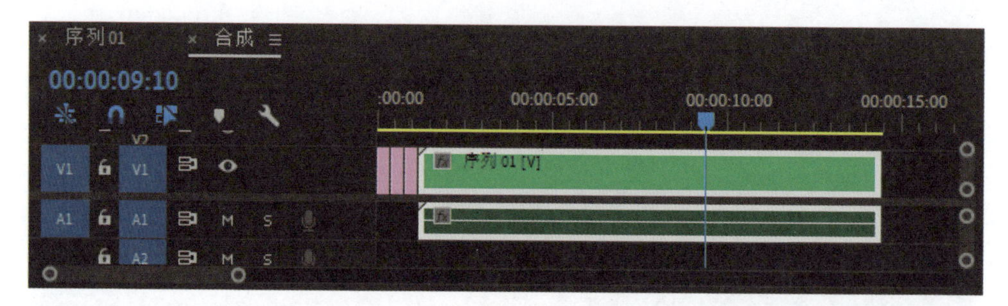

图10-32

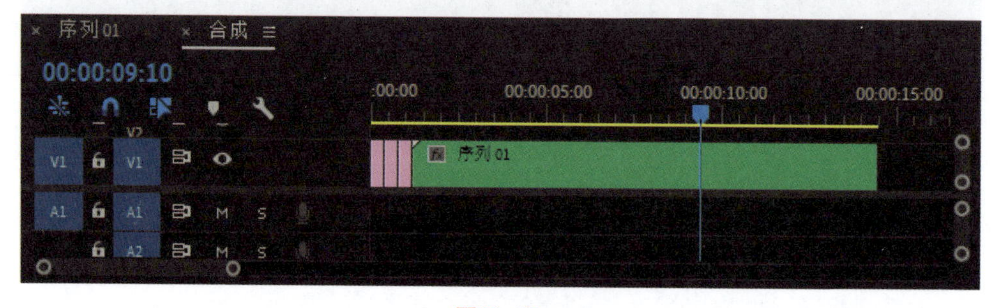

图10-33

Step 10：在“项目”面板导入前文使用手机录制的视频，并将其拖动到时间轴上，然后将其时长设为00:00:01:00，如图10-34所示。

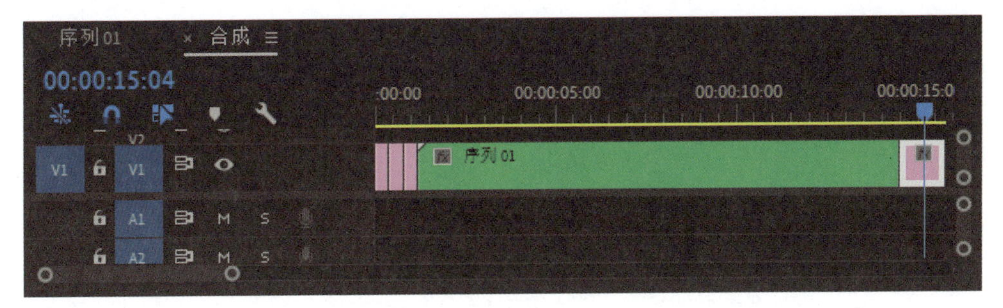

图10-34

Step 11：选择整个合成素材，在“效果控件”面板调整参数，将“缩放”设为67，如图10-35所示。

图10-35

至此，就完成了视频的合成。

10.3 视频后期处理

本节介绍为视频添加过渡效果，并对视频进行整体调色、添加拍照音效和背景音效，并将其进行导出。

10.3.1 视频过渡

下面介绍添加视频过渡效果。

Step 01：打开Premiere Pro软件，在“效果”面板选择“交叉溶解”效果，并将其拖动到第一段素材和第二段素材之间，如图10-36所示。

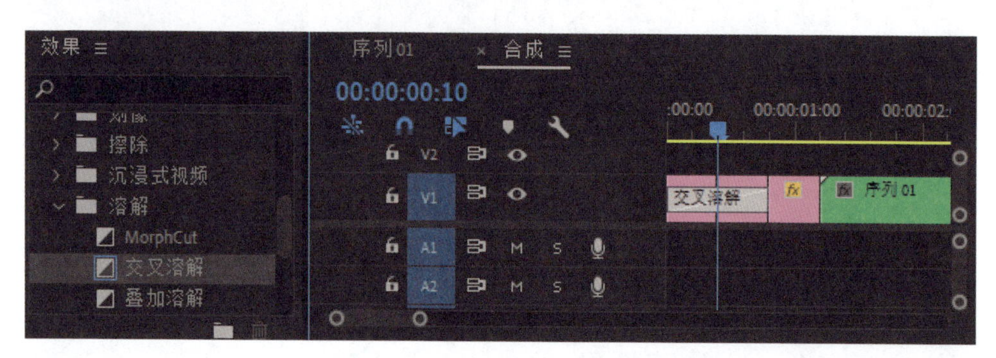

图10-36

Step 02：在时间轴选择“交叉溶解”效果，在“效果控件”面板将“持续时间”设为00:00:00:03，如图10-37所示。

图10-37

Step 03：在“效果”面板选择“白场过渡”效果，并将其拖动到最后一段素材的前面，如图10-38所示。

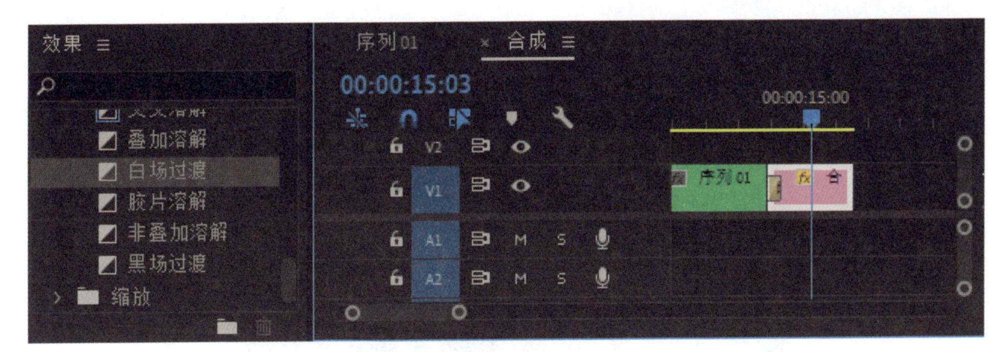

图10-38

Step 04：在“效果控件”面板将“持续时间”设为00:00:00:05，如图10-39所示。

图10-39

至此，就完成了给视频添加过渡效果。

10.3.2 处理声音

下面给视频添加拍照音效和背景音效。

Step 01：在“项目”面板，导入“拍照音效”和“背景音效”，如图10-40所示。

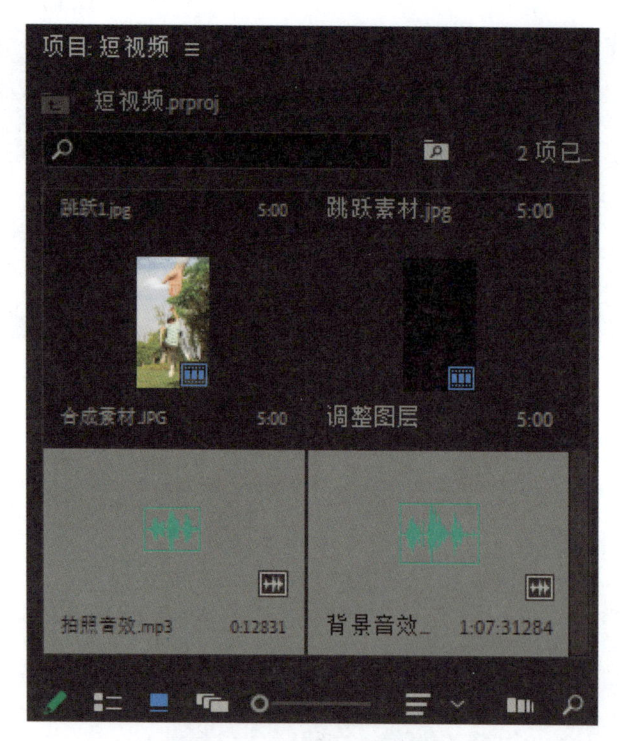

图10-40

Step 02：将“拍照音效”拖动到时间轴的第2段素材和第3段素材下，如图10-41所示。

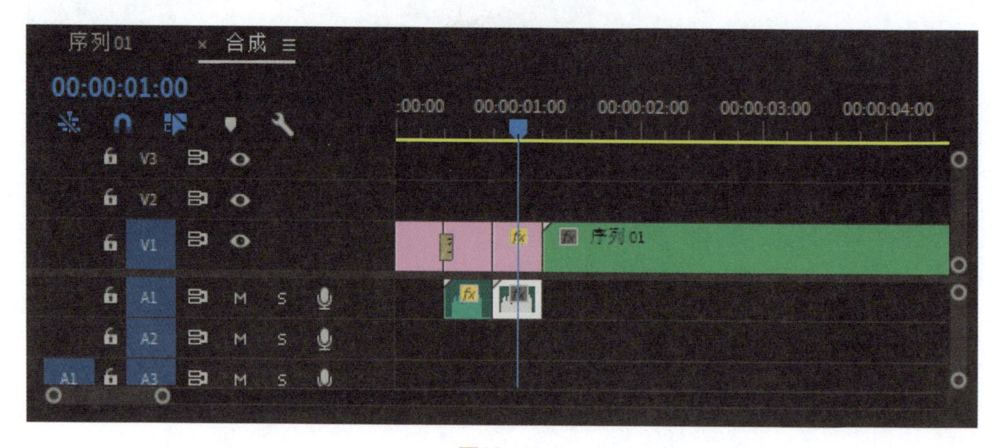

图10-41

Step 03：将“背景音效”拖动到时间轴的音频轨道V2上，如图10-42所示。

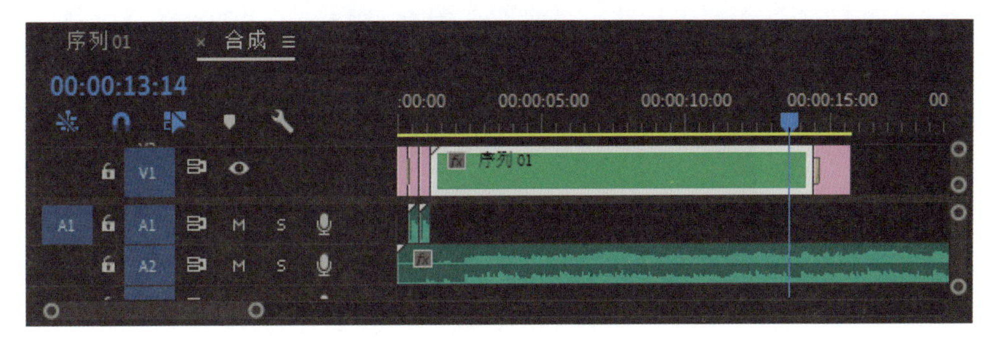

图10-42

Step 04：将时间线移动到视频结束的位置，使用“剃刀工具”剪辑音频，删除后面一段音频，如图10-43所示。

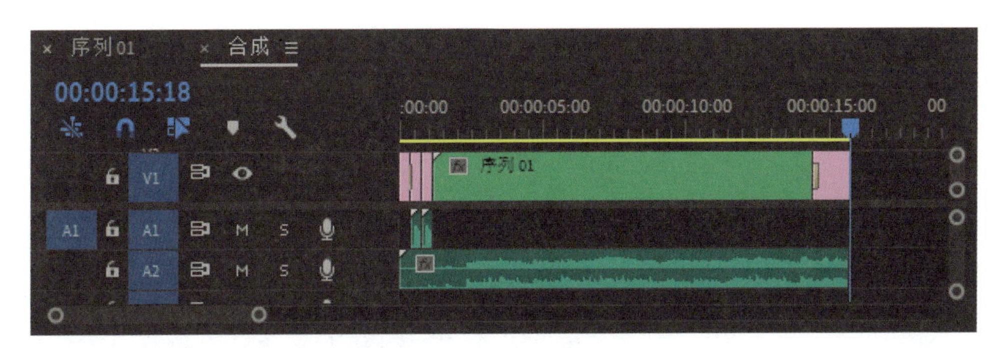

图10-43

Step 05：在“效果”面板选择“音频过渡”下的“恒定功率”效果，并将其拖动到“背景音效”的末端，如图10-44所示。

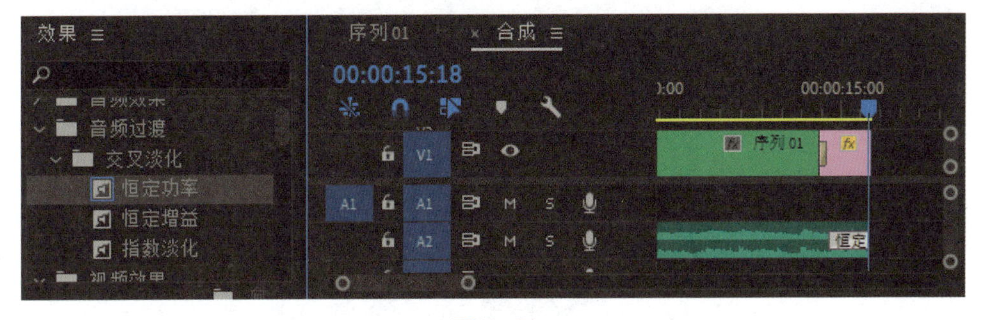

图10-44

Step 06：在时间轴选择“恒定功率”效果，在“效果控件”面板将“持续时间”设为00:00:03:00，如图10-45所示。

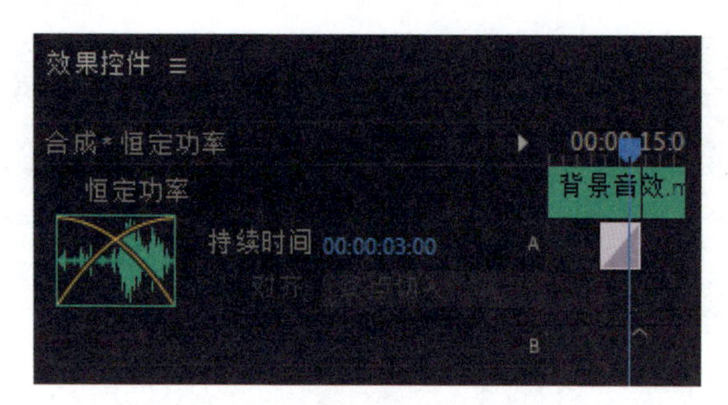

图10-45

至此，就完成了为视频添加拍照音效和背景音效。

10.3.3 导出视频

下面介绍导出视频。

Step 01：在菜单栏中执行“文件”>“导出”>“媒体”命令，打开“导出设置”窗口，如图10-46所示。

图10-46

Step 02：在“输出名称”中设置文件保存的位置和保存的名称。

Step 03：单击“导出”按钮，进行导出视频，如图10-47所示。

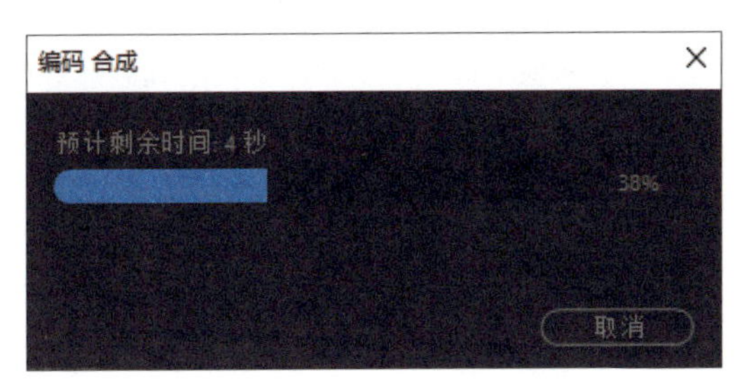

图10-47

Step 04：打开导出的视频，效果如图10-48所示。

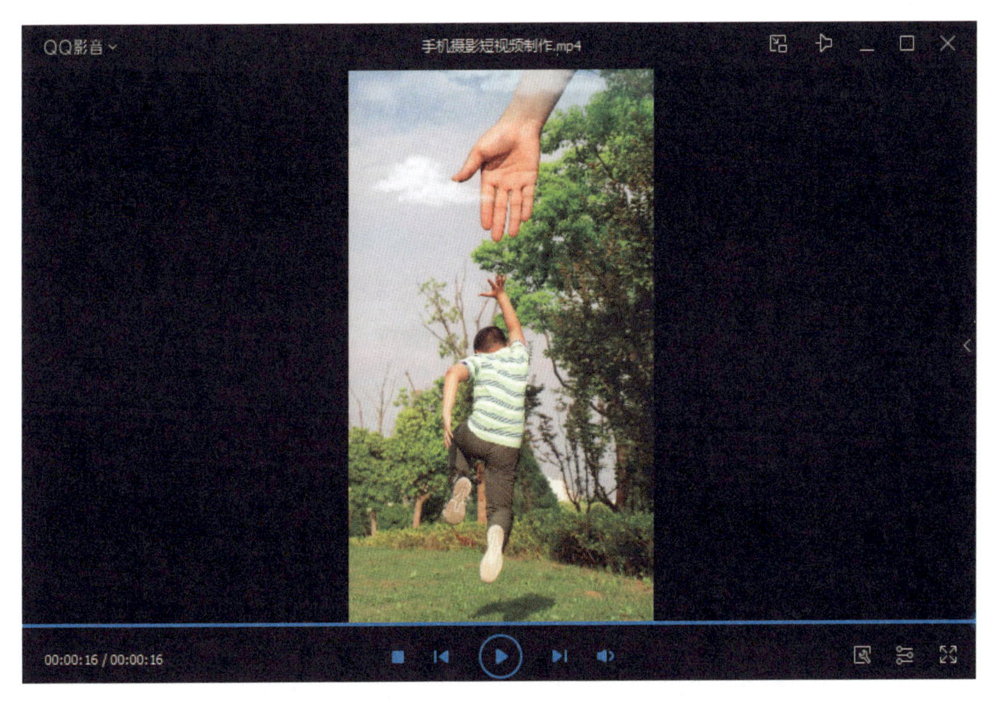

图10-48

10.4 将视频发布到抖音

下面介绍将视频发布到抖音的方法，发布视频时需要给视频的标题命名并制作视频封面。

Step 01：打开抖音的“创作服务平台”，单击“发布视频”按钮，打开发布页面，如图10-49所示。

图10-49

Step 02：可以直接将视频拖动到上传区域，在发布视频页面设置视频描述、添加话题、编辑封面、添加标签等，如图10-50所示。

Step 03：在“添加标签”的“位置”中可以添加商品的链接，如图10-51所示。

Step 04：设置好后单击“发布”按钮，如图10-52所示。

Step 05：这样就完成了发布视频，在抖音上即可查看视频效果，如图10-53所示。

发布视频
视频描述
每个人都有梦想，拉自己一把实现的快一些 #创意摄影 #手机摄影
#醒图
17
添加话题　@ 好友
为你推荐：#抖音618好物节　#创意摄影　#手机摄影　#创意拍照
设置封面
支持完整视频封面截取　编辑封面
提示：优质的封面会极大增加同城曝光哦
添加标签
位置　输入相关位置，让更多人看到你的作品
为你推荐：南京市　南京绿地云禧沐楠酒店　万科新都荟
申请关联热点
点击输入热点词
允许他人保存视频
允许　不允许
同步到其他平台
头条　今日头条
提示：打开同步开关可以同步内容至头条绑定账号
重新上传
视频剪辑

图10-50

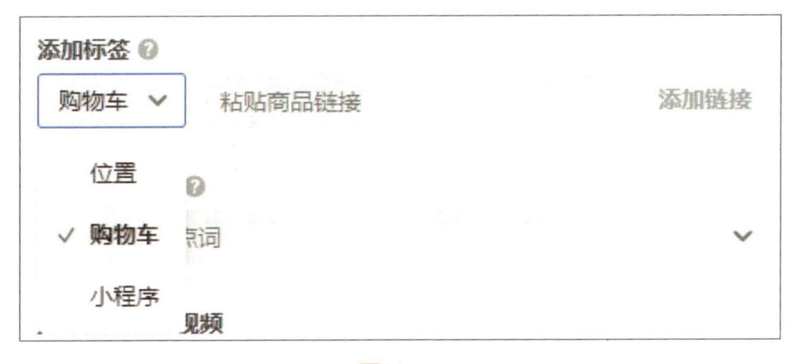
添加标签
购物车
粘贴商品链接
添加链接
位置
购物车
小程序

图10-51

发布设置

设置谁可以看

- ◉ 公开
- ○ 好友可见
- ○ 仅自己可见

发布时间

- ◉ 立即发布
- ○ 定时发布

发布　　取消

图10-52

图10-53

反侵权盗版声明